高职高专国家骨干院校重点专业建设规划教材

土 木 工 程 系 列

工程测量技术

GONGCHENG CELIANG JISHU

张　迁◎主　审
凌训意◎主　编
纪　凯◎副主编
刘才龙　杨如华　欧　拉◎编　者

北京师范大学出版集团
BEIJING NORMAL UNIVERSITY PUBLISHING GROUP
安徽大学出版社

内容简介

本书根据高等职业教育培养高级应用型人才的要求,结合高职院校学生的学习需求,按照路桥工程技术专业"工程测量技术"课程标准编写而成。全书共分15章,包括绪论、水准测量、角度测量、距离测量及直线定向、全站仪测量、GPS定位测量、测量误差分析与处理、小区域控制测量、大比例尺地形图测绘与应用、地面点位的测设、道路工程测量、桥梁工程测量、隧道工程测量、港口工程及水下地形测量、建筑工程测量等内容。本书可以作为高职院校道路桥梁工程技术、建筑工程技术、港口工程技术及相关专业的教材,也可供专业工程技术人员和测绘工作者参考。

图书在版编目(CIP)数据

工程测量技术/凌训意主编. —合肥:安徽大学出版社,2015.8(2020.1重印)

高职高专国家骨干院校重点专业建设规划教材. 土木工程系列

ISBN 978-7-5664-0987-4

Ⅰ. ①工… Ⅱ. ①凌… Ⅲ. ①工程测量-高等职业教育-教材 Ⅳ. ①TB22

中国版本图书馆CIP数据核字(2015)第167703号

工程测量技术

凌训意 主编

出版发行:	北京师范大学出版集团 安徽大学出版社 (安徽省合肥市肥西路3号 邮编230039) www.bnupg.com.cn www.ahupress.com.cn
印　刷:	江苏凤凰数码印务有限公司
经　销:	全国新华书店
开　本:	184mm×260mm
印　张:	21.25
字　数:	517千字
版　次:	2015年8月第1版
印　次:	2020年1月第3次印刷
定　价:	41.00元

ISBN 978-7-5664-0987-4

策划编辑:李 梅 武溪溪		装帧设计:张同龙 李 军	
责任编辑:武溪溪		美术编辑:李 军	
责任校对:程中业		责任印制:赵明炎	

版权所有　侵权必究

反盗版、侵权举报电话:0551—65106311
外埠邮购电话:0551—65107716
本书如有印装质量问题,请与印制管理部联系调换。
印制管理部电话:0551—65106311

前 言

本书是根据2009年8月召开的全国交通职业教育路桥工程学科教学与教材建设研讨会上通过的道路桥梁工程技术专业"工程测量技术"课程标准编写而成的。在编写过程中,针对本门课程体系的特点,充分考虑高等职业教育培养高级应用型人才的要求,力求满足高职院校相关专业学生的学习需求。

本书以道路桥梁工程技术类专业学生的就业为导向,根据道路桥梁工程技术类专业所涵盖的岗位群进行任务和职业能力分析,同时遵循高等职业院校学生的认知规律,紧密结合职业资格证书中相关考核要求,确定工作模块和内容。相对于传统教材,本书在编写形式上做出重大改变,变学科型课程体系为任务引领型课程体系,紧紧围绕完成工作任务的需要来选择课程内容;变知识学科本位为职业能力本位,从"任务与职业能力"分析出发,设定课程能力培养目标;变以书本知识的传授为主为以动手能力的培养为主,以"工作项目"为主线,结合职业技能考证,培养学生的实践动手能力。

本书共分15章,包括绪论、水准测量、角度测量、距离测量及直线定向、全站仪测量、GPS定位测量、测量误差分析与处理、小区域控制测量、大比例尺地形图测绘与应用、地面点位的测设、道路工程测量、桥梁工程测量、隧道工程测量、港口工程及水下地形测量、建筑工程测量等内容。本书在删减陈旧的或实际工作中已经不再应用的内容的同时,增加了工程测量新仪器、新技术及其应用的知识介绍;强调了实践教学环节,注重对学生分析问题、解决问题能力的培养,以适应工程测量新仪器、新技术的不断发展。

本书由安徽交通职业技术学院凌训意担任主编,其中第一、七章由安徽交通职业技术学院刘才龙编写,第二、三、四、五、十四章由安徽交通职业技术学院纪凯编写,第九章由安徽省地理信息局第二测绘院杨如华编写,第十一章由安徽交通职业技术学院欧拉编写,第六、八、十、十二、十三、十五章由凌训意编写。安徽省测绘局第一测绘院院长、高级工程师张迁博士担任本书主审,对本书内容进行了认真审核,提出许多宝贵的建议;安徽交通职业技术学院陶大鹏教授对本书进行了全面的审核,在此向他们表示衷心的感谢!

由于编者水平有限,加之时间仓促,书中难免存在错误和缺陷,恳请广大师生批评指正。

编　者
2015年6月

目 录

第一章　绪论 1
　　第一节　测量学概述 1
　　第二节　地球的形状与测量基准 4
　　第三节　测量坐标系统与高程系统 5
　　第四节　水平面代替水准面的限度 9
　　第五节　测量工作的基本原则 11

第二章　水准测量 14
　　第一节　水准测量原理 14
　　第二节　DS_3水准仪及其使用 16
　　第三节　普通水准测量实施 21
　　第四节　DS_3水准仪的检验与校正 26
　　第五节　自动安平水准仪与电子水准仪简介 29
　　第六节　水准测量的误差分析与注意事项 32

第三章　角度测量 36
　　第一节　角度测量原理 36
　　第二节　光学经纬仪及其使用 37
　　第三节　水平角测量 41
　　第四节　竖直角测量 44
　　第五节　角度测量误差与注意事项 46
　　第六节　电子经纬仪简介 48

第四章　距离测量与直线定向 51
　　第一节　钢尺量距 51
　　第二节　视距测量 57
　　第三节　直线定向 59
　　第四节　电磁波测距 63

第五章　全站仪测量 ……………………………………………………… 67

　　第一节　全站仪基本知识 ……………………………………………… 67
　　第二节　全站仪主要功能 ……………………………………………… 72
　　第三节　全站仪操作步骤 ……………………………………………… 74

第六章　GPS 定位测量 …………………………………………………… 82

　　第一节　GPS 系统的组成 ……………………………………………… 82
　　第二节　GPS 定位的基本原理 ………………………………………… 84
　　第三节　GPS-RTK 测量 ………………………………………………… 87
　　第四节　GPS 控制测量 ………………………………………………… 88
　　第五节　其他几种全球定位系统简介 ………………………………… 102

第七章　测量误差分析与处理 …………………………………………… 104

　　第一节　测量误差来源及其分类 ……………………………………… 104
　　第二节　算术平均值及观测值改正数 ………………………………… 108
　　第三节　评定观测值的精度指标 ……………………………………… 109

第八章　小区域控制测量 ………………………………………………… 112

　　第一节　控制测量概述 ………………………………………………… 112
　　第二节　导线测量 ……………………………………………………… 118
　　第三节　交会法定点 …………………………………………………… 131
　　第四节　全站仪导线测量 ……………………………………………… 135
　　第五节　三、四等水准测量 …………………………………………… 138
　　第六节　三角高程测量 ………………………………………………… 143

第九章　大比例尺地形图测绘与应用 …………………………………… 147

　　第一节　地形图的基本知识 …………………………………………… 147
　　第二节　地物、地貌的表示方法 ……………………………………… 155
　　第三节　大比例尺数字化测图 ………………………………………… 164
　　第四节　地形图的应用 ………………………………………………… 175

第十章　地面点位的测设 ………………………………………………… 184

　　第一节　测设的基本工作 ……………………………………………… 184
　　第二节　点的平面位置测设 …………………………………………… 189
　　第三节　全站仪点位放样 ……………………………………………… 191
　　第四节　GPS-RTK 点位放样 …………………………………………… 195

第十一章　道路工程测量 …… 198

第一节　道路中线测量 …… 198
第二节　圆曲线测设 …… 201
第三节　带有缓和曲线的平曲线测设 …… 208
第四节　路线纵、横断面测量 …… 213
第五节　道路施工测量 …… 227

第十二章　桥梁工程测量 …… 234

第一节　桥梁控制测量 …… 234
第二节　桥梁墩、台施工测量 …… 238
第三节　涵洞施工测量 …… 242

第十三章　隧道工程测量 …… 244

第一节　隧道地面控制测量 …… 244
第二节　竖井联系测量 …… 252
第三节　地下控制测量 …… 258
第四节　隧道贯通测量 …… 261

第十四章　港口工程及水下地形测量 …… 268

第一节　港口工程测量 …… 268
第二节　水下地形测量 …… 277

第十五章　建筑工程测量 …… 287

第一节　民用建筑施工测量 …… 287
第二节　激光定位仪在建筑施工测量中的应用 …… 304
第三节　建筑物的变形观测 …… 310
第四节　工业建筑施工测量 …… 320

参考文献 …… 329

第一章 绪 论

> **学习目标**
> 1. 了解测量工作的基本概念、分类、任务和作用。
> 2. 理解常用的测量坐标系统和高程系统的含义。
> 3. 熟悉测量工作的组织原则、方法和基本工作。

第一节 测量学概述

一、测量学的历史发展

"测量"一词最早出现于古希腊,是"土地划分"的意思。测量技术起源于社会的生产需要,随着社会的进步而发展。测量学有着悠久的历史。北宋时沈括的《梦溪笔谈》中记载了磁偏角的发现。清朝康熙年间(1718年)完成了世界上最早的地形图之一—《皇舆全览图》。2000多年前的夏商时代,为了治水开展了水利工程测量工作,司马迁在《史记》中对夏禹治水有这样的描述:"陆行乘车,水行乘船,泥行乘橇,山行乘樏,左准绳,右规矩,载四时,以开九州,通九道,陂九泽,度九山。"这里所记录的就是当时的工程勘测情景。准绳和规矩是当时所用的测量工具,准是可揆平的水准器,绳是丈量距离的工具,规是画圆的器具,矩则是一种可定平,测量长度、高度、深度和画圆、画矩形的通用仪器。早期的水利工程多为河道的疏导,以利防洪和灌溉,其主要的测量工作是确定水位和堤坝的高度。秦代李冰父子领导修建的都江堰水利枢纽工程,曾用一个石头人来标定水位,当水位超过石头人的肩时,下游将受到洪水的威胁;当水位低于石头人的脚背时,下游将出现干旱,这种标定水位的办法与现代水位测量的原理完全一样。北宋时沈括为了治理汴渠,测得"京师之地比泗州凡高十九丈四尺八寸六分",这是水准测量的结果。1973年,从长沙马王堆汉墓出土的西汉时期长沙国地图,包括了地形图、驻军图和城邑图3种,所包含的内容相当丰富,绘制技术也非常熟练,在颜色使用、符号设计、内容分类和简化等方面都达到了很高水平,是目前世界上发现的最早的地图,这与当时发达的测绘技术是分不开的。

公元前14世纪,在幼发拉底河与尼罗河流域曾进行过土地边界的划分测量。我国的地籍管理和土地测量最早出现在殷周时期,秦汉时期过渡到私田制。隋唐实行均田制,建立户籍册。宋朝按乡登记和清丈土地,出现地块图。到了明朝洪武四年,全国进行土地大清查和勘丈,当时编制的鱼鳞图册是世界上最早的地籍图册。

战争也促进了工程测量学的发展。我国战国时期修筑的午道,公元前210年秦始皇修建的"堑山堙谷,千八百里"直道,古罗马构筑的兵道,以及公元前218年修建的通向意大利的"汉尼拔通道"等,都是著名的军用道路。军用道路修建中应用了测量工具进行地形勘测、定线测量和隧道定向开挖测量。唐代李筌指出,"以水佐攻者强……先设水平测其高下,可以漂城,灌军,浸营,败将也",这说明了测量地势高低对军事成败的作用。中华民族伟大象征的万里长城修建于秦汉时期,修建这一规模巨大的防御工程,从整体布局到修筑,都进行了详细的勘察测量和施工放样工作。

我国是世界上采矿业发展最早的国家,在公元前2000多年就已开始应用金属,如铜器等,到了周代,金属工具已普遍应用。据《周礼》记载,在周朝已建立了专门的采矿部门,开采时很重视矿体形状,并使用矿产地质图来辨别矿产的分布。我国四大发明之一的指南针,从司南、指南鱼算起,有2000多年的历史,对矿山测量和其他工程勘测都有很大的贡献。

在国外,公元前27世纪建造的埃及大金字塔形状规则,方向准确,说明当时已有放样的工具和方法。意大利都灵保存有公元前15世纪的金矿巷道图。公元前13世纪埃及也有按比例缩小的巷道图。公元前1世纪,希腊学者格罗·亚里山德里斯基对地下测量和定向进行了叙述。德国在矿山测量方面有很大贡献,1556年,格奥尔格·阿格里柯拉出版的《采矿与冶金》一书,专门论述了开采中用罗盘测量井下巷道所遇到的一些问题。1672年,法国人里歇通过观测钟摆周期的实验,得出地球是椭球的推论。1687年,英国人牛顿在《自然哲学的数学原理》一书中根据万有引力定律证明了地球是旋转椭球的理论。高斯(C. F. Gauss,1777—1855年)是德国著名的数学家、物理学家和天文学家。1794年,他最早提出最小二乘法,奠定了近代测量平差理论的基础,并于1809年正式发表该原理(概率论创始人法国的拉格朗日于1806年发表最小二乘原理);1822年,创立高斯投影理论,1912年,由德国大地测量学家克吕格对该理论进行补充完善,正式建立高斯—克吕格投影和高斯—克吕格平面直角坐标系,简称"高斯平面直角坐标系";1826年,创立三角测量控制网整体条件平差理论;1828年,提出平均海水面概念,为全球建立大地水准面作为高程基准面打下基础。

我国现代测绘事业也取得突飞猛进的发展,主要体现在:建立和统一了全国坐标系统和高程系统;建立了全国大地控制网、国家水准网、基本重力网,完成了大地网和水准网的整体平差;完成了国家基本图的测绘工作;进行了珠穆朗玛峰和南极长城站的地理位置和高程的测量;进行了如长江大桥、葛洲坝和三峡水电枢纽、宝山钢铁厂、正负电子对撞机、同步辐射加速器、核电站等大型和特殊工程的测量工作;能够生产各类测绘仪器,如水准仪、经纬仪、测距仪、全站仪、GPS接收机等;已完成全国GPS大地控制网和GIS基础框架。

测绘学的形成和发展在很大程度上依赖测绘方法和测绘仪器的创造和变革。17世纪前的测量工作主要使用简单的工具,如绳尺、步弓等,以量距为主。1608年,荷兰人汉斯发明了望远镜。1617年,荷兰人斯纳尔首次进行了三角测量。1640年,英国的加斯科因(W. Gascoigne)在望远镜透镜上加上十字丝用于精确瞄准,这是光学测绘仪器的开端。19世纪50年代,法国的洛斯达(A. Laussedat)首创了摄影测量方法。由于航空技术的发展,1915年,制造出自动连续航空摄影机,可用于测量绘图。可以说,从17世纪末到20世纪中叶,光学测绘仪器得到快速的发展,此时测绘学的传统理论和方法也已发展成熟。20世纪50年代,测绘仪器又朝着电子化和自动化的方向发展。1948年,电磁波测距仪在大地测量定位方法的应用中发展了精密导线测量和三边测量。与此同时,随着电子计算机的发展,电子设备和计算机控制的测绘仪器设备被发明出来,如摄影测量中的解析测图仪等,使测绘工作更为简便、快速和精确。20世纪60年代,出现了计算机控制的自动绘图机,可以实现地图制图的自动化。自1957年苏联的第一颗人造卫星发射成功开始,测绘工作有了新的突破,利用卫星进行测地,为测绘工作提供了现代化手段。卫星定位技术(GPS)和遥感技术在测绘学中有着广泛应用,产生了航天测绘技术。随着地理信息科学的发展,产生了3S集成技术。该技术即遥感技术(Remote Sensing,简称RS)、地理信息系统(Geography Information Systems,简称GIS)和全球定位系统(Global Positioning Systems,简称GPS)的统称,是指空间技术、传感器技术、卫星定位与导航技术和计算机技术、通讯技术相结合,多学科高度集成的对空间信息进行采集、处理、管理、分析、表达、传播和应用的现代信息技术。3S集成技术是现代技术发展的先导,对全世界的科技进步发挥着重要作用。数字地球是以计算机技术、多媒体技术和大规模存储技术为基础,以宽带网络为纽带,运用海量地球信息对地球进行多分辨率、多尺度、多时空和多种类的三维描述,并利用它作为工具来支持人类活动和改善生活质量。可以相信,在不远的将来,数字地球将进入千家万户和各行各业。

二、测量学的任务及其分类

(一)测量学的任务

测量学是研究地球的形状、大小及确定空间点位信息的科学。测量学的任务包括测绘和测设2个部分。测绘是指使用测量仪器和工具,对地表的自然地貌、人工构造物的平面位置及高程进行测量和计算,并将其按照一定的比例尺和规定的图式符号缩绘成图,供相关部门使用。测设是指把图纸上规划设计的建筑物、构筑物的平面位置和高程在地面上标定出来,作为施工的依据,又称"施工放样"。

(二)测量学的分类

测量学按照研究范围和对象的不同,可以分为很多分支学科。

大地测量学:研究整个地球的形状和大小、重力场理论、整体与局部的运动和地面点的几何位置及其变化理论和技术,解决大范围内控制测量和地球重力场问题的学科。由于人造地球卫星的发明和科学技术的发展,大地测量学又分为常规大地测量学和卫星大地测量学。

地形测量学:在小范围内测量地球形状时,不考虑地球曲率的影响,把地球局部表面看作平面所进行测量工作的学科。

摄影测量学:利用摄影相片或影像来测定物体的性质、形状、大小和空间位置的学科。根据获得相片的方式,摄影测量又分为地面摄影测量、航空摄影测量、航天摄影测量和水下摄影测量等。

海洋测量学:以海洋和陆地水域为对象所进行的测量和海图编制工作的学科。

工程测量学：研究工程建设和自然资源开发中，在规划、勘测设计、施工和运营管理各个阶段所进行的各种测量工作的学科。

(三)本教材的主要任务及作用

本教材主要讲述地形测量学及工程测量学的部分内容，其主要任务及作用如下：

(1)为各项工程的勘测、规划、设计提供所需的测绘资料；勘测、规划时需提供中、小比例尺地形图及有关信息，建筑物设计时需要测绘大比例尺地形图。

(2)施工阶段要将图纸上设计的建筑物按其位置、大小测设于实地，以便据此施工。

(3)在施工过程中及工程建成后的运行管理阶段，需要对建筑物的稳定性及变化情况进行监测，确保工程安全运行，此项工作称为"安全监测"(即变形测量)。

测量工作贯穿于工程建设的整个过程，作为一个工程建设与管理者，必须掌握必要的测绘科学知识和技能，才能担负起工程勘测、规划设计、施工监测及管理等任务。学完本课程之后应达到如下要求：

(1)掌握地形测量学和工程测量学与土木工程相关的基本理论和基本方法。

(2)掌握普通水准仪、光学经纬仪、全站仪及 GPS-RTK 的操作使用方法。

(3)了解大比例尺数字化测图的测图原理和方法，并能熟练地阅读和正确地使用地形图。

(4)具有运用所学测量学知识解决工程建设与管理中有关测量问题的能力，并能从工程设计、施工和工程管理的角度，对测量工作提出合理的建议与要求。

(5)了解当前国内外工程测量的新仪器、新技术、新成就和发展方向。

第二节 地球的形状与测量基准

地球的自然表面是极不规则的曲面，有高山、丘陵、平原和海洋等。最高的珠穆朗玛峰高出海平面 8844.43m，最低的马里亚纳海沟低于海平面 11022m。即使这样的高低起伏，相对于地球半径(约 6371km)而言也是微不足道的。由于海洋约占整个地球表面的 71%，陆地约占 29%，所以习惯上把海水面所包围的地球形体看作地球的形状。

假想某一个静止的海水面延伸穿越陆地，包围整个地球，形成一个封闭曲面，这个闭合的曲面称为"水准面"。其物理特性是在同一曲面上的任何一点有相等的重力势能，因此，水准面是重力等势面，它的特点是该面上任何一点的铅垂线都垂直于该点所在的切面。与水准面相切的平面是水平面，水平面内的任意方向的直线均为水平线。海水有潮汐变化，时高时低，所以水准面有无数个，其中通过平均海水面的一个水准面称为"大地水准面"，如图 1-1(a)所示，它所包围的形体称为"大地体"。在实际工作中，大地水准面是测量外业工作的基准面，铅垂线是测量外业工作的基准线。

大地水准面的特性是它处处与铅垂线正交。因为地球内部质量分布不均匀，地球各处引力的大小不同，引起局部重力异常，导致铅垂线在局部区域产生不规则的变化，所以大地水准面是一个不规则、不易用数学公式表达的复杂曲面，致使大地体成为一个非常复杂的形体。如果将地球表面的图形投影到这个曲面上，测量计算和制图都很困难，所以,选用一个非常接近大地水准面并可用数学模型表达的几何形体来代表地球的形状。这种几何形体是由椭圆绕其短轴旋转而成的旋转椭球体,又称为"参考椭球体",其表面称为"旋转椭球面"或"参考椭球面",如图1-1(b)所示。

参考椭球面是测量内业计算的基准面,与其处处正交的法线是内业计算的基准线。旋转椭球的形状和大小可由其长半轴 a(或短半轴 b)和扁率 α 来表示。其中,长半轴 $a=6378.140$,短半轴 $b=6356.755$,扁率 $\alpha=(a-b)/a=1/298.257$。

如果测区范围较小时,可把地球近似看作圆球,其半径 $R=(2a+b)/3\approx 6371\mathrm{km}$。

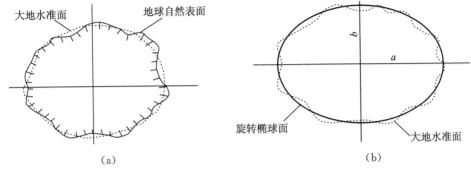

图 1-1 地球形状的表示

第三节 测量坐标系统与高程系统

一、测量坐标系统

测量工作的实质是确定地面点的空间位置,通常是用三维坐标即平面或球面坐标加高程表示的。目前测量主要有以下几种坐标系统。

(一)地理坐标系

地理坐标系属于球面坐标系,又称"大地坐标系",是建立在地球椭球面上的坐标系。地球椭球面和法线是大地地理坐标系的基准面和基准线,地面点的大地坐标是它沿法线在地球椭球面上投影点的大地经度 L 和大地纬度 B,如图1-2所示。大地经度 L 是通过地球椭球面上任一点的子午面与首子午面(即通过原英国伦敦格林尼治天文台的子午面)的二面角,大地纬度 B 是指该点在旋转椭球面的投影点法线方向与赤道面的夹角。

我国目前多采用的是1980年国家大地坐标系,或称为"西安—80坐标系"。坐标系的坐标起算点称为"大地坐标原点",位于陕西省泾阳县永乐镇石际寺村。以前常用的坐标系是"1954年北京坐标系",属于参心大地坐标系,是以克拉索夫斯基椭球为基础,经局部平差后产生的坐标系,其原点不在北京,而是在俄罗斯的普尔科沃。自2008年7月1日起,我国采用新的大地坐标系——2000国家大地坐标系,英文名称为 China Geodetic Coordinate System 2000,简称 CGCS2000。它属于地心坐标系,如图1-3所示。

(二)地心坐标系

地心坐标系属于空间三维直角坐标系,用于卫星大地测量。如卫星全球定位系统,坐标系原点 O 位于椭球中心,Z 轴与椭球体的旋转轴重合并指向地球北极,X 轴指向起始子午面与赤道面交点 E,Y 轴垂直于 XOZ 平面,构成右手坐标系,如图1-3所示。

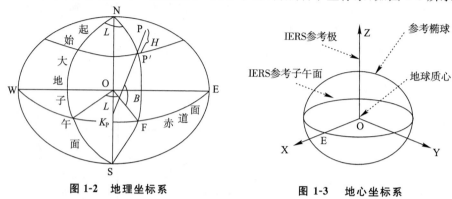

图 1-2　地理坐标系　　　　　图 1-3　地心坐标系

(三)高斯平面直角坐标系

测量计算最好在平面上进行,但地球表面是一个不可伸展的曲面,必须通过投影的方法将地球表面上的点位换算到平面上。我国采用的是高斯—克吕格正形投影,简称"高斯投影"。

高斯投影是等角横切椭圆柱投影。等角投影就是正形投影。所谓"正形投影",就是在极小的区域内椭球面上的图形投影后保持形状相似,即投影后角度不变形。高斯投影将地球按经线划分成带,称为"投影带",投影带从首子午线起,每隔6°划分为一带,通常称为"6°带"。自西向东将整个地球划分为60个带,带号从首子午线开始,用数字1~60顺序编号表示,位于各带中央的子午线称为该带的"中央子午线"。任意带的中央子午线经度可按下式计算:

$$L_0 = 6N - 3 \tag{1-1}$$

其中,L_0 为投影带中央子午线的经度,N 为投影带带号。反之,已知地面上一点的经度 L,要计算该点所在的统一6°带带号 N 的公式为

$$N = \text{INT}(L/6 + 1) \quad (\text{INT 为取整函数}) \tag{1-2}$$

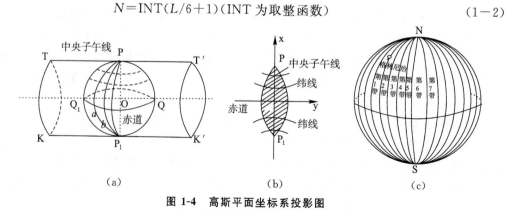

图 1-4　高斯平面坐标系投影图

投影时,假设用一个空心椭圆柱套在参考椭球外面,使椭球柱与某一中央子午线相

切,将椭球面上的图形按等角投影的原理投影到椭圆柱体内表面上,然后将圆柱体沿着过南北极的母线切开,展开成为平面,并在该平面上定义平面直角坐标系,如图1-4所示。

投影后的中央子午线和赤道均为直线,并且相互垂直。以中央子午线为纵轴(X轴),向北为正;以赤道为横轴(Y轴),向东为正;中央子午线与赤道的交点为坐标原点O,建立了高斯平面直角坐标系。我国位于北半球,X坐标恒为正,如图1-5所示,Y有正有负。为了避免Y坐标出现负值,把原点向西平移500km;为了区分不同投影带中的点,在点的横坐标值上加上带号N,所以点的横坐标通用值为:

$$Y_{通用} = N \ 500000 + Y \quad (1-3)$$

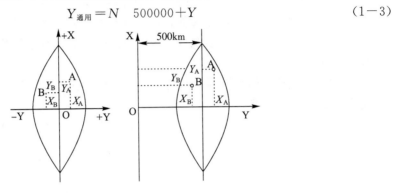

图 1-5 高斯平面直角坐标系

如图1-5所示,B点横坐标$Y_B = -321567.80$m,加上500000m,变为178432.20m。假设该点带号为25,则B点横坐标通用值为25 178432.20m。

高斯投影的特点是中央子午线投影前后没有变形,离中央子午线近的部分变形小,离中央子午线远的部分变形大,两侧对称。为了进一步减少变形,可采用3°带投影法。它是从东经1°30′起,每隔3°划分一带,将整个地球划分为120个带,每带中央子午线的经度L_0'可按下式计算:

$$L_0' = 3 \times n \quad (1-4)$$

反之,已知地面上一点的经度L,要计算该点所在的3°带带号N的公式为

$$N = \text{INT}(L/3 + 0.5) \quad (1-5)$$

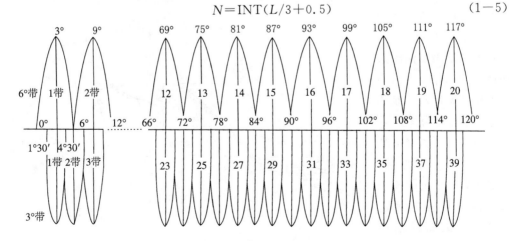

图 1-6 6°带、3°带投影

我国6°带带号范围为 $N=13\sim23$；3°带带号范围为 $N=25\sim45$。安徽6°带带号 $N=20\sim21$；3°带带号 $N=39\sim40$。

(四)独立平面直角坐标系

当测量的范围为小区域时(测区半径不大于10km)，可近似将该测区的大地水准面当作水平面看待，用测区中心点的切平面代替曲面，直接将地面点沿铅垂线投影到该面上，用平面直角坐标系来表示其水平投影位置。南北方向为纵轴X轴，东西方向为横轴Y轴，原点O一般位于测区的西南角，坐标轴方向与高斯平面直角坐标系相同，象限自北方向起顺时针排列。该坐标系与数学上的平面直角坐标系的区别为坐标轴互换，象限顺序相反，目的是定向方便，并可直接将数学中的三角函数公式应用到测量计算中，如图1-7、图1-8所示。

独立的平面直角坐标系与当地的高斯平面直角坐标系联测后，同一点的两种坐标可以通过计算进行相互转换。

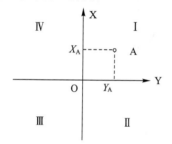
图1-7 测量上的平面直角坐标系

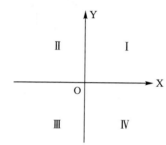
图1-8 数学上的平面直角坐标系

二、测量高程系统

(一)绝对高程

地面点到大地水准面的铅垂距离称为"绝对高程"(或"海拔")。如图1-9所示，A、B两点的绝对高程分别为 H_A、H_B。由于海水面受潮汐、风浪等影响，其高低时刻在变化，是个动态的曲面。我国在青岛设立验潮站，长期观察和记录黄海海水面的高低变化，取其平均值作为大地水准面的位置(其高程为零)，并在青岛建立了国家水准原点，如图1-10所示。为了建立一个全国统一的高程系统，必须确定一个统一的高程基准面，通常采用大地水准面即平均海水面作为高

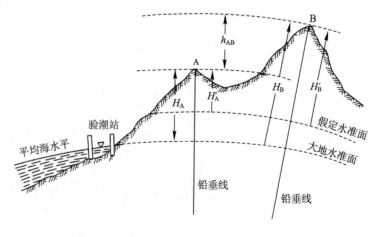
图1-9 高程与高差

程基准面。我国采用青岛验潮站 1950—1956 年的观测结果求得的黄海平均海水面作为高程基准面。根据这个基准面建立的高程系统称为"1956 黄海高程系"。为了确定高程基准面的位置,在青岛建立了一个与验潮站相联系的水准原点,并测得其高程为 72.289m。水准原点作为全国高程测量的基准点。从 1989 年起,国家规定采用青岛验潮站 1952—1979 年的观测结果求得的平均海水面作为新的高程基准面,称为"1985 国家高程基准"。根据新的高程基准面,得出青岛水准原点的高程为 72.260m。

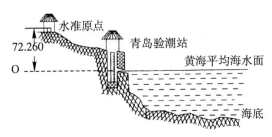

图 1-10 水准原点

除国家统一高程系统外,还有地方高程系统,如吴淞高程系统、珠江高程系统等。工作中要注意高程基准的统一和换算。华东地区目前还有部分城市采用吴淞高程系统,如合肥市某点 1985 黄海高程=吴淞高程−1.856m。

(二)相对高程

当个别地区引用绝对高程有困难时,可采用假定高程系统,即采用任意假定的水准面作为起算高程的基准面。地面点到任一假定水准面的铅垂距为假定高程或相对高程。H'_A、H'_B 表示 A、B 二点的相对高程。

(三)高差

地面两点绝对高程或相对高程之差称为"高差",用 h 表示。如 A、B 两点的高差 h_{AB} 为

$$h_{AB} = H_B - H_A = H'_B - H'_A \tag{1-6}$$

无论采用绝对高程还是相对高程,两点间的高差是一样的。可见两点间的高差与高程起算面无关。

第四节 水平面代替水准面的限度

测量外业工作的基准面是大地水准面,它是一个曲面。曲面上的几何形状投影到平面上会产生变形,即受水准面曲率的影响。当地形图测绘或施工测量的面积较小时,可将测区范围内的水准面用水平面来代替,这将使测量的计算和绘图大为简便。因此,在小范围内可用水平面代替水准面,但由此产生的误差不能超过一定的范围。

一、用水平面代替水准面对距离的影响

如图 1-11 所示,设有地面 A、B、C 三点,它们在水准面上的投影为 a、b、c,用该区域

中心点的切平面代替大地水准面后,地面点在水平面上的投影点是 a′、b′、c′。设 A、B 两点在大地水准面上的距离为 D,在水平面上的距离为 D′,两者之差 ΔD 即为用水平面代替水准面所引起的距离差异,见式(1－7)。R 为地球近似半径,ΔD/D 称为"距离相对误差",用分数 1/M 表示,见式(1－8),M 越大,精度越高。当 D＝10km 时,产生的相对误差为 1/1220000,距离测量中要求精密距离丈量的相对误差为 1/1000000,一般丈量仅要求 1/2000～1/4000。因此,在半径为 10km 的圆面积内进行距离测量时,可把水平面当作水准面,不考虑地球曲率的影响。水准面曲率对水平距离的影响见表 1-1。

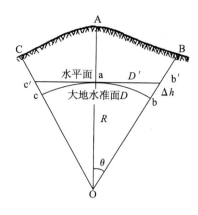

图 1-11　地球曲率的影响

$$\Delta D = \frac{D^3}{3R^2} \tag{1-7}$$

$$\frac{\Delta D}{D} = \frac{D^2}{3R^2} = \frac{1}{M} \tag{1-8}$$

表 1-1　水准面曲率对水平距离的影响

距离 D (km)	距离误差 ΔD (cm)	相对误差 ΔD/D	距离 D (km)	距离误差 ΔD (cm)	相对误差 ΔD/D
10	0.821	1:1220000	50	102.7	1:48700
20	6.6	1:304000	100	821.2	1:12170

二、用水平面代替水准面对高程的影响

如图 1-11 所示,地面点 B 的高程应是铅垂距 $\overline{bB}$,用水平面代替水准面后,B 点高程为 $\overline{b'B}$,两者之差 Δh 即为对高程的影响。

$$\Delta h = \frac{D^2}{2R} \tag{1-9}$$

取地球半径 R＝6371km,代入上式,当水平距离 D 取不同值时,可以得到不同的 Δh,结果见表 1-2。即使距离很短,都应考虑地球曲率对高程的影响。

表 1-2　水准面曲率对高程的影响

D(km)	0.1	0.2	0.3	0.4	0.5	1.0	2.0	5.0	10
Δh(cm)	0.08	0.31	0.71	1.26	1.96	7.85	31.39	196.2	784.8

第五节 测量工作的基本原则

一、基本概念

地球表面的形状是极其复杂多样的,在测量工作中将其分为地物和地貌两大类。地面上人工构筑的或自然形成的固定物体,如河流、道路、房屋等,称为"地物";地面上高低起伏的自然形态称为"地貌"。二者统称为"地形"。

地球表面的形态和地球上固定不动的物体的形状都是由许多特征点决定的。在进行地形测量或工程放样时,就是要测定(或测设)许多特征点在平面上的位置和高程。地形图由为数众多的地形特征点所组成。测图前一般先精确测量出少数点的位置,如图 1-12(a)中的 A、B、C、D 等点,这些点在测区中构成一个骨架,起着重要的控制作用,称为"控制点"。测量控制点的坐标和高程的工作称为"控制测量"。以控制点为依据,测量其周围的地形,即测量每一个控制点周围各地形特征点的位置,称为"碎部测量"。利用各控制点已测定的位置关系,将它们投影到水平面上,把各个局部测得的地形连成一个整体,并按照一定的比例缩小,就形成完整的地形图,如图 1-12(b)所示。

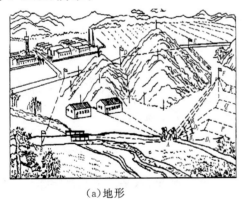

(a)地形　　　　　　　　　　(b)地形图

图 1-12　地形和地形图

二、测量工作的程序和原则

进行测量工作时,无论是测绘地形图还是施工放样,要在某一点上测绘该地区所有的地物和地貌或测设建筑物的全部细部是不可能的。因此,在实际开展测量工作时,必须按照一定的原则进行,这就是在布局上"由整体到局部",在程序上"先控制后碎部",在精度上"由高级到低级"。即在测量工作的区域内先选择一些有控制意义的控制点,对它们的平面位置和高程进行精确测定,再以这些控制点为依据,测定(或测设)周围地形的特征点(碎部点)位置。用这种分阶段进行的测量方法可以明显减少误差的传递和积累,并且在后期的工作中,可以在几个控制点上同时进行,加快测量速度。在测量工作的各个阶段需要选择合适的测量精度,精度太低,无法满足实际需要;精度太高,实际测量的工作量和成本会相应增加,这样也没有意义。在控制测量阶段,如果精度较低,这时点位误差比较大,在以后的碎部测量中精度再高也没有意义,显然,其精度受到前期控制测量精度的约束,因此,要由高精度的控制测量来控制低精度的碎部测量。因为当测定控制点的相对位置有错误时,以其为基础测定的碎部点位也有错误,所以当碎部测量中有错误时,以此资料绘制的地形图也就有错误。因此,测量时必须严格进行检核,"步步有检核"是组织测量工作的又一个原则,它可以防止错漏发生,保证测量结果的正确性。

对于建筑物的测设(放样),也必须遵循"由整体到局部、先控制后碎部"的原则。先在施工地区布设施工控制网,控制整个建筑物的施工放样。施工控制测量方法与地形图测绘中的控制测量方法类似,但控制点的密度比地形图测绘时要大。然后利用设计图纸上的数据,计算出建筑物的轮廓点(或细部点)到控制点的水平距离、水平角及高差(即放样数据),再到实地将建筑物的轮廓点和细部点的位置进行标定,作为施工依据。

由上述分析可以看出,如果控制点的位置比较准确,由它测定的碎部点都是彼此独立的,即使有差错,也只对局部有影响(可以在现场经过校核发现并改正),不影响全局。因此,遵循上述基本原则可以减少测量误差的传递和积累;同时,由于建立了统一的控制网,可以分区平行作业,既加快测量工作的速度,又保证整个测区的精度均匀统一。

三、测量的基本工作

无论是控制测量、碎部测量,还是施工测设,其实质都是确定地面点的空间位置。在实际测量工作中,地面点的相互位置关系如图 1-13 所示,是以观测水平角(方向)、距离和高差确定的。因此,高差测量、水平角测量和距离测量是测量的 3 项基本工作。通常将水平角、水平距离和高差作为确定地面点位的 3 个基本要素。

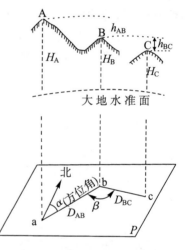

图 1-13　确定点位的三要素

思考题

1. 测量学任务包括哪两大部分?两者有何区别?
2. 测量工作的基本原则是什么?
3. 确定地面点位的 3 项基本测量工作是什么?
4. 确定地面点位的三要素是什么?
5. 遵循测量工作基本原则的目的是什么?
6. 什么叫地形、地物和地貌?
7. 什么叫绝对高程?什么叫相对高程?

8. 测量上的平面直角坐标系与数学上的平面直角坐标系有什么区别？为什么有这种区别？

9. 我国某地面点 A 的高斯平面直角坐标为 $x=3230568.55\text{m}$、$y=38432109.87\text{m}$，试问：A 点位于第几带？该带中央子午线的经度是多少？A 点在该带中央子午线的哪一侧？距离中央子午线多少米？

10. 什么是控制测量？它有什么作用？

第二章　水准测量

> **学习目标**

1. 掌握地面点位的表示方法,高程的测量方法,水准测量的原理,水准路线的布设形式、等级及技术要求。
2. 了解水准仪的操作和检校方法、水准测量的外业工作程序及内业成果的计算步骤。
3. 分析水准测量误差产生的原因,掌握微倾式水准仪、自动安平水准仪以及电子水准仪的特点。
4. 能够根据《公路勘测规范》(JTG C10-2007)的规定完成水准的外业测量工作。
5. 熟练掌握水准测量的内业计算(误差调整、高程计算和精度评定)。

第一节　水准测量原理

测量地面点高程的工作称为"高程测量"。按使用仪器和施测方法的不同,高程测量分为水准测量、三角高程测量、气压高程测量和 GPS 拟合高程测量。水准测量是精确测定地面点高程的一种方法,也是高程测量的主要方法。三角高程测量是利用经纬仪或全站仪测量竖直角和距离,再根据三角函数公式计算出地面点位高程的方法。该方法的精度相对较低,适用于在山区进行高程测量。气压高程测量是根据大气压力随地面高程变化而改变的原理,用气压计测定地面点位高程的方法,该方法的精度最低。GPS 拟合高程测量能同时确定地面点的三维位置。

一、水准测量原理

水准测量是利用水准仪提供一条水平视线,在两点所立的水准尺上进行读数,计算两点间的高差,然后根据已知点的高程,推算出另一个点的高程。如图 2-1 所示,为求出 A、B 两点的高差 h_{AB},在 A、B 两个点上竖立带有分划的标尺——水准尺,在 A、B 两点之间安置可提供水平视线的仪器——水准仪。当视线水平时,在 A、B 两个点的标尺上分别读得读数 a 和 b,则 A、B 两点的高差等于两个标尺读数之差,即

$$h_{AB} = a - b \tag{2-1}$$

如果 A 为已知高程的点,B 为待求高程的点,则 B 点的高程为

$$H_B = H_A + h_{AB} \tag{2-2}$$

读数 a 是在已知高程点上的水准尺读数,称为"后视读数";读数 b 是在待求高程点上的水准尺读数,称为"前视读数"。高差必须是后视读数减去前视读数。高差 h_{AB} 的值可能是正,也可能是负,正值表示待求点 B 高于已知点 A,负值表示待求点 B 低于已知点 A。此外,高差的正负号又与测量进行的方向有关,例如图 2-1 中,测量由 A 向 B 进行,高差用 h_{AB} 表示,其值为正;反之,测量由 B 向 A 进行,则高差用 h_{BA} 表示,其值为负。所以,当说明高差时,必须标明高差的正负号,同时要说明测量进行的方向。

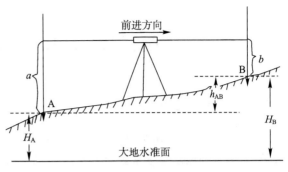

图 2-1 水准测量原理

二、转点

当两点相距较远或高差相差太大时,仪器一测站无法完成,这时需在两点之间增加若干个临时过渡点,分段连续进行测量,从图 2-2 中可得:

$$h_1 = a_1 - b_1$$
$$h_2 = a_2 - b_2$$
$$\cdots \cdots \cdots$$
$$\underline{h_n = a_n - b_n}$$
$$h_{AB} = \sum h = \sum a - \sum b \tag{2-3}$$

即两点的高差等于连续各段高差的代数和,也等于后视读数之和减去前视读数之和,即 $\sum h = \sum a - \sum b$,可用来检核计算是否有误。

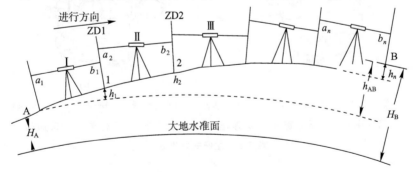

图 2-2 连续水准测量

图 2-2 中安置仪器的点 Ⅰ、Ⅱ、Ⅲ 等称为"测站"。立标尺的过渡点 1、2 等称为"转点",记为"ZD1,ZD2"。它们在前一测站先作为待求高程的点,在下一测站再作为已知高程的点,转点起传递高程的作用。转点非常重要,转点上产生的任何差错,都会影响到以后所有点的高程。

第二节 DS$_3$水准仪及其使用

一、水准仪和水准尺

水准仪可以提供水准测量所必需的水平视线。目前用的水准仪从构造上可分为两大类：一类是利用水准管来获得水平视线的微倾式水准仪；另一类是利用补偿器来获得水平视线的自动安平水准仪。电子水准仪也已广泛应用，它配合条纹编码尺，利用数字化图像处理的方法，可自动显示高程和距离，使水准测量实现了自动化。

我国的水准仪系列标准分为 DS$_{0.5}$、DS$_1$、DS$_3$ 等。D 是大地测量仪器的代号，S 是水准仪的代号，均取"大"和"水"两个字汉语拼音的首字母。下标的数字表示仪器的精度，其含义是指该仪器以毫米为单位的每千米往返测高差中数的偶然中误差。其中 DS$_{0.5}$ 和 DS$_1$ 用于精密水准测量，DS$_3$ 用于三、四等水准测量或普通水准测量。

（一）DS$_3$微倾式水准仪的构造

图 2-3 所示为 DS$_3$ 型微倾式水准仪，它主要由望远镜、水准器和基座 3 个部分组成。望远镜可以提供视线，并可读出水准尺上的读数；水准器用于指示仪器是否处于水平位置；基座用于支承仪器的上部并连接三脚架。

下面介绍微倾式水准仪的构造和性能。

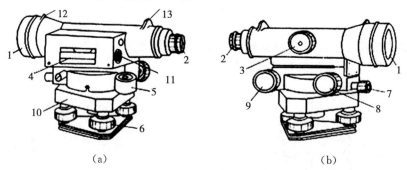

(a)   (b)

1.物镜 2.目镜 3.调焦螺旋 4.管水准器 5.圆水准器 6.脚螺旋 7.制动螺旋
8.微动螺旋 9.微倾螺旋 10.基座 11.符合水准器 12.准星 13.照门

图 2-3 微倾式水准仪

1.望远镜

最简单的望远镜由物镜和目镜组成。物镜的作用是使物体在物镜的另一侧构成一个倒立的实像；目镜的作用是使这一实像在同一侧形成一个放大的虚像，如图 2-4 所示。为了使物像清晰并消除单透镜的一些缺陷，物镜和目镜都是用两种不同材料的透镜组合而成的。

十字丝分划板是刻在玻璃片上的一组十字丝，安装在望远镜筒内靠近目镜的一端。如图 2-5 所示，水准测量中用它中间的横丝（图 2-6(a)）或楔形丝（图 2-6(b)）读取水准尺上的读数。十字丝交点和物镜光心的连线称为"视准轴"，也就是视线。为了能准确地照准目标或读数,望远镜内必须能同时看到清晰的物像和十字丝。为此,必须使物像落在十字丝分划板平面上。为了使离仪器不同距离的目标能成像于十字丝分划板平面上,望远镜内还必须安装一个调焦透镜(图 2-5)。观测不同距离处的目标时,可旋转调焦螺旋,改变调焦透镜的位置,从而能在望远镜内清晰地看到十字丝和所要观测的目标。

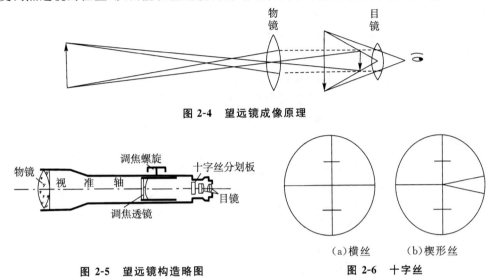

图 2-4　望远镜成像原理

图 2-5　望远镜构造略图

(a)横丝　　(b)楔形丝

图 2-6　十字丝

2. 水准器

水准器是用以整平仪器的部件,分为管水准器和圆水准器 2 种。管水准器又称"水准管",是一个封闭的玻璃管,管的内壁在纵向磨成圆弧形,其半径范围为 0.2~100.0m。管内盛有酒精或乙醚或两者的混合液体,并留有一气泡(图 2-7)。管面上刻有间隔为 2mm 的分划线,分划的中点称"水准管零点"。过零点与管内壁在纵向相切的直线称"水准管轴"。当气泡的中心点与水准管零点重合时,称"气泡居中",气泡居中时水准管轴位于水平位置。

水准管分划值 $\tau = \dfrac{2}{R}\rho''$,其中 ρ 为角度与弧度之间的转换参数,大小为 $206265''$ ($\dfrac{180°}{\pi} \times 3600''$)。

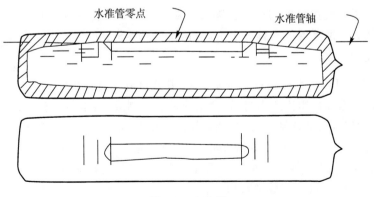

图 2-7　水准管

水准管上一格(2mm)所对应的圆心角 ζ 称为水准管的"分划值"。分划值也是气泡移动一格水准管轴所变动的角值(图 2-8)。水准仪上水准管的分划值为 $10''\sim20''$，水准管的分划值越小，视线置平的精度越高。但水准管的置平精度还与水准管的研磨质量、液体的性质和气泡的长度有关。在这些因素的综合影响下，使气泡移动一格时水准管轴所变动的角值称水准管的"灵敏度"。能够被气泡的移动反映出水准管轴变动的角值越小，水准管的灵敏度就越高。

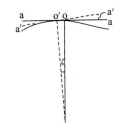

图 2-8 水准管分划值

为了提高气泡居中的精度，在水准管的上面安装一套棱镜组(图 2-9)，使两端各有半个气泡的像反射到一起。当气泡居中时，两端气泡的像就能符合，故这种水准器称为"符合水准器"。

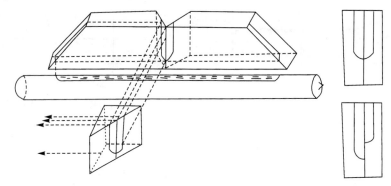

图 2-9 符合水准器

圆水准器是一个封闭的圆形玻璃容器，顶盖的内表面为一球面，半径范围为 $0.12\sim0.86m$，容器内盛有乙醚，留有一小圆气泡(图 2-10)。容器顶盖中央刻有一小圈，小圈的中心是圆水准器的零点。通过零点的球面法线是圆水准器的轴，当圆水准器的气泡居中时，圆水准器的轴位于铅垂位置。圆水准器的分划值是顶盖球面上 $2mm$ 弧长所对应的圆心角值，水准仪上圆水准器的角值为 $8'\sim15'$。

3. 基座

基座的作用是支撑仪器和连接三脚架。基座上有 3 个脚螺旋，调节脚螺旋可使圆水准器的气泡移至中央，使仪器粗略整平。

(二)水准尺

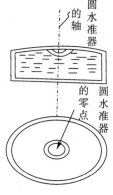

图 2-10 圆水准器

水准尺(图 2-11)是水准测量的重要工具，其质量好坏直接影响水准测量的结果。水准尺用优质木材、铝合金或玻璃钢制成，最常用的有塔式尺和双面尺 2 种。塔式尺能伸缩，携带方便，但接合处容易产生误差，长度分为 $3m$ 和 $5m$。双面尺比较坚固可靠，尺长 $3m$，尺面绘有 $1cm$ 或 $5mm$ 黑白相间的分格，米和分米处注有数字。双面尺一面为黑色分划，另一面为红色分划，黑面的尺底为零，而红面的尺底分别为 $4.687m$ 和 $4.787m$。利用双面尺可对读数进行检核。

（三）尺垫

尺垫（图 2-12）是用于转点上的一种工具，用铸铁制成。尺垫下部有 3 个尖足点，可以踩入土中固定尺垫；中部有突出的半球体，作为临时转点的点位标志供竖立水准尺使用。使用尺垫时把 3 个尖足点踩入土中，把水准尺立在突出的圆顶上。尺垫可使转点稳固，防止下沉。

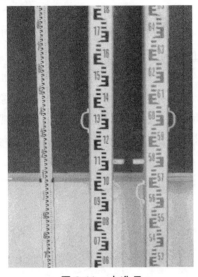

图 2-11 水准尺

图 2-12 尺 垫

二、DS₃ 微倾式水准仪的使用

DS₃ 微倾式水准仪的操作步骤是安置仪器、粗略整平（简称"粗平"）、调焦和照准、精确整平（简称"精平"）和读数。

（一）安置仪器

先选择平坦、坚固的地面作为水准仪的安置点，然后打开三脚架。三脚架高度要适当，架头大致水平，并确保牢固稳妥。在山坡上使用时，应使三脚架的两脚在坡下，一脚在坡上。然后把水准仪用中心连接螺旋连接到三脚架上。取水准仪时必须握住仪器的坚固部位，并确认已牢固地连接在三脚架上之后才可以放手。

（二）粗平

仪器的粗略整平是用脚螺旋使圆水准器的气泡居中。不管圆水准器在哪个位置，先旋转任意两个脚螺旋，使气泡移到通过圆水准器零点并垂直于这两个脚螺旋连线的方向上。如图 2-13 所示，气泡自 a 移到 b，可使仪器在这两个脚螺旋连线的方向上处于水平位置。然后单独旋转第三个脚螺旋，使气泡居中，使前两个脚螺旋连线的垂线方向亦处于水平位置，从而使仪器粗平。如仍有偏差，可重复进行。操作时必须记住以下 3 条要领：

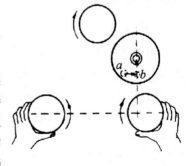

图 2-13 粗 平

(1)先旋转两个脚螺旋,然后旋转第三个脚螺旋。
(2)旋转两个脚螺旋时必须相对转动,即旋转方向相反。
(3)气泡移动的方向始终和左手大拇指移动的方向一致。

(三)调焦和照准

用望远镜照准目标前,必须先调节目镜,使十字丝清晰。然后利用望远镜上的准星从外部瞄准水准尺,再旋转调焦螺旋,使尺像清晰,也就是使尺像落到十字丝平面上。这两步不可颠倒。最后用微动螺旋使十字丝竖丝照准水准尺。为了便于读数,也可使尺像稍偏离竖丝。当照准不同距离处的水准尺时,要重新调节调焦螺旋才能使尺像清晰,但十字丝可不必再调。照准目标时必须要消除视差。观测时,眼睛稍作上下移动,如果尺像与十字丝有相对的移动,即读数有改变,则表示有视差存在。其原因是标尺影像没有落在十字丝平面上(图 2-14(a)、(b))。存在视差时,不能得出准确的读数。消除视差的方法是反复旋转目镜和物镜调焦螺旋,直到不再出现尺像和十字丝有相对移动为止,即尺像与十字丝在同一平面上(图 2-14(c))。

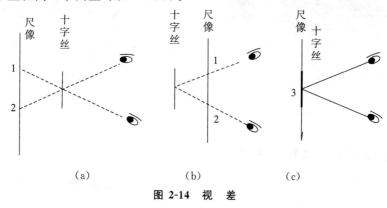

图 2-14 视 差

(四)精平

由于圆水准器的灵敏度较低,所以用圆水准器只能使水准仪粗略地整平。因此,在每次读数前,还必须用微倾螺旋使水准管气泡符合,使视线精确整平。由于微倾螺旋旋转时改变了望远镜和竖轴的相对位置,当望远镜由一个方向转到另一个方向时,水准管气泡一般不再符合。因此,当望远镜每次变动方向后,即在每次读数前,都需要用微倾螺旋使气泡重新符合。

(五)读数

用十字丝中间的横丝读取水准尺的读数。从尺上可直接读出米、分米和厘米数,并估读出毫米数,所以每个读数必须有四位数。如果某一位数是零,也必须读出并记录,不可省略,如 1.002m、0.007m、2.100m 等。由于望远镜有成正像的,也有成倒像的,因此,从望远镜内读数时,都由数字小的向数字大的方向读。为了保证得出正确的水平视线读数,在读数前和读数后都应该检查气泡是否符合。如图 2-15(a)所示,黑面读数为 1.274m,如图 2-15(b)所示,红面读数为 5.958m。

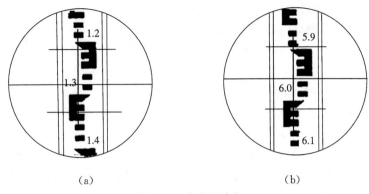

图 2-15 水准尺读数

第三节 普通水准测量实施

一、水准点

高程测量应按照"从整体到局部,先控制后碎部"的原则进行,即先在测区内设立一些高程控制点,用水准测量的方法精确测出它们的高程,然后根据这些高程控制点测量附近其他点的高程,这些高程控制点称为"水准点"。水准点编号一般在前面加 BM(英文 Bench Mark 的首字母缩写),常用"$\otimes$"符号表示。

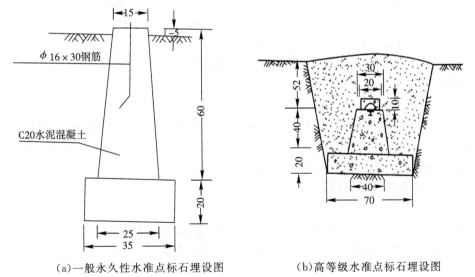

(a)一般永久性水准点标石埋设图　　(b)高等级水准点标石埋设图

图 2-16 标石埋设图

水准点有永久性水准点和临时性水准点 2 种。永久性水准点一般用石料或混凝土按照规范要求的规格制成,临时性水准点常用大木桩或铁钉打入地下,桩顶钉入一半球状头部的铁钉,以示高程位置。水准点的位置应选在土质坚硬、便于长期保存和使用方便的地方。水准点按精度分为不同等级。国家水准点分为 4 个等级,即一、二、三、四等水准点。按规范要求埋设的永久性标石标志,一般用混凝土标石制成,深埋到地面冻土线以下,在标石顶端设有不锈钢或其他不易锈蚀的材料制成的半球状标志,如图2-16(a)、(b)所示。有些水准点也可设在稳定的墙角上,称为"墙上水准点",如图2-17所示。图根水准点和工程水准点常采用临时性标志,一般将木桩(桩顶钉入一半球状头部的铁钉)或大铁钉打入地面,也可在地面上突出的坚硬岩石或房屋四角水泥面、台阶等处用红油漆标记。

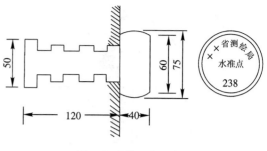

图 2-17　墙上水准点

二、水准测量的实施

(一)水准路线的布设

水准测量的任务是从已知高程的水准点开始测量待定水准点的高程。测量前应根据要求选定水准点的位置,埋设好水准点标石,拟定水准测量进行的路线。水准路线主要有以下几种布设形式。

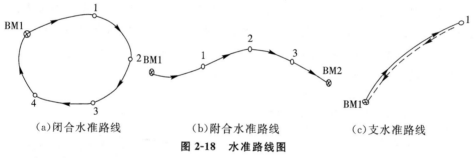

(a)闭合水准路线　　　(b)附合水准路线　　　(c)支水准路线

图 2-18　水准路线图

1.闭合水准路线

如图 2-18(a)所示,从一起始水准点 BM1 出发,经过测量各测段的高差,求得沿线其他各点高程,最后又闭合到 BM1 的环形路线,称为"闭合水准路线"。水准点 BMA 可以是已知高程点,也可以假定其高程。如果高程是假定的,测量的其他水准点或地面点的高程就是相对高程。假定高程时应注意,不能使测区其他高程点出现负值,应使待定点的高程与实际高程尽可能接近。

2.附合水准路线

如图 2-18(b)所示,从一已知水准点 BM1 出发,经过测量各测段的高差,求得沿线其他各点高程,最后附合到另一已知水准点 BM2 的路线,称为"附合水准路线"。

3.支水准路线

如图 2-18(c)所示,支水准路线是指从一已知水准点 BM1 出发,沿线往测其他各点高程到终点 1,又从终点 1 返测到 BM1,其路线既不自行闭合也不附合到其他水准点上。

(二)施测方法

1.仪器与资料准备

(1)资料准备。收集测区已有水准点的成果资料和水准点分布图等原始资料。

(2)仪器准备。DS_3水准仪1套,塔尺2根,尺垫和记录板等。

2. 踏勘选点

水准测量实施前,应根据测区范围、水准点分布、地形条件及测图和施工需要等,实地踏勘,合理选定水准点的位置。水准点的布设应符合下列规定:

(1)水准点间的距离,一般地区为1~3km,工业厂区、城镇建筑区宜小于1km。一个测区及周围至少应有3个高程控制点。

(2)点位应在土质坚硬、密实、稳固的地方或稳定的建筑物上,且便于寻找、保存和引测;当采用数字水准仪作业时,水准路线还应避开电磁场的干扰。

3. 埋石

水准点位置确定后应设标志,标志及标石的埋设规格应满足相应规范的要求。埋设完成后,需绘制"点之记",必要时还应设置指示桩。

4. 外业实施

(1)如图2-2所示,水准仪安置于测站Ⅰ处,确定ZD1,将塔尺置于A点和ZD1点上。注意,仪器至后视点距离和距前视点距离应大致相等。转点应选在坚实、凸起、明显的位置,一般应放置尺垫。

(2)水准仪粗平后,先瞄准后视尺,消除视差。精平后读取后视读数a_1,记入记录表2-1中。

(3)旋转望远镜照准前视尺,精平后读取前视读数b_1,记入记录表2-1中。结束一个测站的观测。

(4)将水准仪迁至第Ⅱ站,第Ⅰ站的后视尺迁至第Ⅱ站的ZD2,第Ⅰ站前视变成第Ⅱ站后视。

(5)按步骤(2)、(3)测出第Ⅱ站的后视读数和前视读数a_2、b_2,记入记录表2-1中。

(6)重复上述步骤,直到测至终点B为止。

表2-1 普通水准测量记录表

测站	测点	水准尺读数(m)		高差(m)		高程(m)	备注
		后视读数	前视读数	+	-		
Ⅰ	BMA	2.142		0.884		123.446	
	ZD1		1.258				
Ⅱ	ZD1	0.928			0.307		
	ZD2		1.235				
Ⅲ	ZD2	1.664		0.233			
	ZD3		1.431				
Ⅳ	ZD3	1.672			0.402		
	BMB		2.074			123.854	
计算检核		$\sum a_i - \sum b_i = +0.408$		$\sum h_i = +0.408$		$H_B - H_A = +0.408$	

5. 资料上交

上交原始观测数据的记录手簿、计算表格、成果精度评定及其他相关资料等。

三、水准测量的成果处理

(一)计算校核

B 点对 A 点的高差等于各转点之间高差的代数和,也等于后视读数和减去前视读数和,即

$$h_{AB} = \sum h_i = \sum a_i - \sum b_i \qquad (2-4)$$

若上式成立,说明高差计算无误。按照各站观测高差和 A 点已知高程,推算各转点的高程,最后求得终点 B 的高程。终点 B 的高程 H_B 减去起点 A 的高程 H_A 应等于各站高差的代数和,即

$$H_B - H_A = \sum h_i \qquad (2-5)$$

若上式成立,说明各转点高程的计算无误。

(二)测站校核

水准测量中一个测站的误差或错误对整个水准测量成果都有影响。为保证各个测站观测成果的正确性,应对每一站进行校核。校核方法有双仪器高法和双面尺法 2 种。双仪器高法是指在一个测站上用不同的仪器高度测出 2 次高差。测得第一次高差后,改变仪器高度(至少 10cm),然后再测一次高差。当所测两次高差之差不大于 5mm 时,可认为观测合格,取观测值的平均值作为最终结果。若所测两次高差之差大于 5mm,则需要重测。双面尺法是指仪器高度不变,而用双面尺的红面和黑面高差进行校核。红面和黑面的高差之差也不能大于 5mm。若符合要求,取观测值的平均值作为最终结果。

(三)成果校核

由于测量误差的影响,水准路线的实测高差值与理论值不相符,其差值称为"高差闭合差"。若高差闭合差在允许误差范围之内,则认为外业观测成果合格;若高差闭合差超过允许误差范围,应查明原因进行重测,直至符合要求。普通水准测量的容许高差闭合差为

平原微丘区 $\qquad f_{h容} = \pm 40\sqrt{L}\text{mm}$

山岭重丘区 $\qquad f_{h容} = \pm 12\sqrt{n}\text{mm}$ $\qquad (2-6)$

式中:L——水准路线长度,以 km 为单位;

n——测站个数,单位为个。

附合水准路线的高差闭合差是观测高差的和与已知起始点、终点高差之差,即

$$f_h = \sum h_{测} - (H_{终} - H_{始}) \qquad (2-7)$$

闭合水准路线的高差闭合差是观测高差的和,即

$$f_h = \sum h_{测} \qquad (2-8)$$

支水准路线的高差闭合差是往、返测高差的绝对值之差,即

$$f_h = \sum h_{往} + \sum h_{返} \qquad (2-9)$$

若 $f_h \leqslant f_{h容}$,说明外业观测成果合格,否则应查明原因进行重测。当高差闭合差在容许范围内时,应进行高差闭合差的调整,最后用调整后的高差计算各未知水准点的高程。高差闭合差的调整是按"与水准路线的测站数或测段长度成正比"的原则,将闭合差

反号分配到各测段上,并进行观测高差的改正计算。若按测站数进行高差闭合差的调整,则某一测段高差的改正数 V_i 为

$$V_i = -\frac{f_h}{\sum n} \times n_i \quad (2-10)$$

式中:$\sum n$——水准路线各测段的测站数总和;

n_i——某一测段的测站数。

若按测段长度进行高差闭合差的调整,则某一测段高差的改正数 V_i 为

$$V_i = -\frac{f_h}{\sum L} \times L_i \quad (2-11)$$

式中:$\sum L$——水准路线的总长度;

L_i——某一测段的长度。

注意:在高差闭合差的调整中,无论是按测站数调整高差闭合差(表 2-2),还是按测段长度调整高差闭合差(表 2-3),都应满足下列关系:

$$\sum V = -f_h \quad (2-12)$$

即水准路线各测段的改正数之和与高差闭合差大小相等,符号相反。满足此条件后,便可计算改正后的高差。各段实测高差加上相应的改正数,得改正后的高差,填入改正后高差栏内。改正后高差的代数和应等于理论值,此为计算检核。最后计算待定点的高程。如图 2-19 所示,根据起始点 A 的已知高程,结合改正后的高差,逐点推算 1、2、3 点的高程。最后根据 3 号点高程计算 B 点高程,其推算高程应与 B 点已知高程相等。若不相等,则说明计算有误。

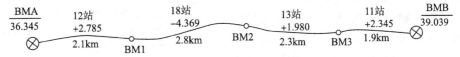

图 2-19 附合水准路线成果整理

表 2-2 按测站数调整高差闭合差及高程计算表

测段编号	测点	测站数 n(个)	实测高差 (m)	改正数 V_i(m)	改正后的高差(m)	高程(m)	备注
1	BMA	12	+2.785	-0.010	+2.775	36.345	$H_{BMB}-H_{BMA}$ =2.694
	BM1						
2		18	-4.369	-0.016	-4.385	39.120	$f_h=\sum h_{测}-(H_{BMB}-H_{BMA})$
	BM2						
3		13	+1.980	-0.011	+1.969	34.745	=2.741-2.694
	BM3						=+0.047
4		11	+2.345	-0.010	+2.335	36.704	$\sum n=54$
	BMB						
$\sum$		54	+2.741	-0.047	+2.694	39.039	$V_i=-\frac{f_h}{\sum n}\times n_i$

表 2-3 按路线长度调整高差闭合差及高程计算表

测段编号	测点	测段长度 L(km)	实测高差(m)	改正数 V_i(m)	改正后的高差(m)	高程(m)	备注
1	BMA	2.1	+2.785	-0.011	+2.774	36.345	$H_{BMB}-H_{BMA}$ =2.694 $f_h=\sum h_{测}-$ $(H_{BMB}-H_{BMA})$ =2.741-2.694 =+0.047 $\sum L=9.1$ $V_i=-\dfrac{f_h}{\sum L}\times L_i$
2	BM1	2.8	-4.369	-0.014	-4.383	39.119	
3	BM2	2.3	+1.980	-0.012	+1.968	34.736	
4	BM3	1.9	+2.345	-0.010	+2.335	36.704	
∑	BMB	9.1	+2.741	-0.047	+2.694	39.039	

第四节 DS_3 水准仪的检验与校正

为保证测量工作能得出正确的结果,工作前必须对使用的仪器进行检验,如不满足要求,应对仪器加以校正。一般性检验内容包括:顺时针和逆时针旋转望远镜,看竖轴转动是否灵活、均匀;微动螺旋是否可靠;瞄准目标后,再分别转动微倾螺旋和对光螺旋,看望远镜是否灵敏,有无晃动等现象;望远镜视场中的十字丝及目标能否调节清晰;有无霉斑、灰尘和油迹;脚螺旋或微倾螺旋均匀升降时,圆水准器及管水准器的气泡移动不应有突变现象;仪器的三脚架安放好后,适当用力转动架头时,不应有松动现象。微倾式水准

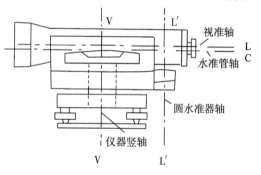

图 2-20 水准仪的主要轴线

仪各轴线间应具备的几何关系是:圆水准器轴(L′)应平行于仪器竖轴(V),即 L′L′∥VV;水准管轴(L)应平行于仪器视准轴(C),即 LL∥CC;十字丝的横丝应垂直于仪器竖轴,如图 2-20 所示。检验校正的内容和方法如下所述。

一、圆水准器的检验与校正

(一)目的

使圆水准器轴平行于仪器竖轴,也就是当圆水准器的气泡居中时,仪器的竖轴应处于铅垂状态。

(二)检验方法

首先转动脚螺旋,使圆水准气泡居中,如图 2-21(a)所示,然后将仪器旋转180°。如

果气泡仍居中,说明两轴平行;如果气泡偏移了零点,如图 2-21(b)所示,说明两轴不平行,需校正。

(三)校正方法

拨动圆水准器的校正螺丝,使气泡中点退回至距零点偏离量一半的位置,如图 2-21(c)所示。然后转动脚螺旋,使气泡居中,如图 2-21(d)所示。检验和校正应反复进行,直至不论仪器转到任何位置,圆水准气泡始终居中。

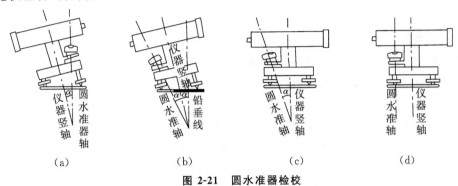

图 2-21 圆水准器检校

二、十字丝横丝的检验与校正

(一)目的

使十字丝横丝垂直于仪器的竖轴,也就是当竖轴铅垂时,横丝应水平。

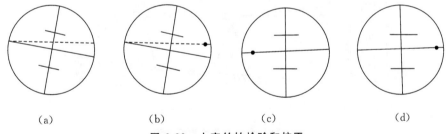

图 2-22 十字丝的检验和校正

(二)检验方法

整平仪器后,将横丝的一端对准一明显固定点,旋紧制动螺旋后再转动微动螺旋。如果该点始终在横丝上移动,说明十字丝横丝垂直于竖轴,如图 2-22(c)、(d)所示;如果该点离开横丝,说明横丝不水平,需要校正,如图 2-22(a)、(b)所示。

(三)校正方法

用螺丝刀松开十字丝环的 3 个固定螺丝,再转动十字丝环,调整偏移量,直到满足条件为止,最后拧紧该螺丝,上好外罩,如图 2-23 所示。

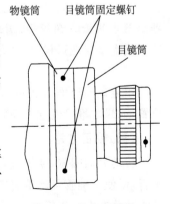

图 2-23 十字丝校正

三、管水准器的检验与校正

(一)目的

使水准管轴平行于视准轴,也就是当管水准器气泡居中时,视准轴应处于水平状态(即 i 角误差的检校,i 角误差是指水准管轴不平行于视准轴时的夹角对高差的影响)。

(二)检验方法

首先在平坦地面上选择相距 100m 左右的 A 点和 B 点,在两点放上尺垫或打入木桩,并竖立水准尺,如图 2-24 所示。然后将水准仪安置在 A、B 两点的中间位置 C 处进行观测,假如水准管轴不平行于视准轴,视线在尺上的读数分别为 a_1 和 b_1,由于视线的倾斜而产生的读数误差均为 Δ($\Delta = S \times \mathrm{tg}i \approx S \times i''/\rho''$),则两点间的高差 h_{AB} 为

$$h_{AB} = a_1 - b_1$$

由图 2-24 可知:$a_1 = a + \Delta$,$b_1 = b + \Delta$,代入上式得

$$h_{AB} = (a + \Delta) - (b + \Delta) = a - b \tag{2-13}$$

此式表明,若将水准仪安置在两点中间进行观测,便可消除由于视准轴不平行于水准管轴所产生的读数误差 Δ,得到两点间的正确高差 h_{AB}。

为了防止以上错误的产生和提高观测精度,一般应改变仪器高观测 2 次,若 2 次高差的误差小于 3mm,取平均数作为正确高差 h_{AB}。

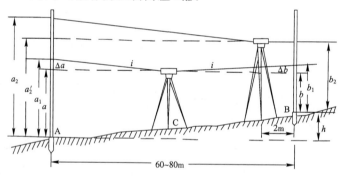

图 2-24 管水准器检校原理图

再将水准仪安置在距 B 尺 2m 左右处,安置好仪器后,先读取近 B 尺的读数 b_2,因仪器离 B 点很近,i 角很小,两轴不平行的误差可忽略不计。然后根据 b_2 和正确高差 h_{AB} 计算视线水平时在远尺 A 的正确读数 a_2':

$$a_2' = b_2 + h_{AB} \tag{2-14}$$

用望远镜照准 A 点的水准尺,转动微倾螺旋,将横丝对准 a_2',这时视准轴已处于水平位置,如果水准管气泡影像符合,说明水准管轴平行于视准轴,否则应进行校正。

(三)校正方法

转动微倾螺旋,使横丝对准 A 尺正确读数 a_2' 时,视准轴已处于水平位置,由于两轴不平行,便使水准管气泡偏离零点,即气泡影像不符合,如图 2-25 所示。这时首先用拨针松开水准管左右校正螺丝(水准管校正螺丝在水准管的一端),用校正水准管针拨动上、下校正螺丝。拨动时应先松后紧,以免损坏螺丝,直到气泡影像符合为止,如图 2-26 所示。

i 角误差对高差的影响 $\delta h_{AB} = \Delta a - \Delta b = (S_A - S_B) \times i''/\rho''$。为了减少校正不完善的残留误差的影响,在进行等级水准测量时,一般要求前、后视距离基本相等。水准仪的视准轴与水准管的夹角 i 在作业开始的第一周内应每天测定一次,i 角稳定后每隔 15 天测定一次,其值不得大于 $20''$,否则必须校正。i 角误差的大小可用式(2—15)进行计算,式中 h_1、h_2 分别是仪器安置在水准尺中间和 B 尺附近时测量的高差。

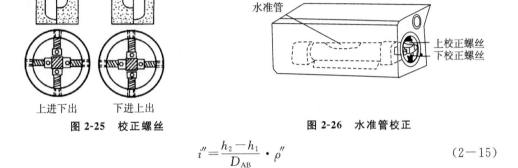

图 2-25 校正螺丝　　　　　　图 2-26 水准管校正

$$i'' = \frac{h_2 - h_1}{D_{AB}} \cdot \rho'' \tag{2-15}$$

第五节　自动安平水准仪与电子水准仪简介

一、自动安平水准仪的构造和使用

自动安平水准仪是一种不用水准管而能自动获得水平视线的水准仪,如图 2-27 所示。由于微倾式水准仪在用微倾螺旋使气泡符合时要花一定的时间,所以水准管灵敏度越高,整平需要的时间越长。在松软的土地上安置水准仪时,还要随时注意气泡有无变动。而自动安平水准仪在用圆水准器使仪器粗略整平后,经过 1～2s 即可直接读取水平视线读数。当仪器有微小的倾斜变化时,补偿器能随时调整,始终给出正确的水平视线读数。因此,它具有观测速度快、精度高的优点,被广泛地应用在地形测图和一般工程水准测量中。

图 2-27　自动安平水准仪

(一)自动安平水准仪的使用

自动安平水准仪的使用方法较微倾式水准仪简便。首先是用脚螺旋使圆水准器气泡居中,完成仪器的粗略整平。然后用望远镜照准水准尺,即可用十字丝横丝读取水准尺读数,所得就是水平视线读数。由于补偿器在起补偿作用时有一定的工作范围,所以使用自动安平水准仪时,要防止补偿器贴靠周围的部件而不处于自由悬挂状态。有的仪器在目镜旁有一按钮,它可以直接触动补偿器。读数前可轻按此按钮,以检查补偿器是否处于正常工作状态,也可以消除补偿器有轻微的贴靠现象。如果每次触动按钮后,水准尺读数变动后又能恢复原有读数,则表示工作正常。如果仪器上没有这种检查按钮,则可用脚螺旋使仪器竖轴在视线方向稍作倾斜,若读数不变,则表示补偿器工作正常。由于要确保补偿器处于工作范围内,使用自动安平水准仪时,应确保圆水准器的气泡居中。

(二)自动安平水准仪的检校

自动安平水准仪检校与微倾式水准仪检校的不同之处是,前者需进行补偿器的检验。首先转动脚螺旋,破坏粗平,看警告指示窗是否出现红色,反转脚螺旋红色消失,并逐渐变为绿色,说明补偿器灵敏。另外,还要检校补偿器的补偿是否正确,如图 2-28 所示,方法为:在地面上选择相距 60m 左右 A、B 两点,在 A 点立水准尺,在 B 点安置水准仪。把 3 个脚螺旋中的 1 个 C 对准水准尺,读数为 K_0;然后稍微向上转动脚螺旋,读数为 K_1;再稍微向下转动脚螺旋,读数为 K_2。若 $K_0=K_1=K_2$,说明补偿正确;若 $K_1>K_0$,说明过补偿;若 $K_2<K_0$,说明欠补偿。校正的方法为:在相距 80m 的距离中间安置好仪器,读数分别为 a_1、b_1;将仪器移至离 B 尺 3m 的地方,读数为 a_2、b_2。若 $a_1-b_1 \neq a_2-b_2$,则校正量 $d=(a_2-b_2)-(a_1-b_1)$,后视 A 尺正确读数 $a_3=a_2-d$,瞄准 A 尺,校正十字丝,使其交点对准水准尺读数 a_3 即可,反复检验,直至满足要求为止。

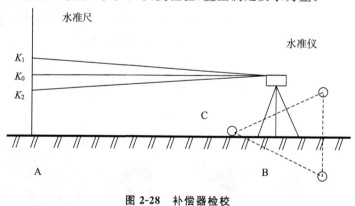

图 2-28 补偿器检校

二、电子(数字)水准仪与条纹码水准尺

(一)电子(数字)水准仪

电子水准仪是利用影像处理技术,自动读取高差和距离,并自动进行数据记录和成果处理的全数字化的仪器。图 2-29 所示为徕卡公司生产的 NA2000 数字水准仪和武汉

中纬公司生产的 ZDL 700 数字水准仪,它们能满足二等到四等水准测量的精度要求,内置多种测量模式和测量程序,可以轻松实现数字水准测量。

电子水准仪由望远镜、圆水准器、操作键盘、数据显示窗口、脚螺旋及底盘等构成。其中,望远镜中的分光镜将从物镜进入的光分为可见光和红外光;行阵探测器可识别水准尺上的条码,进行读数。

(a)徕卡 NA2000 数字水准仪　　(b)中纬 ZDL 700 数字水准仪　　(c)条纹码水准尺

图 2-29　电子(数字)水准仪与条纹码水准尺

下面以中纬 ZDL 700 数字水准仪为例,介绍其构造及主要技术参数。

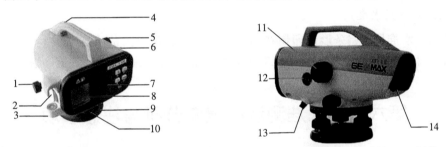

1.水平微动螺旋　2.电池仓　3.圆水准器　4.瞄准器　5.调焦螺旋　6.提把　7.目镜
8.显示屏　9.基座　10.基座脚螺旋　11.调焦螺旋　12.测量按键　13.数据通讯口　14.物镜

图 2-30　中纬 ZDL 700 数字水准仪

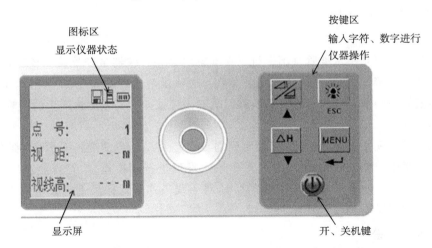

图 2-31　中纬 ZDL 700 数字水准仪键盘界面

主要技术参数见表2-4。

表2-4　中纬ZDL 700数字水准仪主要技术参数

高程精度	±0.7mm/km(ISO 17123-3)
距离精度	$D<10m,10mm;D\geq10m,0.001\times D$
测程	2～105m
单次测量时间	<3s
最小环境光照强度	20lx
补偿范围	±10′
安平精度	±0.35°
通讯接口	RS232
内存存储	3000组数据
工作温度	-10～50℃
防尘防水标准	IP55

(二)条纹码水准尺

条纹码水准尺是将条形码印制在钢瓦合金尺或玻璃钢上的水准尺。其构造有折叠式,双面三段,每段长1.35m,总长4.05m,也有3m或2m的直尺,如图2-29所示。

第六节　水准测量的误差分析与注意事项

一、水准测量误差分析

(一)仪器、工具误差

1. 仪器误差

仪器误差主要是指水准管轴不平行于视准轴的误差。仪器虽经检验与校正,但不可能校正得十分完善,总会留下一定的残余误差。这项误差具有系统性,在水准测量时,只要将仪器安置在距前、后尺中间的位置,就可消除该项误差对高差测量产生的影响。

2. 水准尺误差

水准尺的长度不准、尺底零点和尺面刻划有误差及尺子弯曲变形等因素,都会给水准测量读数带来误差。因此,事先必须对所用水准尺进行逐项检定,符合要求后方可使用。水准尺上的米间隔平均长与名义长之差,对于线条式钢瓦标尺不应大于0.1mm,对于区格式木质标尺不应大于0.5mm。

(二)操作误差

1. 整平误差

水准测量是利用水平视线来测定高差的,而影响视线水平的原因有二:一是水准管气泡误差,二是水准管气泡未居中误差。

2. 读数误差

读数误差与望远镜放大倍率、观测者的视觉能力、仪器离尺子距离等因素有关。

3. 视差

在水准测量中,视差的影响会给观测结果带来较大的误差。因此,在观测前,必须反复调节目镜和物镜对光螺旋,以消除视差。

(三)外界条件影响

1. 仪器和尺垫下沉

由于仪器下沉,使视线降低,从而引起高差误差。采用"后、前、前、后"的观测程序,可减弱其影响。如果在转点发生尺垫下沉现象,将使下一站后视读数增大,因此,转点应选择在坚硬的地方。

2. 水准尺倾斜

水准尺倾斜将使尺上读数增大,所以水准尺应严格扶直。

3. 地球曲率和大气折光

地球曲率和大气折光都会对水准测量的高差产生影响,如图 2-32 所示。如果前视水准尺和后视水准尺至测站的距离相等,则在前视读数和后视读数中含有相同的误差,这样在高差中就不存在该误差的影响了。因此,安置测站时要争取前后视距离相等。接近地面的空气温度不均匀,所以空气的密度也不均匀。光线在

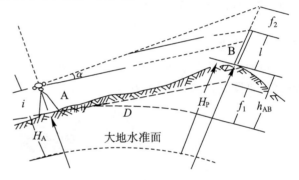

图 2-32 地球曲率和大气折光

密度不均匀的介质中沿曲线传播,称为"大气折光"。一般来说,白天近地面的空气温度高,密度低,弯曲的光线凹面向上;晚上近地面的空气温度低,密度高,弯曲的光线凹面向下。接近地面的温度梯度大,则大气折光的曲率大,由于空气的温度在不同时刻、不同地方一直处于变动之中,所以很难描述折光的规律。对策是避免用接近地面的视线工作,尽量抬高视线,用前后视等距的方法进行水准测量。夏天的中午一般不做水准测量。在沙地、水泥地、湍流强的地区等,一般只在上午 10 点之前做水准测量。高精度的水准测量也只在上午 10 点之前进行。

4. 温度的变化

温度会引起仪器部件的胀缩,从而可能引起视准轴的构件(物镜、十字丝和调焦镜)相对位置的变化,或引起视准轴相对于水准管轴位置的变化。由于光学测量仪器是精密仪器,不大的位移量可能使轴线产生几秒偏差,从而使测量结果的误差增大。不均匀的温度对仪器的性能影响尤其大。温度的变化不仅能引起大气折光的变化,而且当烈日照射水准管时,由于水准管本身和管内液体温度升高,气泡向着温度高的方向移动,会影响仪器水平,产生气泡居中误差。因此,观测时应注意撑伞遮阳。

5. 风力作用

大风会使水准尺不易竖直,使水准仪的水准气泡不稳定。

二、水准测量注意事项

(1)水准测量过程中,应尽量用目估或步测保持前、后视距基本相等,消除或减少水准管轴不平行于视准轴所产生的误差,同时选择适当的观测时间,通过限制视线长度和高度来减少折光的影响。

(2)仪器脚架要踩牢,观测速度要快,以减少仪器下沉。

(3)估数要准确,读数时要仔细对光,消除视差,必须使水准管气泡居中,读完以后,再次检查气泡是否居中。

(4)检查塔尺相接处是否严密,消除尺底泥土。扶尺者身体站正,双手扶尺,保证扶尺竖直。

(5)要记录原始数据,当场填写清楚。在记错或算错时,按照划改的规定,应在错字上画一斜线,将正确数字写在错字上方。

(6)读数时,记录员要复诵,以便核对,并应按记录格式填写;字迹要整齐、清楚、端正;所有计算成果必须经校核后才能使用。

(7)测量者要严格执行操作规程,工作要细心,加强校核,防止错误。观测时如果阳光较强,要撑伞,给仪器遮太阳。

思考题

1. 什么是绝对高程?什么是相对高程?两点间的高差如何计算?
2. 通过绘图简述水准测量的原理。
3. 设 A 为后视点,B 为前视点,A 点的高程是 20.123m,当后视读数为 1.456m,前视读数为 1.579m,则 A、B 两点的高差是多少?B、A 两点的高差是多少?绘图并说明 B 点比 A 点高还是低,B 点高程是多少。
4. 什么是视准轴?何为视差?产生视差的原因是什么?怎样消除视差?
5. 圆水准器与水准管的作用有何不同?什么是水准管分划值?
6. 转点与水准点在水准测量中各起什么作用?
7. 水准路线可布设成哪些形式?
8. 水准测量时,前后视距相等可消除哪些误差?
9. 水准测量中的测站检核有哪几种?如何进行?
10. 根据图 2-33 中闭合水准路线的观测成果,求出各点高程。已知 $H_1=48.966$m。

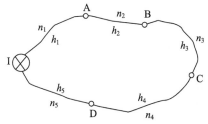

$h_1 = +1.224\mathrm{m}, n_1 = 10$ 站
$h_2 = -1.424\mathrm{m}, n_2 = 8$ 站
$h_3 = +1.781\mathrm{m}, n_3 = 8$ 站
$h_4 = -1.714\mathrm{m}, n_4 = 11$ 站
$h_5 = +0.108\mathrm{m}, n_5 = 12$ 站

图 2-33 闭合水准路线

11. 将图 2-34 中的外业水准测量观测数据填入自己绘制的表格中。A、B 两点为已知高程点，$H_A = 23.456\mathrm{m}$，$H_B = 25.080\mathrm{m}$，请计算水准点 MB1、BM2、BM3 各点的高程。

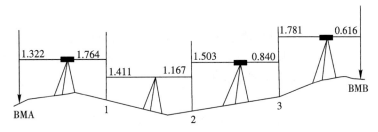

图 2-34 水准测量施测

第三章 角度测量

> **学习目标**
>
> 1. 熟悉水平角、竖直角测量的原理,角度表示方法以及角度测量的技术要求。
> 2. 了解经纬仪的构造和操作方法,水平角和竖直角的观测、记录和计算方法。
> 3. 能够分析水平角与竖直角测量误差产生的原因、经纬仪轴系之间的条件不满足对角度的影响。
> 4. 能够根据《公路勘测规范》(JTG C10-2007)的规定,完成水平角与竖直角的测量与记录工作。
> 5. 能够完成水平角与竖直角测量的计算过程。

第一节 角度测量原理

角度测量是测量工作的三项基本工作之一,包括水平角和竖直角的测量。水平角用于求算地面点的平面位置。竖直角用于确定地面两点间的高差或将倾斜距离换算成水平距离。常用的测角仪器有经纬仪和全站仪。

一、水平角测量原理

地面上两条直线之间的夹角在水平面上的投影称为"水平角"。如图 3-1 所示,A、B、O 为地面上的任意点,通过 OA 和 OB 直线各作一垂直面,并把 OA 和 OB 分别投影到通过 O 点的水平投影面上,其投影线 Oa 和 Ob 的夹角∠aOb 就是∠AOB 的水平角,用 β 来表示,其角值范围为 0°~360°。

如果在水平角顶 O 上安置一个带有水平刻度盘的测角仪器,其度盘中心 O′在通过测站 O 点的铅垂线上,设 OA 和 OB 两条方向线在水平刻度盘上的投影读数为 a_1 和 b_1,则水平角 β 即为两个读数之差。

$$\beta = b_1 - a_1 \qquad (3-1)$$

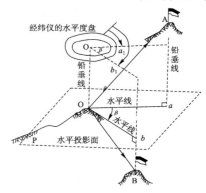

图 3-1 水平角测量原理

二、竖直角测量原理

在同一竖直面内一点到观测目标的方向线和水平方向线之间的夹角称为"竖直角"。如图 3-2 所示，视线在水平线之上称为"仰角"，符号为正；视线在水平线之下称为"俯角"，符号为负。竖直角通常用 α 表示，其角值范围为 0°～±90°。如果在测站点 O 上安置一个带有竖直刻度盘的测角仪器，其竖盘中心通过水平线，设照准目标点 A 时视线的读数为 n，水平视线的读数为 m，则竖直角为

$$\alpha = n - m \qquad (3-2)$$

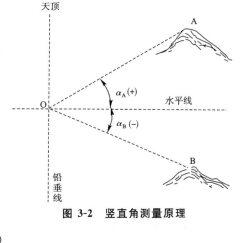

图 3-2 竖直角测量原理

第二节 光学经纬仪及其使用

一、光学经纬仪的构造

经纬仪是测量角度的仪器，它虽然兼有其他功能，但主要用来测角。经纬仪按结构不同分为游标经纬仪、光学经纬仪和电子经纬仪。根据测角精度的不同，我国使用的经纬仪分为 $DJ_{0.7}$、DJ_1、DJ_2、DJ_6 等系列。D 和 J 分别是"大地测量"和"经纬仪"两词汉语拼音的首字母，下标数字是它的精度指标，如"6"表示该仪器测量水平角一测回所得方向值的中误差不大于 6″。目前，工程中最常用的经纬仪是 DJ_2 光学经纬仪，如图 3-3 所示。

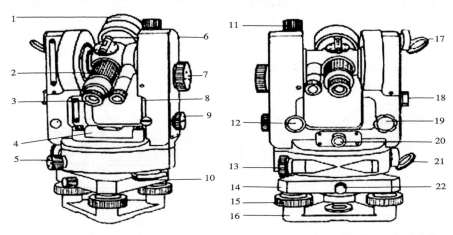

1.物镜 2.望远镜调焦筒 3.目镜 4.照准部水准管 5.照准部制动螺旋 6.粗瞄准器 7.测微轮 8.读数显微镜 9.度盘换象旋钮 10.水平度盘变换手轮 11.望远镜制动螺旋 12.望远镜微动螺旋 13.照准部微动螺旋 14.基座 15.脚螺旋 16.基座底板 17.竖盘照明反光镜 18.竖盘指标水准器观察镜 19.竖盘指标水准器微动螺旋 20.光学对中器 21.水平度盘照明反光镜 22.轴座固定螺旋

图 3-3 DJ_2 光学经纬仪

虽然现在的生产单位基本都使用全站仪进行测量,但考虑到学生在学校学习期间的课间和综合实习都要使用光学经纬仪进行练习,而全站仪安置操作与光学经纬仪基本相同,所以本书对光学经纬仪的构造与原理不作详细讲解,只对其部件和基本操作方法进行简单介绍。

(一)对中、整平装置

经纬仪的对中、整平装置包括三脚架、光学对中器、脚螺旋、圆水准器及水准管。三脚架的作用是用来支撑仪器。移动三脚架的架腿,可使仪器的中心粗略地位于角顶上,并使安装仪器的三脚架头平面粗略地位于水平,三脚架腿一般可以伸缩,便于携带。

光学对中器也是用来标志仪器是否对中的。其优点是不像垂球对中那样会受风力的影响,对中精度较垂球高,误差在1mm以内,其构造如图3-4所示。从光学对中器的目镜看去,如果地面点与视场内的圆圈重合,则表示仪器已经对中。旋转目镜可对分划板十字丝调焦,推拉目镜可对地面标志进行调焦。光学对中器安置的位置有的在照准部上,有的在基座上。如在照准部上,可与照准部共同旋转,而在基座上则不能。经纬仪的三个脚螺旋位于基座的下部,当旋转脚螺旋时,可使仪器的基座升降,从而将仪器整平。水准器可用来标志仪器是否已经整平。圆水准器用来粗略整平仪器;水准管用来精确整平仪器。

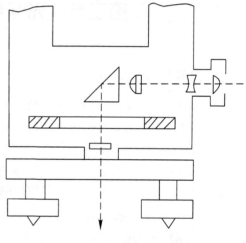

图 3-4 光学对中器构造图

(二)照准装置

经纬仪的照准装置又称"照准部",包括望远镜,横轴及其支架,控制望远镜及照准部旋转的制动螺旋和微动螺旋。望远镜的构造与水准仪基本相同,不同之处在于望远镜调焦螺旋的构造和分划板的刻线方式。照准装置的望远镜调焦螺旋不在望远镜的侧面,而在靠近目镜端的望远镜筒上。分划板的刻划方式如图3-5所示,以适应照准不同目标的需要。

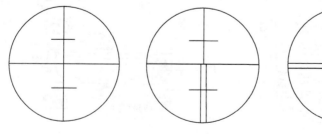

图 3-5 十字丝分划板

横轴与望远镜固连在一起,并且水平安置在两个支架上,望远镜可绕其上下转动。在横轴一端的支架上有一个制动螺旋,当旋紧制动螺旋时,望远镜不能转动。另外还有一个微动螺旋,在制动螺旋旋紧的条件下,转动它可使望远镜上下微动,以便精确地照准目标。望远镜连同照准部可绕竖轴在水平方向旋转,以照准不在同一铅垂面上的目标。照准部也有一对水平制动螺旋和微动螺旋,用于控制其固定或做微小转动。

(三)读数装置

经纬仪的读数装置包括度盘、读数显微镜及测微器等。光学经纬仪的水平度盘及竖直度盘皆由环状的平板玻璃制成,在圆周上刻有360°分划,DJ_2级仪器则将1°的分划再分为3格,即20″一个分划。读数显微镜位于望远镜的目镜一侧,通过位于仪器侧面的反光镜将光线反射到仪器内部,通过一系列光学组件,使水平度盘、竖直度盘及测微器的分划都在读数显微镜内显示出来,从而可以读取读数。

DJ_2光学经纬仪采用对径分划重合读数法读数。对径分划重合读数法就是使度盘正倒影像分划线重合并读数。现在使用的各型号仪器都采用光学数字读数法。使用光学数字读数法时,读数显微镜视场内显示的内容如图3-6(a)所示。中间小窗为度盘直径两端的影像,上面的小窗可读取度数及10′数,下面小窗显示的为测微分划尺影像。通过旋转测微手轮,使中间小窗的上下刻划线对齐后,可从上面小窗读出度数及10′数,再从下面小窗的测微尺上读出不足10′的分、秒数。图3-6(a)中的读数为48°51′28″。有的仪器测微尺竖排在窗口的左侧,如图3-6(b)所示,其读数为48°57′36″。

在使用这种仪器时,读数显微镜不能同时显示水平度盘及竖直度盘的读数。在支架左侧有一个刻有直线的旋钮,当直线水平时,所显示的是水平度盘读数;当直线竖直时,所显示的是竖直度盘读数。此外,读数时应打开水平度盘或竖直度盘各自的采光镜。

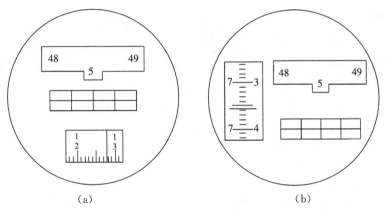

图3-6 光学数字读数

二、光学经纬仪的操作

在角度测量时,首先要把光学经纬仪安置在设置有地面标志的测站上。光学经纬仪的操作包括对中、整平、瞄准和读数4个步骤。对中的目的是使仪器的中心与测站点位于同一铅垂线上。整平的目的是使经纬仪的纵轴铅垂,使水平度盘处于水平位置。

(一)对中

在安置仪器前,首先将三脚架打开,伸出架腿,并旋紧架腿的固定螺旋,使架头平面大致水平,且中心与地面点大致在同一铅垂线上。从仪器箱中取出仪器,用附于三脚架头上的连接螺旋将仪器与三脚架固连在一起,三个脚螺旋的高度要适中(最好使其在中间位置),然后即可精确对中。转动光学对中器的目镜调光螺旋,使分划板的中心圈(有的经纬仪采用十字丝)清晰,再拉出或推进对中器镜筒进行物镜调焦,使测站点标志成像清晰;两手提起靠近身体一侧的两个架腿,一只脚的脚尖靠近测站点,眼睛通过对中器观察地面,移动架腿,使测站点影像与对中器对中标志重合后,放下脚架并踩实,如图 3-7 所示。

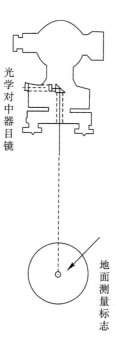

(二)整平

整平时首先伸缩脚架,使圆水准气泡居中,以粗略整平,再用脚螺旋使水准管精确整平。如图 3-8(a)所示,可以先使水准管与一对脚螺旋连线的方向平行,然后双手以相同速度向相反方向旋转这两个脚螺旋,使水准管的气泡居中。再将照准部平转 90°,如图 3-8(b)所示,用另外一个脚螺旋使气泡居中。这样反复进行,直至水准管在任一方向上气泡都居中为止。整平后,还需检查光学对中器是否偏移。如果光学对中器出现了偏移,可松开连接螺旋,在架头上移动仪器,再次对中,旋转脚螺旋,使水准管气泡居中,直至水准管气泡居中、对中器对中为止。

图 3-7 光学对中器

(三)瞄准

先在测点上竖立标杆、测钎、垂球和觇牌等照准标志。将望远镜朝向明亮的背景,调节目镜调焦螺旋进行目镜对光,使十字丝清晰;再松开望远镜水平、竖直制动螺旋,通过望远镜的粗瞄器大致对准目标,并拧紧制动螺旋,即粗略瞄准;然后转动望远镜调焦螺旋,使目标成像清

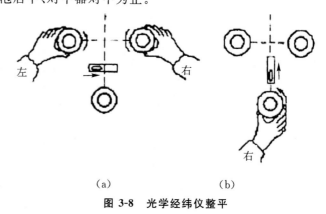

图 3-8 光学经纬仪整平

晰,严格消除视差;最后转动水平微动螺旋及竖直微动螺旋,使十字丝精确瞄准目标。观测水平角瞄准时,尽量照准标志的底部,观测竖直角时,尽量照准目标顶部。注意:标杆和测钎应尽量照准底部中间位置;棱镜要照准觇牌中心(即三角形尖端)。

(四)读数

打开读数反光镜,调节视场亮度,转动读数显微镜对光螺旋,使读数窗影像清晰可见。读数时,均需先转动测微轮,使对径分划线重合后方能读数,最后将度盘读数加测微尺读数,才是整个读数,如图 3-6 所示。

三、光学经纬仪轴系满足条件

为了保证测角的精度,经纬仪主要部件及轴系应满足下述几何条件:照准部水准管轴应垂直于仪器竖轴（LL⊥VV）;十字丝纵丝应垂直于横轴;视准轴应垂直于横轴（CC⊥HH）;横轴应垂直于仪器竖轴（HH⊥VV）;竖指标差应为零;光学对中器的视准轴应与仪器竖轴重合,如图 3-9 所示。由于仪器经过长期外业使用或长途运输及受外界影响等,会使各轴线几何关系发生变化,因此,在使用前必须对仪器进行检验和校正。考虑到现在工作单位基本上不用光学经纬仪,也就不需要对经纬仪器进行检验和校正,所以这项内容不做讲授。

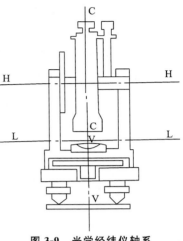

图 3-9 光学经纬仪轴系

第三节 水平角测量

角度测量包括水平角测量和竖直角测量,一般根据观测目标的多少,水平角的测量方法有测回法和方向观测法。测回法用于观测两个方向之间的夹角;当方向观测数在 3 个或 3 个以上时,采用方向观测法。

一、测回法

(一)准备工作

(1)准备经纬仪 1 台,记录板 1 块,测伞 1 把,检校仪器,计算器,铅笔,记录表等。

(2)在一个指定的测站点上安置经纬仪。

(3)选择两个明显的固定点作为观测目标或用花杆标定两个目标,如图 3-10 所示。

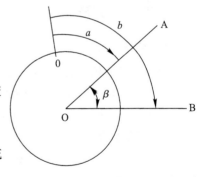

图 3-10 测回法

(二)观测方法

测回法观测程序如下:

(1)安置好仪器以后,以盘左位置照准左目标,并读取水平读盘读数。记录人听到读数后,立即回报观测者,经观测者默许后,记入记录表中。

(2)顺时针旋转照准部照准右目标,读取其水平读盘读数并记入测角记录表中。

(3)由 1,2 两步完成上半测回的观测,计算上半测回角值。

$$\beta_左 = b_左 - a_左 \tag{3-3}$$

(4)将经纬仪置盘右位置,先照准右目标,读取水平读盘读数,并记入记录表中。其读数与盘左时的同一目标读数大约相差 $180°$。

(5)逆时针转动照准部,再照准左目标,读取水平读盘读数,并记入记录表中。

(6)由 4、5 两步完成下半测回的观测,计算其下半测回角值。

$$\beta_右 = b_右 - a_右 \quad (3-4)$$

(7)至此便完成了一个测回的观测。若上半测回角值和下半测回角值之差没有超限(J_2 不超过 ±18″),则取平均值作为一测回的角度观测值,也就是这两个方向之间的水平角。

$$\beta = \frac{1}{2}(\beta_左 + \beta_右) \quad (3-5)$$

表 3-1 测回法观测手簿

测站	测点	盘位	水平度盘读数 ° ′ ″	水平角值 ° ′ ″	平均角值 ° ′ ″	备注
1	2	3	4	5	6	7
O	A	左	0 01 04	72 35 23	72 35 22	![β角示意]
	B		72 36 27			
	B	右	252 36 31	72 35 21		
	A		180 01 10			

如果观测不止一个测回,而是要观测 n 个测回,那么每个测回都要重新设置水平度盘起始读数。即在每测回盘左时,对左边目标 A 的水平读盘读数设置为 $180°/n$(或稍大一点)。如 $n=4$,则每测回起始方向盘左读数分别为 0°、45°、90°、135°等。

二、方向观测法

(一)准备工作

(1)准备经纬仪 1 台,记录板 1 块,测伞 1 把,计算器,检校仪器,铅笔,记录表等。

(2)在一个指定的点上安置经纬仪。

(3)选择 4 个明显的固定点作为观测目标或用花杆标定目标。

(二)观测方法

(1)首先选择一起始方向作为零方向。如图 3-11 所示,设 A 方向为零方向。要求零方向应选择距离适中、通视良好、成像清晰稳定、俯仰角和折光影响较小的方向。

(2)在盘左位置,瞄准起始方向 A,转动度盘变换手轮,把水平度盘读数配置为 0°00′00″,然后松开制动,重新照准 A 方向,读取水平度盘读数 a,记入记录表中,见表 3-2。

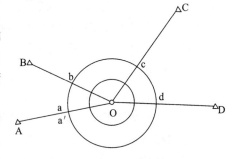

图 3-11 方向观测法示意图

(3)按顺时针方向转动照准部,依次瞄准 B、C、D 目标,分别读取水平度盘读数 b、c、d,记入记录表中。

表 3-2 方向观测记录表

测站	测回数	目标	水平度盘读数		2C=左-(右±180°) "	平均读数=[左+(右±180°)]/2 ° ′ ″	归零后方向值 ° ′ ″	各测回归零方向值的平均值 ° ′ ″	各方向之间水平角 ° ′ ″
			盘左读数 ° ′ ″	盘右读数 ° ′ ″					
1	2	3	4	5	6	7	8	9	10
O	1	A	0 02 06	180 02 00	+6	(0 02 06) 0 02 03	0 00 00	0 00 00	0 00 00
		B	51 15 42	231 15 30	+12	51 15 36	51 13 30	51 13 28	51 13 28
		C	131 54 12	311 54 00	+12	131 54 06	131 52 00	131 52 02	80 38 34
		D	182 02 24	2 02 24	0	182 02 24	182 00 18	182 00 22	50 08 20
		A	0 02 12	180 02 06	+6	0 02 09			
	2	A	90 03 30	270 03 24	+6	(90 03 32) 90 03 27	0 00 00		
		B	141 17 00	321 16 54	+6	141 16 57	51 13 25		
		C	221 55 42	41 55 30	+12	221 55 36	131 52 04		
		D	272 04 00	92 03 54	+6	272 03 57	182 00 25		
		A	90 03 36	270 03 36	0	90 03 36			

(4)最后回到起始方向 A,再读取水平度盘,读数为 a',这一步称为"归零"。a 与 a' 之差称为"半测回归零差"。归零的目的是为了检查水平度盘在观测过程中是否发生变动。"半测回归零差"不能超过允许限值,见表 3-3。以上操作称为"上半测回观测"。

(5)在盘右位置,按逆时针方向旋转照准部,依次瞄准 A、D、C、B、A 目标,分别读取水平度盘读数,记入记录表中,并算出盘右的"半测回归零差"。以上操作称为"下半测回"。上、下两个半测回合为"一测回"。观测记录及计算见表 3-2。

(6)内业计算。

①二倍视准轴误差 $2C$。同一方向盘左和盘右读数之差称为"$2C$"。即 $C=$ 盘左读数 $-$ (盘右读数 $±180°$);盘右读数大于 $180°$ 时取"$-$",反之取"$+$"。

②计算各方向的平均读数。平均读数 $=1/2$[盘左读数 $+$(盘右读数 $±180°$)];符号的取舍同上,起始方向有两个平均读数,故应再取平均值。

③计算归零后的方向值。将各方向的平均读数减去起始方向的平均读数。

④计算各测回归零后方向值的平均值。多测回观测时,同一方向各测回方向值互差应符合表 3-3 的规定。取各测回归零后方向值的平均值作为该方向的最后结果。

⑤计算各目标间水平角值。根据各测回归零后方向值的平均值计算任意两个方向之间的水平角。每次读数后,应及时记入记录表。

当在同一测站上观测几个测回时,为了减少度盘分划误差的影响,每测回起始方向的水平度盘读数值应配置为 $(180°/n+60'/n)$ 的倍数(n 为测回数)。

表 3-3　方向观测法的限差

仪器型号	半测回归零差	各测回同方向 2C 值互差	各测回同一方向值互差
DJ$_1$	6″	9″	6″
DJ$_2$	8″	13″	9″

第四节　竖直角测量

竖直度盘固定安置于望远镜旋转轴(横轴)的一端,其刻划中心与横轴的旋转中心重合。因此,在望远镜作竖方向旋转时,度盘也随之转动。在竖盘中心的铅垂方向有一固定的竖盘指标线,指示竖盘转动在不同位置时的读数。竖直度盘的刻划注记形式为顺时针。当视线水平时,指标线所对应的竖盘读数盘左为 90°,盘右为 270°,如图 3-12 所示。目前,经纬仪普遍采用竖盘自动归零补偿装置代替竖盘指标水准管和竖盘指标水准管微动螺旋。当仪器竖轴偏离铅垂线的角度在一定范围内,通过补偿器可读到相当于竖盘指标水准管气泡居中时的读数。

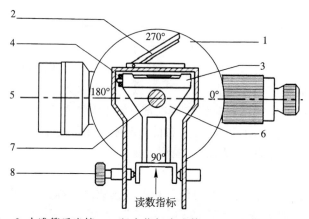

1.竖盘　2.水准管反光镜　3.竖盘指标水准管　4.水准管与框架连接螺丝
5.望远镜及视准轴　6.框架　7.横轴　8.指标水准管微动螺旋

图 3-12　竖盘构造示意图

一、竖直角计算公式

当经纬仪在测站上安置好后,首先应依据竖盘的注记形式,推导出测定竖直角的计算公式,其具体做法如下。

(1)置盘左位置时把望远镜大致置水平位置,这时竖盘读数约为 90°(若置盘右位置,约为 270°),这个读数称为"视线水平方向读数"。

(2)慢慢仰起望远镜物镜,观测竖盘读数(盘左时记作 L,盘右时记作 R),并与始读数相比是增加还是减少。

(3)以盘左为例,若 $L>90°$,则竖角计算公式为

$$\alpha_{左}=L-90°$$
$$\alpha_{右}=270°-R \qquad (3-6)$$

若 $L<90°$，则竖角计算公式为
$$\alpha_{左}=90°-L$$
$$\alpha_{右}=R-270° \qquad (3-7)$$

对于图 3-13(a)所示的顺时针注记形式，其竖直角计算公式为
$$\alpha_{左}=90°-L$$
$$\alpha_{右}=R-270° \qquad (3-8)$$

平均竖直角为
$$\alpha=\frac{\alpha_{左}+\alpha_{右}}{2}=\frac{R-L-180°}{2} \qquad (3-9)$$

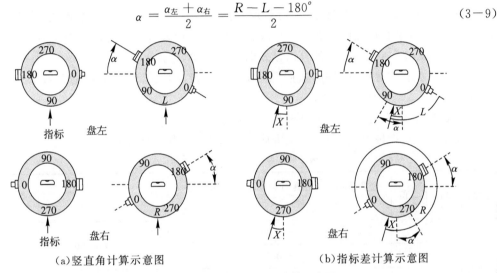

(a)竖直角计算示意图　　　　　(b)指标差计算示意图

图 3-13　竖直角及指标差计算示意图

二、竖盘指标差

上述竖直角的计算公式是在竖盘指标处在正确位置时导出的。即当视线水平，竖盘指标所指读数应为始读数。但当指标偏离正确位置时，这个指标线所指的读数就比始读数增大或减少一个角值 X，此值称为"竖盘指标差"，也就是竖盘指标位置不正确所引起的读数误差。

在有指标差时，以盘左位置瞄准目标，竖盘读数为 L，它与正确的竖直角 α 的关系为
$$\alpha=90°-(L-X)=\alpha_{左}+X \qquad (3-10)$$

以盘右位置按同法测得竖盘读数为 R，它与正确的竖角 α 的关系为
$$\alpha=(R-X)-270°=\alpha_{右}-X \qquad (3-11)$$

将式(3-10)加式(3-11)得
$$\alpha=\frac{\alpha_{左}+\alpha_{右}}{2}=\frac{R-L-180°}{2} \qquad (3-12)$$

由此可知，在测量竖直角时，用盘左、盘右两个位置观测，取其平均值作为最终结果，可以消除竖盘指标差的影响。若将式(3-10)减式(3-11)，即得指标差计算公式：

$$X = \frac{\alpha_左 - \alpha_右}{2} = \frac{R + L - 360°}{2} \tag{3-13}$$

一般指标差变动范围不得超过±30″,如果超限,须对仪器进行检校。

三、竖直角观测方法

1. 准备工作

(1)准备经纬仪1台,记录板1块,测伞1把,检校仪器,计算器,铅笔,记录表等。
(2)在一个指定的测站点上安置经纬仪。

2. 观测方法

竖直角观测程序如下:

(1)安置好经纬仪后,以盘左位置照准目标,打开竖盘指标自动归零装置,使之处于"ON"位置,读取竖直度盘的读数L。记录者将读数L记入竖直角测量记录表中。
(2)根据公式,在记录表中计算出盘左时的竖直角$\alpha_左$。
(3)再以盘右位置照准目标,按照(1)的操作步骤,读取其竖直度盘的读数R。记录者将读数R记入竖直角测量记录表中。
(4)根据公式,在记录表中计算出盘右时的竖直角$\alpha_右$。
(5)计算竖盘指标差,若在容许范围内,取平均值作为一测回角值。

表3-4 竖直角观测记录手簿

测站	目标	盘位	竖盘读数 (° ′ ″)	半测回竖直角 (° ′ ″)	指标差 (″)	一测回竖直角 (° ′ ″)	备注
O	A	左	59 29 48	+30 30 12	-12	+30 30 00	
		右	300 29 48	+30 29 48			
	B	左	93 18 40	-3 18 40	-13	-3 18 53	
		右	266 40 54	-3 19 06			

第五节 角度测量误差与注意事项

一、仪器误差

仪器误差的来源有2个方面:一方面是仪器检校不完善所引起的残余误差;另一方面是由于仪器制造加工不完善所引起的误差。

(一)视准轴误差

望远镜视准轴不垂直于横轴时,其偏离垂直位置的角值C称"视准差"或"照准差"。通过盘左、盘右两个位置观测取平均值,可以消除此项误差的影响。

(二)横轴误差

当竖轴铅垂时,横轴不水平,而有一偏离值I,称"横轴误差"或"支架差"。通过盘左、盘右两个位置观测取平均值,可以消除此项误差的影响。

(三)竖轴误差

观测水平角时,仪器竖轴不处于铅垂方向,而偏离一个 δ 角度,称"竖轴误差"。此项误差不能用盘左、盘右两个位置观测取平均值的方法消除。在山区测量时,应特别注意此项误差的检校,并精确整平仪器。

(四)度盘偏心差

照准部旋转中心与水平度盘分划中心不重合,使读数指标所指的读数含有误差。对于 J_6 光学经纬仪,同一方向取盘左、盘右观测平均值,可以消除此误差对水平角的影响;J_2 光学经纬仪因为采用对径分划重合读数,此项误差的影响在读数时已经消除。

(五)度盘分划误差

度盘的分划总是或多或少地存在误差。在观测水平角时,多个测回之间按一定的方式变换度盘起始位置的读数,可以有效削弱度盘分划误差的影响。

二、观测误差

(一)瞄准误差

瞄准误差除取决于望远镜的放大率以外,还与人眼的分辨能力,目标的形状、大小、颜色和清晰度有关。人眼分辨两个物体的最小视角约为 $60''$。瞄准误差为

$$m_V = \pm 60''/V \tag{3-14}$$

式中:V——望远镜的放大率。

(二)对中误差与目标偏心

观测水平角时,对中不准确使得仪器中心与测站点的标志中心不在同一铅垂线上,即对中误差,也称"测站偏心"。对中误差对水平角的影响与偏心距成正比,与边长成反比,当边长较短时,应精确对中。当照准的目标与其他地面标志中心不在一条铅垂线上时,两点位置的差异称"目标偏心"或"照准点偏心"。其影响类似于对中误差,边长越短,偏心距越大,影响也越大。

(三)整平误差

观测水平角时,必须保持水平度盘水平、竖轴竖直。若气泡不居中,导致竖轴倾斜引起的角度误差,不能通过改变观测方法来消除。在同一测回中,若气泡偏离超过 2 格,应重新整平仪器,并重新观测该测回。

(四)读数误差

读数误差主要与读数设备、照明情况和观测者的经验有关,其中主要取决于读数设备。一般认为,对 J_6 经纬仪最大估读误差不超过 $\pm 6''$,对 J_2 经纬仪最大估读误差一般不超过 $\pm 1''$。用分微尺测微器读数时,可估读到最小格值的十分之一,以此作为读数误差。

三、外界条件的影响

观测在一定的条件下进行,外界条件对观测质量有直接影响,如松软的土壤和大风

可影响仪器的稳定,日晒和温度变化影响水准管气泡的运动,大气层受地面热辐射的影响会引起目标影像的跳动等,这些都会给观测水平角带来误差。因此,要选择目标成像清晰稳定的有利时间进行观测,设法克服或避开不利条件的影响,以提高观测成果的质量。

第六节　电子经纬仪简介

普通光学经纬仪难以满足测角自动显示、自动记录和自动传输数据的要求。世界上第一台电子经纬仪(Electronic Theodolite)于1968年研制成功,20世纪80年代初生产出商品化的电子经纬仪。采用光电扫描度盘,利用光电转换原理和微处理器将角度方向值变为电信号,从而完成自动化测角的全过程,实现角度测量的自动显示、自动记录和自动传输数据,这种经纬仪称为"电子经纬仪"。其基本结构与光学经纬仪相同,操作方法也基本相同。用微电子技术自动取得度盘的读数,从而可以经微电脑进一步计算电子水准器自动传感竖轴的倾斜改正数,再由微电脑自动对读数加倾斜改正数。竖直度盘处的电子水准器使"指标线"自动处于标准位置,可以自动改正读数中的c、i误差影响。

电子经纬仪与光学经纬仪的外形、结构相似,但其测角读数系统采用的是光电扫描度盘和自动显示系统。根据光电扫描度盘获取电信号的原理不同,电子经纬仪电子测角系统也不同,如图3-14所示,电子测角系统主要有以下3种:

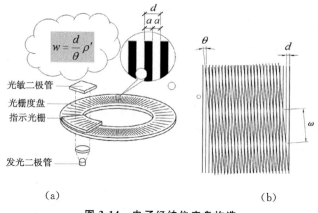

图3-14　电子经纬仪度盘构造

(1)编码度盘测角系统,即采用编码度盘及编码测微器的绝对式测角系统。
(2)光栅度盘测角系统,即采用光栅度盘及莫尔干涉条纹技术的增量式测角系统。
(3)动态测角系统,即采用计时测角度盘并实现光电动态扫描的绝对式测角系统。
目前,实际工作中一般都是使用全站仪,电子经纬仪较少使用,故不作详细介绍。

思考题

1. 什么是水平角？经纬仪为何能测水平角？
2. 什么是竖直角？观测水平角和竖直角有哪些相同点和不同点？
3. 对中、整平的目的是什么？如何进行对中和整平？
4. 如何将水平度盘起始读数设定为 $0°00'00''$？
5. 简述测回法观测水平角的操作步骤。
6. 水平角方向观测法中的 $2C$ 是何含义？为何要计算 $2C$ 并检核其互差？
7. 何谓竖盘指标差？如何计算、检核和校正竖盘指标差？
8. 根据下表中观测数据计算水平角。

表 3-5 水平角测回法观测记录表

测站	竖盘位置	目标	水平盘读数 ° ′ ″	半测回角值 ° ′ ″	一测回角值 ° ′ ″	各测回平均角值 ° ′ ″
O	左	A	0 36 24			
		B	108 12 36			
	右	A	180 37 00			
		B	288 12 54			
	左	A	90 10 00			
		B	197 45 42			
	右	A	270 09 48			
		B	17 46 06			

9. 整理下表中竖直角观测记录。

表 3-6 竖直角观测记录表

测站	目标	竖盘位置	竖盘读数 ° ′ ″	半测回竖直角 ° ′ ″	指标差 ″	一测回竖直角 ° ′ ″	备注
O	A	左	112 40 36				顺时针注记
		右	247 19 42				
	B	左	84 15 30				
		右	275 45 30				

10. 计算下表中方向观测法水平角观测成果。

表 3-7　水平角方向观测记录表

测站	测回数	目标	水平度盘读数		2C "	平均读数 "	归零后方向值 ° ′ ″	各测回归零方向值的平均值 ° ′ ″	各测回方向间的水平角 ° ′ ″
			盘左读数 ° ′ ″	盘右读数 ° ′ ″					
O	1	A	0 02 36	180 02 36					
		B	70 23 36	250 23 42					
		C	228 19 24	48 19 30					
		D	254 17 54	74 17 54					
		A	0 02 30	180 02 36					
	2	A	90 03 12	270 03 12					
		B	160 24 06	340 23 54					
		C	318 20 00	138 19 54					
		D	344 18 30	164 18 24					
		A	90 03 18	270 03 12					

第四章　距离测量与直线定向

> **学习目标**

1. 熟悉距离测量的不同方法及特点。
2. 了解电磁波测距的原理、直线定线和直线定向的原理和方法。
3. 能够分析钢尺量距一般方法的误差来源。
4. 能够根据相关规范要求进行钢尺一般量距外业施测。
5. 能够正确完成钢尺一般量距、视距测距和电磁波测距外业工作及内业计算和精度评定。

第一节　钢尺量距

距离测量是确定地面点相对位置的三项基本外业工作之一,也就是确定空间两点在某基准面(参考椭球面或水平面)上的投影长度,即水平距离。距离测量的方法与采用的仪器和工具有关。采用何种仪器和工具测距取决于测量工作的性质、要求和条件。测量中常用的方法有以下3种。

1. 钢尺量距

钢尺量距的精度为1/1000至几万分之一,若用钢瓦基线尺,精度可达到几十万分之一。钢尺量距的方法分为一般方法和精密方法,现在测量上精密量距都用光电测距代替。钢尺量距外业工作量和劳动强度都大,受地形条件的限制较大,有些地方甚至无法进行测量。

2. 视距测量

视距测量的精度为1/200~1/300。这种方法操作简单、方便、迅速,但测程短,精度较低,一般应用于对距离精度要求不高的测量,如传统的地形图测绘和等级水准测量。

3. 电磁波测距

电磁波测距的精度为几千分之一到几十万分之一。光电测距测程远、速度快、精度高,除要求通视外,基本不受地形条件的限制,是目前距离测量最常用的方法。

一、量距工具

(一)钢尺

要丈量地面上两点间的水平距离,就需要用标志把点固定下来,标志的种类应根据测量的具体要求和使用年限来选择。点的标志可分为临时性和永久性 2 种。临时性标志可采用打入地中的木桩,桩顶略高于地面,并在桩顶钉一小钉或画一个"十"字表示点的位置。永久性标志可用石桩或混凝土桩,在石桩顶刻"十"字或在混凝土桩顶埋入刻有"十"字的钢柱以表示点位。为了能清楚地看到远处目标,可在桩顶的点位上竖立标杆,标杆的顶端系一红白小旗,也可用标杆架或拉绳将标杆竖立在点上。

通常使用的量距工具为钢尺、皮尺、竹尺和测绳,还有测钎、标杆和垂球等辅助工具。皮尺和测绳如图 4-1 所示。钢尺如图 4-2 所示,由带状薄钢条制成,有手柄式和皮盒式 2 种,长度有 20m、30m、50m 等。尺的最小刻划为 1cm、5mm 或 1mm。按尺的零点位置可分为端点尺和刻线尺 2 种。端点尺是以尺的端点作为起点,如图 4-3(a)所示。端点尺适用于从建筑物墙边开始丈量。刻线尺是以尺上刻的一条横线作为起点,如图 4-3(b)所示。使用钢尺时必须注意钢尺的零点位置,以免发生错误。

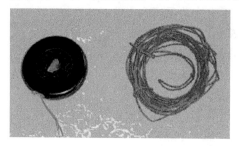

图 4-1 皮尺和测绳

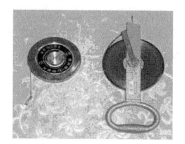

图 4-2 钢 尺

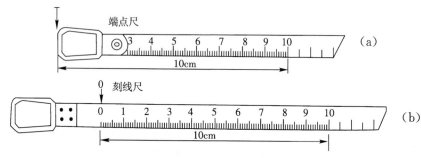

图 4-3 端点尺与刻线尺

(二)标杆

标杆又称"花杆",如图 4-4 所示,长为 2m 或 3m,直径为 3~4cm,用木杆、玻璃钢管或空心钢管制成,杆上按 20cm 间隔涂上红白漆,杆底为锥形铁脚。标杆用于显示目标和直线定线。

(三)测钎

测钎用粗铁丝制成,如图 4-4 所示,长为 30cm 或 40cm,上部弯一个小圈,可套入环内,在小圈上系一醒目的红布条,一般一组测钎有 6 根或 11 根。在丈量时用它来标定尺端点位置和计算所量过的整尺段数。

图 4-4 花杆与测钎

除了上述工具外,量距工具还有垂球等。垂球用金属制成,似圆锥形,上端系有细线,根据丈量精度要求分为标杆目测定线和经纬仪定线。垂球是对点的工具。有时为了克服地面起伏的障碍,垂球常挂在标杆架上使用。

二、钢尺量距的一般方法

(一)直线定线

在量距过程中,两点距离过长,要分段丈量,为保证每一尺段均沿着直线方向进行,需要在两直线之间标出一些点,这项工作称为"直线定线"。根据丈量精度要求,直线定线分为标杆目测定线和经纬仪定线。

1. 标杆目测定线

用标杆目测定线时,单眼视线与花杆边缘相切,目测定线通常用于下列几种情况。

(1)在两端点间定线。两点间通视定线如图4-5所示。设两端点为A、B,且能互相通视,分别在A、B点上竖立花杆,由一测量员站在A点花杆后1～2m处用眼睛瞄准A、B花杆同侧方向,另一测量员手持花杆,在大致AB方向附近按照A点测量员的指挥手势左右移动,当花杆与AB两点的花杆在同一竖直面内时,插下花杆并定出1点,同理定出2、3等点位置。一般定线时,点与点之间距离宜稍短于一整尺段,地面起伏较大时应更短。在平坦地区,这项工作与丈量同时进行。

图4-5 目测定线

(2)在两点延长线上定线。其方法与上述方法相同,但应尽量避免两点间距离过短而延长线都很长,这样定线不易准确。

2. 经纬仪定线

在A点安置经纬仪,对中、整平、瞄准B点处花杆底部,固定水平制动螺旋,指挥定点。用钢尺进行概量,在视线上依次定出比此钢尺一整尺略短的A—1、1—2、2—3等尺段。

在各尺段端点打下大木桩,桩顶高出地面3～5cm。在桩顶钉一白铁皮。利用A点的经纬仪进行定线,在各白铁皮上画一条线,使其于AB方向重合,另画一条线垂直于AB方向,形成"十"字,作为丈量的标志,如图4-6所示。

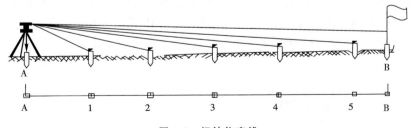

图4-6 经纬仪定线

(二)丈量方法

距离丈量分为平坦地面的距离丈量和倾斜地面的距离丈量。丈量工作要求平、直、准。

1.在平坦地面上丈量

(1)仪器、工具准备。准备 DJ_2 级经纬仪 1 台、钢尺 1 把、测钎 1 束、木桩 3 个、计算器、铅笔、小刀、计算用纸等。

(2)场地布置。在较平坦场地上,在相距 60~80m 的 A 点和 B 点各打一个木桩,作为直线端点桩,木桩上钉小铁钉或画十字线作为点位标志,木桩高出地面约 20cm。

(3)直线定线。使用经纬仪定线。

(4)丈量距离。

①后尺手拿尺的末端在 A 点后面,前尺手拿尺的零端,测钎沿 A 至 B 方向前进,走到约一整尺段时停止前进并立测钎,听从司镜手指挥,把测钎立在 AB 直线上,做好记号。

②前、后尺手拿尺且都蹲下,后尺手把重点对准起点 A 的标志,喊"预备",前尺手将尺通过定线时所做的记号,两人同时把尺拉直,拉力大小适当,尺身保持水平。当尺拉稳后,后尺手喊"好",这时前尺手对准尺的零点刻线,在地面竖直地插入一根测钎,插好后喊"好",这样就量完了一个整尺段。

③前、后尺手抬尺前进,当后尺手到达 1 点测钎后,重复上述操作,丈量第二整尺段,量好后继续向前丈量,后尺手依次收回测钎,一根测钎代表一个整尺段。丈量到 B 点前的最后一段,由前尺手对准零刻划,后尺手读出不足整尺段的长度。

④计算总长度,完成往测任务。

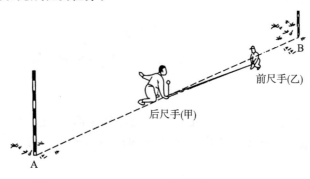

图 4-7 钢尺一般量距

用同样的方法,继续向前量第二、第三……第 n 尺段。量完每一尺段时,后尺手将插在地面上的测钎拔出收好,用来计算量过的整尺段数。最后量不足一整尺段的距离。当丈量到 B 点时,由前尺手用尺上某整刻划线对准终点 B,后尺手在尺的零端读数至毫米,量出零尺段长度 Δl,这一过程称为"往测"。往测的距离用下式计算:

$$D = n \cdot l + \Delta l \tag{4-1}$$

式中:l——整尺段的长度;

n——丈量的整尺段数;

Δl——零尺段长度。

⑤接着再调转尺头,用以上方法从 B 至 A 进行返测,直至 A 点为止。取往返丈量的

平均值作为这段距离的丈量值,然后再依据式(4—1)计算出返测的距离。一般往返各丈量一次称为"一测回",在符合精度要求时,取往返距离的平均值作为丈量结果。量距记录表见表 4-1。

表 4-1 一般量距手簿

测线		观测值			精度	平均值	备注
		整尺段	非整尺段	总长			
AB	往	4×30	15.309	135.309	1/3500	135.328	
	返	4×30	15.347	135.347			

2. 在倾斜地面上丈量

当地面稍有倾斜时,可把尺的一端稍许抬高,就能按整尺段依次水平丈量,如图 4-8 所示,分段量取水平距离,最后计算总长。若地面倾斜较大,则使尺的一端紧靠高地点桩顶,对准端点位置,在尺的另一端用垂球线紧靠尺的某分划,将尺拉紧且水平。放开垂球线,使垂球自由下坠,垂球尖端位置即为低点桩顶。然后量出两点的水平距离,如图 4-9 所示。在倾斜地面上丈量时仍需往返测,在符合精度要求时,取其平均值作为丈量结果。

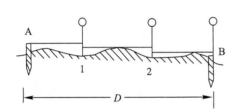

图 4-8 平坦地区丈量示意图　　图 4-9 倾斜地面丈量示意图

(三)成果处理与精度评定

为了避免错误,判断丈量结果的可靠性,并提高丈量精度,距离丈量要求往返丈量。用往返丈量的差值 ΔD("绝对误差")的绝对值与平均距离 $D_\text{平}$ 之比来衡量它的精度,此比值用分子为 1 的分数形式来表示,称为"相对误差 K",即

$$\Delta D = D_\text{往} - D_\text{返} \tag{4-2}$$

$$D_\text{平} = \frac{1}{2}(D_\text{往} + D_\text{返}) \tag{4-3}$$

$$K = \frac{\Delta D}{D_\text{平}} = \frac{1}{D_\text{平}/|\Delta D|} \tag{4-4}$$

如相对误差在规定的允许限度内,即 $K \leqslant K_\text{允}$(平原地区 $K \leqslant 1/3000$,山区 $K \leqslant 1/1000$),可取往返丈量的平均值作为丈量成果。如果超限,则应重新丈量,直到符合要求为止。

例 4-1 用钢尺丈量两点间的直线距离,往测距离为 217.30m,返测距离为 217.38m,今规定其相对误差不应大于 1/2000,试问:(1)所丈量成果是否满足精度要求?(2)按此规定,若丈量 100m 的距离,往返丈量的较差最大允许相差多少毫米?

解 由题意知:
$$D_{平} = \frac{1}{2}(D_{往} + D_{返})$$
$$= \frac{1}{2} \times (217.30 + 217.38) = 217.34 \text{(m)}$$
$$\Delta D = D_{往} - D_{返}$$
$$= 217.30 - 217.38 = -0.08 \text{(m)}$$
$$K = \frac{1}{D_{平}/|\Delta D|} = \frac{1}{217.34/|-0.08|} = \frac{1}{2700}$$
$$\because K < K_{允} = \frac{1}{2000}$$
∴ 所丈量成果满足精度要求。

又由 $K = \frac{|\Delta D|}{D_{平}}$ 知
$$|\Delta D| = K \cdot D_{平}$$
$$= \frac{1}{2000} \times 100 = 0.05 \text{(m)}$$
$$\Delta D \leqslant \pm 50 \text{mm}$$

即往返丈量的较差最大可相差 50mm。

三、钢尺量距误差及注意事项

(一)误差来源

1. 尺长误差

钢尺名义长度和实际长度不符。该误差属于系统误差,所测距离越长,误差越大。

2. 温度误差

钢尺受温度影响产生热胀冷缩,对钢尺丈量距离进行改正时应使用钢尺温度,但实际测定的是空气温度。

3. 定线不直

定线不直使丈量沿折线进行,如图 4-10 中的虚线,而不是沿待测距离的直线方向测量。在起伏较大的山区、直线较长或精度要求较高时应用经纬仪定线。

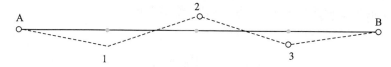

图 4-10 定线误差示意图

4. 拉力不均

钢尺在丈量时所受拉力应与检定时拉力相同,故一般丈量中只要保持拉力均匀即可。

5. 对点和投点不准

丈量时用测钎在地面上标定尺端点位置,若前、后尺手配合不好,插钎不直,很容易造成 3~5mm 误差。若在倾斜地区丈量,用垂球投点,误差可能更大。在丈量中应尽量做到对点准确,配合协调,尺要拉平,测钎应直立,投点要准。

(二)注意事项

(1)丈量距离时会遇到平坦、起伏或倾斜等各种不同的地形情况,但不论遇到何种情况,丈量距离有3个基本要求:平、直、准。平,就是要量两点间的水平距离,要求尺身水平,假如是取斜距,也要改算成水平距离;直,就是要量两点间的直线长度,不是折线或曲线长度,为此定线要直,尺要拉直;准,就是对点、投点、计算要准,丈量结果不能有错误,应符合精度要求。

(2)丈量距离时,前、后尺手要配合好,尺身要置水平,尺要拉紧,用力要均匀,投点要稳,对点要准,待尺稳定后再读数。

(3)钢尺在拉出和收卷时,要避免钢尺打卷。丈量时不要在地上拖拉钢尺,更不要扭折,防止行人踩踏和车压,以免折断。

(4)尺子用过后,要用软布擦干净,涂以防锈油,再卷入盒中。

第二节 视距测量

一、视距测量原理及公式

视距测量是一种光学间接测距的方法,它利用望远镜内十字丝分划板上的视距丝(即十字丝的上丝和下丝),配合刻有厘米分划的视距标尺(地形塔尺或普通水准尺),根据几何光学原理可以同时测定两点间的水平距离和高差。视距测量的精度比较低,测量距离的相对误差约为1/300,但这种方法操作简便、迅速、受地形条件限制小,且精度能满足一般碎部测量的要求。因此,视距测量广泛应用于传统的地形测量中。

(一)视线水平时的计算公式

如图4-11所示,A、B为地面上两点,为测定两点间的水平距离D和高差h,在A点安置仪器,在B点竖立视距尺。由于视线水平,因此视准轴与视距尺垂直。由图4-11可知,A、B两点的水平距离为

$$D = d + f + \delta \tag{4-5}$$

由$\triangle MFN \backsim \triangle m'Fn'$,得:

$$d = f \cdot n/p$$

代入上式得:

$$D = f \cdot n/p + f + \delta$$

式中:f——望远镜物镜的焦距;

n——视距丝(上丝和下丝)在B点的视距尺上读数之差;

p——望远镜内视距丝(上丝和下丝)的间距;

δ——望远镜物镜的光心至仪器中心的距离。

令$K = f/p$,称为"视距乘常数";$C = f + \delta$,称为"视距加常数"。则A、B两点的水平距离可写为

$$D = K \times n + C$$

目前,大多数厂家在设计和制造光学仪器时,使 $K=100$, $C \approx 0$,故上式可写为

$$D = K \times n + C = 100n \tag{4-6}$$

而 A、B 两点高差的计算式可写为

$$h = i - V \tag{4-7}$$

式中:i——仪器高;

V——望远镜十字丝的横丝在 B 点的视距尺上的读数。

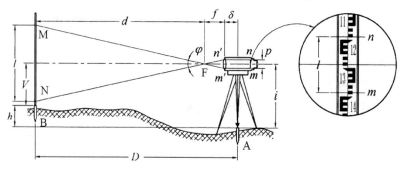

图 4-11 视线水平时的视距测量

(二)视线倾斜时的计算公式

如图 4-12 所示,由于地形和通视条件的限制,通常在观测时视线是倾斜的,在此情况下不能用式(4-6)和式(4-7)来计算水平距离和高差。但可以设想:使立在 B 点的视距尺绕 O 点旋转一个 α 角后与视线垂直,此时只要能把实测的视距间隔 n(MN)换算为旋转后的相应值 n'(M'N'),则可直接应用式(4-6)。由于 φ 角很小(约为 35′),则∠NN'D 和∠MM'D 可视为直角,因此有:

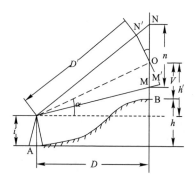

图 4-12 视线倾斜时的视距测量

$$N'M'' = NO \cdot \cos\alpha + OM \cdot \cos\alpha = MN \cdot \cos\alpha$$

即

$$n' = n\cos\alpha$$

应用式(4-6)即可得出:

$$D' = K \cdot n' = K \cdot n\cos\alpha$$

则

$$D = D' \cdot \cos\alpha = K \cdot n\cos^2\alpha \tag{4-8}$$

计算出两点的水平距离 D 后,可以根据测得的竖直角 α、量得的仪器高 i 以及望远镜十字丝中丝读数 V,按下式计算 A、B 两点的高差

$$h = D'\tan\alpha + i - V = \frac{1}{2}K \cdot n \cdot \sin 2\alpha + i - V \tag{4-9}$$

对于竖直角 α 来说,若 α 为仰角,即 α 为正,$D' \cdot \tan\alpha$ 亦为正;若 α 为俯角,即 α 为负,$D' \cdot \tan\alpha$ 亦为负。

二、视距测量的观测与计算

(一)视距测量观测方法

视距测量主要用于地形测量,测定测站点至碎部点的水平距离和碎部点的高程。视距测量的观测应按下述步骤进行。

(1)在已知的控制点上安置经纬仪,作为测站点,量取仪器高 i,记入手簿。

(2)在测点上竖立视距尺,并使视距尺竖直,尺面朝向仪器。

(3)视距测量一般只用经纬仪盘左位置进行观测即可,在观测之前,首先求得经纬仪的竖盘指标差 x。盘左瞄准视距尺,消除视差,读取下丝读数 a、上丝读数 b 和中丝读数 V,记入手簿。

(4)转动竖盘指标水准管的微动螺旋,使竖盘指标水准管气泡居中,读取竖盘读数(若竖盘指标自动归零,则可直接读数),考虑竖盘指标差 x,求出竖直角 α。

(5)利用计算器按式(4-8)、式(4-9)计算出测站点与碎部点的水平距离和高差,填入手簿。至此,一个点的观测与计算即已完成。然后重复上述步骤,观测和计算下一个点。

例 4-2 在 A 点架设仪器对 B 点进行观测,读得上、下丝读数之差 n 为 0.431,竖直角 α 为 $-2°42'$,仪器高为 1.45m,中丝读数为 1.211m。求 A、B 两点之间的水平距离和高差。

解 $D_{AB}=100\times 0.431\times \cos^2(-2°42')=43.00(\text{m})$

$h_{AB}=43\times \text{tg}(-2°42')+1.45-1.211=-1.789(\text{m})$

(二)视距测量注意事项

(1)使用仪器时,必须进行竖盘指标差的检验和校正。

(2)必须严格消除视差。视距丝的读数不宜太小,以减小竖直折光差的影响。

(3)下丝读数时应尽可能快速,因为空气对流、风力或扶尺不稳等,会导致标尺影像不稳定。因此,在不能同时读取上、下丝读数时,应尽快地读数,以减小外部因素对 n 值的影响。

(4)标尺应竖直,标尺倾斜必然影响视距测量的精度,视线的竖直角越大,其影响就越大。例如,当 $n=1\text{m},\alpha=30°$ 时,若标尺倾斜 $2°$,则所测距离的相对误差约为 1/50。因此,在山区测量时更应严格将尺扶直,最好使用装有水准器的标尺。

视距测量的计算工作,一般使用电子计算器直接按视距公式进行。使用微型电子计算机时,若把计算程序编好,可提高运算的速度。

第三节　直线定向

一、直线定向概念

仅知道待定点到已知点的距离,是无法确定点位的,还必须知道直线的方向。要确定直线的方向,首先要选定一个标准方向作为直线定向的依据,然后测出这条直线的方向与标准方向之间的水平角,则直线的方向便可确定。我们把确定一条直线方向与标准方向之间的关系的工作称为"直线定向"。在测量工作中,以子午线方向为标准方向。子午线分为真子午线、磁子午线和轴子午线3种。

(一)标准方向线

1. 真子午线

通过地面上某点指向地球南北极的方向,称为该点的"真子午线方向"。真子午线方向是用天文测量的方法测定的,如图4-13所示。

2. 磁子午线

当磁针静止时地面上某点所指的方向,称为该点的"磁子午线方向"。磁子午线方向可用罗盘仪测定。由于地球的磁南北极(磁北极西经约101°,北纬74°;磁南极东经114°,南纬68°)与地球的南北极是不重合的,二者之间有一夹角,该夹角称为"磁偏角",以δ表示。当磁子午线北端偏于真子午线方向以东时,称为"东偏";当磁子午线北端偏于真子午线方向以西时,称为"西偏";在测量中以东偏为正,西偏为负,如图4-14所示。磁偏角在不同地点有不同的角值和偏向,我国磁偏角的变化范围在+6°(西北地区)至-10°(东北地区)之间。

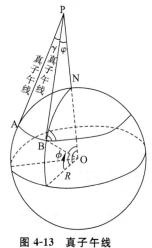

图 4-13 真子午线

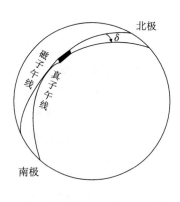

图 4-14 磁偏角

3. 轴子午线

轴子午线又称"坐标纵轴线方向",即高斯平面直角坐标系中纵坐标的方向。由于地面上各点子午线都是指向地球南北极,所以不同地点的子午线方向不是互相平行的,这就给计算工作带来不便。因此,在普通测量中一般均采用纵坐标轴方向作为标准方向,这样测区内地面各点的标准方向就都是互相平行的。在局部地区,也可采用假定的临时坐标纵轴方向作为直线定向的标准方向。通过地面上某点的真子午线方向,与该点坐标纵线方向比较,它们之间的夹角称为"子午线收敛角"。坐标纵线方向偏在真子午线以东者为正,偏在真子午线以西者为负,用γ表示。

不论任何子午线方向,都是指向北或南的,由于我国位于北半球,所以常把北方向作为标准方向。图4-15所示为三个基本方向之间关系的一种情况,通常称为"三北方向线"。

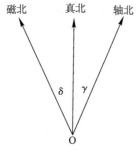

图 4-15 三北方向线

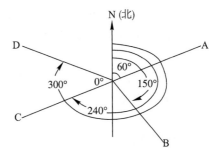

图 4-16 方位角或坐标方位角示意图

(二)直线方向的表示法

1. 方位角

直线方向常用方位角来表示。方位角就是以标准方向北端为起始方向顺时针转到该直线的水平夹角,所以方位角的取值范围为 $0°\sim360°$,如图 4-16 所示。直线 OA 的方位角为 A_{OA};直线 OB 的方位角为 A_{OB}。

以真子午线方向为标准方向(简称"真北")的方位角称为"真方位角",用 A 表示;以磁子午线方向为标准方向(简称"磁北")的方位角称为"磁方位角",用 A_m 表示;以坐标纵轴方向为标准方向(简称"轴北")的方位角称为"坐标方位角",以 α 表示。

根据真子午线、磁子午线、坐标子午线三者之间的关系,三种方位角有如下关系,如图 4-17、4-18、4-19 所示。

$$A = A_m + \delta \quad (\delta \text{东偏为正,西偏为负}) \tag{4-10}$$

$$A = \alpha + \gamma \quad (\gamma \text{以东为正,以西为负}) \tag{4-11}$$

$$\alpha = A_m + \delta - \gamma \tag{4-12}$$

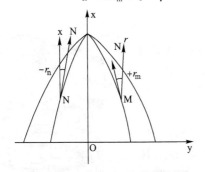

图 4-17 真方位角和轴方位角关系

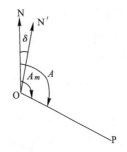

图 4-18 真方位角和磁方位角关系

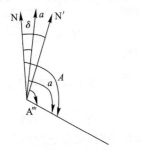

图 4-19 磁方位角和轴方位角关系

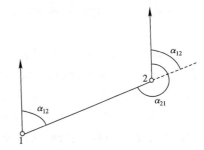

图 4-20 同一条直线正反坐标方位角

每条直线段都有两个端点,若直线段从起点 1 到终点 2 为直线的前进方向,则在起点 1

处的坐标方位角 α_{12} 为正方位角,在终点 2 处的坐标方位角 α_{21} 为反方位角。从图 4-20 中可以看出同一直线段的正、反坐标方位角相差 $180°$,即

$$\alpha_{12} = \alpha_{21} \pm 180° \tag{4-13}$$

为了防止错误和提高观测精度,通常在测定直线的正方位角后,还要测定直线的反方位角。如果误差在限差范围内,则取二者平均值作为最后结果。

2. 象限角

测量上有时用象限角来确定直线的方向。所谓"象限角",就是从标准方向的北端或南端起量至某直线所夹的锐角,常用 R 表示,其角值范围为 $0°\sim90°$。用象限角定向时,不仅要注明角度的大小,还要注明它所在的象限。同一条直线的坐标方位角和象限角之间的关系见表 4-2。

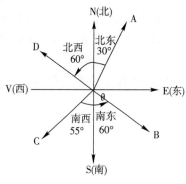

图 4-21 象限角

表 4-2 方位角与象限角之间的关系

象限	α 与 R 之间的关系
Ⅰ	北偏东 $R=\alpha$
Ⅱ	南偏东 $R=180°-\alpha$
Ⅲ	南偏西 $R=\alpha-180°$
Ⅳ	北偏西 $R=360°-\alpha$

二、罗盘仪的使用

(一)罗盘仪的构造

罗盘仪是利用磁针确定直线方向的一种仪器,通常用于独立测区的近似定向以及林区线路的勘测定向。图 4-22 所示为 DQL-1 型罗盘仪,它主要由望远镜、罗盘盒和基座三部分组成。

望远镜是瞄准部件,由物镜、十字丝、目镜等组成。使用望远镜时,转动目镜看清十字丝,用望远镜照准目标,转动物镜对光螺旋,使目标影像清晰,并以十字丝交点对准该目标。望远镜的一侧装有竖直度盘,可测量目标点的竖直角。

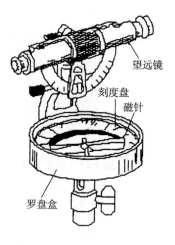

图 4-22 DQL-1 型罗盘仪

罗盘盒如图 4-22 所示,盒内磁针安装在度盘中心顶针上,可自由转动,为减少顶针的磨损,不用时用磁针制动螺旋将磁针托起,固定在玻璃盖上。刻度盘的最小分划为 $30'$,每隔 $10°$ 有一注记,按逆时针方向由 $0°$ 至 $360°$,盘内注有 N(北)、S(南)、E(东)、W(西)。盒内有 2 个水准器,用来使该度盘水平。基座呈球状结构,安在三脚架上,松开球状接头螺旋,转动罗盘盒使水准气泡居中,再旋紧球状接头螺旋,度盘即处于水平位置。磁针的两端由于受到地球两个磁极引力的影响,并且考虑到我国位于北半球,所以磁针北端要

向下倾斜。为了使磁针保持水平,常在磁针南端加上几圈铜丝,以达到平衡的目的。

(二)罗盘仪的使用

罗盘仪置于直线一端点,先进行对中、整平,照准直线另一端点后,放松磁针并制动磁针。待磁针静止后,磁针在刻度盘上所指的读数即为该直线的磁方位角。读数方法是:当望远镜的物镜在刻度圈0°上方时,应按磁针北端读数。如图4-23(a)所示的直线磁方位角为120°,反之应为300°。罗盘仪也可以读象限角,图4-23(b)所示的R为北偏西60°。

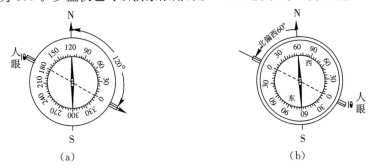

图 4-23　罗盘仪的使用

使用罗盘仪时,周围不能有任何铁器,以免影响磁针位置的正确性。在铁路附近和高压电塔下以及雷雨天观测时,磁针的读数将会受到很大影响,应注意避免在这些环境中测量。测量结束后,必须旋紧磁针制动螺旋,避免顶针磨损,以保护磁针的灵活性。

第四节　电磁波测距

一、电磁波测距原理

(一)电磁波测距分类

与钢尺量距的繁琐和视距测量的低精度相比,电磁波测距具有测程长、精度高、操作简便、自动化程度高等特点。

(1)电磁波测距按精度可分为Ⅰ级($m_D \leqslant 5mm$)、Ⅱ级($5mm < m_D \leqslant 10mm$)和Ⅲ级($10mm < m_D \leqslant 20mm$)。

(2)电磁波测距按测程可分为短程(<3km)、中程(3~5km)和远程(>15km)。

(3)电磁波测距按采用的载波不同,分为利用微波作载波的微波测距和利用光波作载波的光电测距。

(4)电磁波测距按光电测距仪所使用的光源分为激光测距和红外光测距。

(5)电磁波测距按测量的原理分为脉冲法测距和相位法测距。

(二)电磁波测距原理

电磁波测距是通过测量光波在待测距离上往返一次所经历的时间,来确定两点之间的距离。如图4-24所示,在A点安置测距仪,在B点安置反射棱镜,测距仪发射的调制光波到达反射棱镜后又返回到测距仪。设光速c为已知,如果调制光波在待测距离D上

的往返传播时间为 t,则距离为

$$D=\frac{1}{2}c \cdot t \qquad (4-14)$$

式中 $c=c_0/n$,其中 c_0 为真空中的光速,其值为 299792458m/s;n 为大气折射率,它与光波波长 λ,测线上的气温 T、气压 P 和湿度 e 有关。因此,测距时还需测定气象元素,对距离进行气象常数的改正。

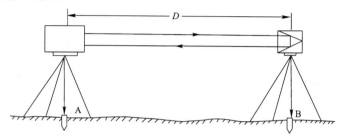

图 4-24　光电测距

由式(4-14)可知,测定距离的精度主要取决于时间 t 的测定精度,即 $\mathrm{d}D=\frac{1}{2}c\mathrm{d}t$。当要求测距误差 $\mathrm{d}D$ 小于 1cm 时,时间测定精度 $\mathrm{d}t$ 要求准确到 6.7×10^{-11}s,这是难以做到的。因此,时间的测定一般采用间接的方式来实现。间接测定时间的方法主要有脉冲法和相位法 2 种,目前一般采用相位法。它用一种连续波(精密光波测距仪采用光波)作为"运输工具"(称为"载波"),通过一个调制器使载波的振幅或频率按照调制波的变化做周期性变化。测距时,通过测量调制波在待测距离上往返传播所产生的相位变化,间接地确定传播时间 t,进而求得待测距离 D。

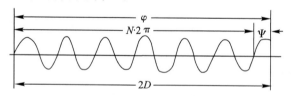

图 4-25　电磁波测距原理

如图 2-25 所示,已知调制波的调制频率 f,角频率 $\omega=2\pi f$,周期 T,则波长为

$$\lambda=c \cdot T=\frac{c}{f}$$

设调制波在距离 D 往返一次产生的相位变化为 φ,调制信号一个周期相位变化为 2π,则调制波的传播时间 t 为

$$t=\frac{\varphi}{\omega}=\frac{\varphi}{2\pi f}$$

代入基本公式得

$$D=\frac{c\varphi}{4\pi f}$$

设调制信号为正弦信号,包含 2π 的整倍数 $N2\pi$ 和不足 2π 的尾数部分 Ψ,即

$$\varphi=N2\pi+\Psi=2\pi(N+\frac{\Psi}{2\pi})=2\pi(N+\Delta N) \qquad (4-15)$$

代入前面公式得
$$D = \frac{c}{2f}(N+\Delta N) = \frac{\lambda}{2}(N+\Delta N)$$

设：$L_s = \frac{c}{2f} = \frac{\lambda}{2}$，$L_s$ 为单位长度，即"光测尺"或"电子尺"。

公式改写成
$$D = L_s(N+\Delta N) \tag{4-16}$$

上式就是相位式测距原理公式。相位式测距仪是用长度为 L_s 的"测尺"去测量距离，测量 N 个整尺段加上不足一个 L_s 的长度就是所测距离。采用多个"测尺"组合，由计算机实现测距技术计算的过程，一般采用两个测尺，即精测尺和粗测尺。例如，采用 15MHz 和 150kHz 两种调制频率的光波，就相当于用 10m 长和 1000m 长的两把"光尺"量距，以短测尺（精测尺）保证精度，以长测尺（粗测尺）保证测程。若所测的距离为 854.738m，其中由精测尺测得 4.738m，由粗测尺测得 850m，两者由测距仪内部的逻辑电路自动计算，最后显示结果为 854.738m。

调制频率、测尺长度与测距精度的关系见表 4-3。

表 4-3　调制频率与测尺长度的关系

调制频率 f	15MHz	7.5MHz	1.5MHz	150kHz	75kHz	15kHz
测尺长度 $\lambda/2$	10m	20m	100m	1km	2km	10km
精度	1cm	2cm	10cm	1m	2m	10m

二、电磁波测距方法

(一) 常数预置

(1) 设置棱镜常数 (PRISM)。一般原配棱镜为 0，国产棱镜多为 −30mm。

(2) 设置乘常数。输入气温、气压或用有关公式计算出值后，再输入。

(二) 倾斜改正

一般先测量倾斜距离，然后按公式 $D_平 = D_斜 \cdot \cos\alpha$ 计算，由测距仪自动改正。

(三) 距离测量

照准目标棱镜中心，按测距键 (MEAS)，距离测量开始，测距完成时显示斜距、平距和高差。全站仪的测距模式有精测模式、跟踪模式和粗测模式 3 种。精测模式是最常用的测距模式，测量时间约为 2.5s，最小显示单位为 1mm；跟踪模式常用于跟踪移动目标或放样时连续测距，最小显示单位一般为 1cm，每次测距时间约为 0.3s；粗测模式的测量时间约为 0.7s，最小显示单位为 1cm 或 1mm。在距离测量或坐标测量时，可按测距模式 (MODE) 键选择不同的测距模式。

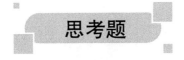

1. 如何衡量距离测量精度？用钢尺丈量 AB、CD 两段距离，AB 的往测值为

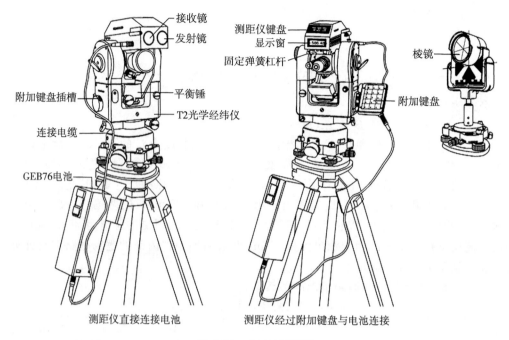

图 4-26 电磁波测距仪

307.82m，返测值为 307.72m，CD 的往测值为 102.34m，返测值为 102.44m，试问：两段距离丈量的精度是否相同？哪段精度高？

2．为什么要进行直线定向？怎样确定直线的方向？

3．什么是直线定线？直线定线的方法有哪些？

4．什么是方位角？什么是象限角？同一条直线坐标方位角和象限角之间有何关系？

5．同一条直线的方位角有几种？它们之间满足什么关系？

6．同一条直线的正、反方位角有何关系？

7．如何使用罗盘仪测量直线的磁方位角？

8．简述电磁波测距的基本原理。

9．简述距离测量常用方法的优缺点。

第五章　全站仪测量

> **学习目标**
>
> 1. 熟悉全站仪的基本构造、原理、功能及其操作方法。
> 2. 了解全站仪的基本操作步骤。
> 3. 能够分析全站仪测量的特点和误差产生的原因。
> 4. 能够根据《公路勘测规范》(JTG C10-2007)的规定,利用全站仪完成实际工程的测量工作。
> 5. 能够正确完成全站仪坐标测量和坐标放样的操作步骤。

第一节　全站仪基本知识

全站型电子速测仪是依靠电子测角、电子测距、电子计算与数据存储等单元组成的三维坐标测量系统,能自动显示测量结果,与外围设备交换信息的多功能测量仪器。由于该仪器较好地实现了测量和处理过程的电子一体化,所以人们通常称之为"全站型电子速测仪"(Electronic Total Station),简称"全站仪"。

20世纪80年代末、90年代初,人们根据电子测角系统和电子测距系统发展不平衡的现状,把两种系统结构配置在一起构成全站仪。按其结构形式,全站仪分成积木式和整体式两大类。积木式(Modular),也称"组合式",是指电子经纬仪和测距仪可以分离使用,照准部视准轴与测距轴不共轴。作业时,测距仪安装在电子经纬仪上,相互之间用电缆实现数据通讯,作业结束后卸下分别装箱。用户可以根据作业精度要求,选择不同测角、测距设备进行组合,灵活性较好。整体式(Integrated),也称"集成式",是将电子经纬仪和测距仪融为一体,共用一个光学望远镜,使用起来更方便。

目前世界上各仪器厂商生产出了各种型号的全站仪,品种越来越多,精度越来越高。常见的有日本索佳(SOKKIA)SET系列、拓普康(TOPOCON)GTS系列、尼康(NIKON)DTM系列,瑞士徕卡(LEICA)TPS系列,我国南方NTS系列、科力达KTS和中纬ZT系列等。随着计算机技术的不断发展与应用以及用户的特殊要求,出现了带内存、防水型、防爆型、电脑型、马达驱动型等各种类型的全站仪,使这一常规测量仪器更好地满足各种测绘工作的需求,发挥更大的作用。图5-1和图5-2所示是目前常用的尼康与科力达两个仪器厂商生产的多种型号的全站仪。

图 5-1　尼康系列全站仪(精度：$1''$、$2''$、$5''$)

图 5-2　科力达系列全站仪

一、全站仪的结构原理

如图 5-3 所示,图中上半部分包含测量的四大光电系统,即水平角测量系统、竖直角测量系统、水平补偿系统和测距系统。通过键盘可以输入操作指令、数据和设置参数。以上各系统通过 I/O 接口接入总线,与微处理机联系起来。

微处理机(CPU)是全站仪的核心部件,主要由寄存器系列(缓冲寄存器、数据寄存器和指令寄存器)、运算器和控制器组成。微处理机的主要功能是根据键盘指令启动仪器,进行测量工作,执行测量过程中的检核和数据传输、处理、显示、储存等任务,保证整个光电测量工作有条不紊地进行。输入输出设备是与外部设备连接的装置(接口),输入输出设备使全站仪能与磁卡和微机等设备交互通讯、传输数据。

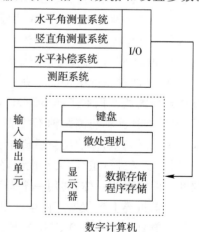

图 5-3　全站仪结构示意图

通过上述几大部分的有机结合,才能真正地体现"全站"功能,既能自动完成数据采集,又能自动处理数据,使整个测量过程工作有序、快速、准确地进行。全站仪最基本的功能是距离测量、角度测量、坐标测量和坐标放样,另外还有许多其他专业功能和特色功能。

二、全站仪的键盘操作

目前,国内外全站仪有许多品牌和型号。不同型号的仪器,其功能、观测程序及操作有一定差别。操作键盘的布局和功能有一些差异,可参阅随机携带的使用说明书。现以科力达公司生产的 KTS-440 为例(图 5-4),说明全站仪的键盘功能和操作。

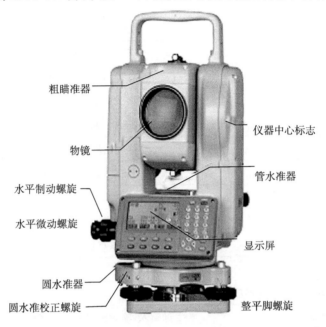

图 5-4 KTS-440 全站仪

KTS-440 的键盘有 28 个按键,包括电源开关键 1 个、照明键 1 个、软键 4 个、操作键 10 个和字母数字键 12 个,按键功能如图 5-5 所示。

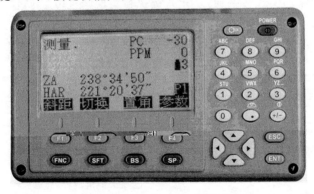

图 5-5 KTS-440 全站仪操作面板

按电源开关键 POWER 打开电源,按住电源开关键 3s 则关闭电源;按照明键 ☼ 打开或关闭显示屏幕照明。F1 至 F4 共 4 个软键的功能通过显示屏底部的对应位置显示。其余各操作键功能见表 5-1。

表 5-1 全站仪键盘各符号的功能

名称	功能
ESC	取消前一操作,由测量模式返回状态显示
FNC	软键功能菜单,换页
SFT	打开或关闭转换(SHIFT)模式
BS	删除左边一空格
SP	输入一空格
▲	光标上移或向上选取选择项
▼	光标下移或向下选取选择项
◄	光标左移或选取另一选择项
►	光标右移或选取另一选择项
ENT	确认输入或存入该行数据并换行

数字输入模式下数字字母键功能如下:

0~9	数字输入或选取菜单项
.	小数点输入
+/−	

字母输入模式下数字字母键功能如下:

STU(1)~GHI(9)	字母输入(输入按键上方的字母)
✉(.)	电子气泡显示
①(+/−)	开始返回信号检测

字母和数字的输入模式转换通过 SFT 键执行。KTS-440 全站仪有 3 种工作模式,在不同的模式下菜单功能不同。

1. 测量模式菜单

表 5-2 全站仪菜单的含义

名称	功能
测距	进行距离测量
切换	选择测距类型(在斜距、平距、高差中选择)
置零	水平角置零
置角	已知水平角设置
左/右角	左/右水平角的选取
复测	水平角复测
锁角	水平角的锁定与解锁
ZA/%	天顶距与坡度的转换

续表

名称	功能
高度	仪器高和目标高的设置
记录	记录数据
悬高	进行悬高测量
对边	进行对边测量
最新	显示最后测量的数据
查阅	显示所选工作文件中的观测数据
参数	设置测距参数和模式(大气改正数、棱镜常数和测距模式等)
坐标	进行坐标测量
放样	进行放样
偏心	进行偏心测量
菜单	转入菜单模式
后交	进行后方交会测量
输出	向外部设备输出测量结果
F/M	英尺与米的转换
面积	面积测量与计算

2.测量模式下若干符号的含义

表 5-3 全站仪菜单各符号的含义

符号	含义
PC	棱镜常数
PPM	气象改正数
ZA	天顶距(天顶 0°)
VA	垂直角(水平 0°/水平 0°±90°)
%	坡度
S	斜距
H	平距
V	高差
HAR	右角
HAL	左角
HAh	水平角锁定
⊥	倾斜补偿有效

3. 内存模式菜单

表 5-4　内存模式菜单

名称	功能
工作文件	工作文件的选取和管理
已知数据	已知数据的输入与管理
代码	代码的输入与管理

4. 记录模式菜单

表 5-5　记录模式菜单

名称	功能
距离数据	记录距离测量数据
角度数据	记录角度测量数据
坐标数据	记录坐标测量数据
测站数据	记录测站数据
注释数据	记录注释数据
查阅数据	调阅工作文件中的数据

第二节　全站仪主要功能

一、准备工作

全站仪测量前的准备工作主要有仪器安置和开机设置。

1. 仪器安置

仪器安置包括对中与整平，其方法与经纬仪相同。目前全站仪大都有双轴补偿器，整平后气泡在一定范围内略有偏离，仪器自动校正，对观测并无影响。

2. 开机设置

全站仪开机后进行自检，自检通过后进入测量界面。测量工作前需进行相关设置，除一些固定设置外，还包括各种观测量单位与小数点位数的设置，如距离、角度及气象参数单位等，指标差与视准差的存储，加常数、乘常数以及棱镜常数，当时的气压和温度等。

二、全站仪的基本功能

1. 水平角测量

(1) 使全站仪处于角度测量模式，照准第一个目标方向。

(2) 盘左设置第一个目标方向的水平度盘读数为 0°00′00″。

(3) 顺时针照准第二个目标方向，此时显示的水平度盘读数即为两方向间的半测回水平角。

(4)一般水平角测量至少观测一个测回,即还要进行盘右半测回观测并取平均值。

2.距离测量

全站仪测距模式有精测模式、跟踪模式和粗测模式 3 种。测距前根据需要选择相应模式。

(1)设置棱镜常数。测距前将棱镜常数输入仪器中,仪器自动对所测距离进行改正。

(2)输入大气改正值或气温、气压值。光在大气中的传播速度会随大气的温度和气压而变化,输入测量时的温度和气压值,仪器自动计算大气改正值 ppm(也可直接输入 ppm 值),改正测距结果。

(3)用小卷尺测量仪器高、棱镜高,并输入全站仪。

(4)照准目标棱镜中心,按测距键,距离测量开始,测距完成后显示斜距、平距和高差。若全站仪在距离测量时不输入仪器高和棱镜高,则所测高差值是全站仪横轴中心与棱镜中心的高差。全站仪测得初始斜距值后,还应加上仪器常数改正、气象改正和倾斜改正等,最后得出水平距离。

由于仪器的发射中心、接收中心与仪器旋转竖轴不一致而引起的测距偏差值,称为"仪器加常数"。仪器加常数还包括由于反射棱镜的组装(制造)偏心或棱镜等效反射面与棱镜安置中心不一致引起的测距偏差,称为"棱镜常数"。使用不同棱镜时,要改变仪器棱镜常数。仪器加常数与距离无关,可预置于机内自动改正。仪器乘常数主要是由测距频率的偏移而产生的,与所测距离成正比。气象改正是指仪器根据温度和气压自动按气象改正公式计算距离改正值。如某全站仪的气象改正公式为

$$\Delta S = \left(283.37 - \frac{106.2833p}{273.15+t}\right) \cdot S(\text{mm}) \qquad (5-1)$$

式中:p 为气压(hPa),t 为温度(℃),S 为距离测量值(km)。

全站仪测距误差分为两部分,前一项与所测距离无关,称为"固定误差";后一项与所测距离成正比,称为"比例误差",二者合称为仪器的标称精度。

$$M_S = \pm(A + B \cdot S) \qquad (5-2)$$

如某全站仪的标称精度为±(3mm+2ppm·S),表示该仪器的固定误差 $A=3$mm,比例误差系数 $B=2$mm/km(ppm),S 的单位为 km。

3.坐标测量

(1)设置棱镜常数(一般有 0 或 −30mm 2 种)、大气改正值或气温、气压值。

(2)输入测站点的三维坐标,测量仪器高、棱镜高并输入全站仪。

(3)精确照准后视定向点,输入后视点的坐标或输入后视方向的坐标方位角。当输入后视点的坐标时,全站仪会自动计算和显示后视方向的坐标方位角。

(4)照准目标棱镜,按坐标测量键,全站仪开始测量并计算和显示测点的三维坐标。

4.坐标放样

(1)设置棱镜常数(一般有 0 或 −30mm 2 种)、大气改正值或气温、气压值。

(2)输入测站点的三维坐标,测量仪器高、棱镜高并输入全站仪。

(3)精确照准后视定向点,输入后视点的坐标或输入后视方向的坐标方位角。当输入后视点的坐标时,全站仪会自动计算和显示后视方向的坐标方位角。

(4)输入放样点坐标,在放样引导屏幕的指引下放样确定点位。

全站仪除了具有以上基本测量功能外,还具有悬高测量、自由设站测量、对边测量、面积测量、遥测高程等专业测量功能,详细请参考仪器操作手册,在此不再叙述。

第三节　全站仪操作步骤

由于全站仪型号比较多,操作方法也大同小异,本节以科力达 KTS-440 全站仪为例讲述操作过程。

仪器与设备:科力达 KTS-440 全站仪 1 套、对讲机 2 个、觇牌 1 个、棱镜 2 副、对中杆 2 根、木桩钉子若干和锤子等。

(一)仪器参数和观测条件设置

操作过程	操作键	显示
1.打开电源,进入测量屏幕。	POWER	测量.　　　PC　　　－30 ⊥　　　　　PPM　　　0 　　　　　　　　　　　■3 ZA　　92°　36′　25″ HAR　120°　30′　10″
2.按 ESC 进入状态屏幕。	ESC	2004－10－20　　10:00:48 KTS-440 仪器号:S12926 版本:2004－1.02 文件:JOB01 测量　内存　配置
3.在状态屏幕下按 配置 进入配置屏幕。	配置	设置(1) 1.观测条件设置 2.仪器参数设置 3.日期、时间设置 4.通讯参数设置 5.单位设置
4.选取"1.观测条件设置"后按 ENT (也可直接按数字键 1),进入观测条件设置操作。用 ▲或▼ 键将光标移到第四行"倾斜改正"处,用 ◀或▶ 设置倾斜改正类型,并用 ENT 完成设置。本仪器对倾斜改正有"不改正、单轴"等选项。	"1.观测条件设置"＋ ENT ＋ ▲或▼ ＋ ◀或▶	观测条件设置(1) 大气改正:不改正 垂角格式:天顶零 倾斜改正:单轴 测距类:平距 自动关机:手动关机
5.按 ESC 返回到设置屏幕。	ESC	设置(1) 1.观测条件设置 2.仪器参数设置 3.日期、时间设置 4.通讯参数设置 5.单位设置

（二）基本测量

1. 水平角测量

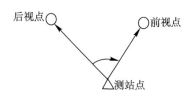

图 5-6 全站仪水平角测量

操作过程	操作键	显示
1.用水平制动按钮和微动螺旋精确照准后视点,在测量模式第2页菜单下按 置零 ,置零出现闪烁时,再按一次 置零 ,将后视点方向置成零。	置零 + 置零	测量.　　　　PC　　－30 ⊥　　　　　PPM　　0 　　　　　　　　　　🔋 3 ZA　92°　36′　25″ HAR　0°　00′　00″　P2 置零　坐标　放样　记录
2.精确照准前视点,所显示的HAR值为两点间的夹角。	照准前视点	测量.　　　　PC　　－30 ⊥　　　PPM　　0 　　　　　　　　　🔋 3 ZA　92°　36′　25″ HAR　56°　40′　23″　P2 置零　坐标　放样　记录

2. 距离测量

（1）参数设置。

操作	显示
在测量模式第1页菜单下,按 参数 进入距离测量参数设置屏幕,显示如右图所示。 设置下列参数： 1.温度 2.气压 3.大气改正数PPM 4.棱镜常数改正值 5.测距模式 设置完上述参数后按 ENT 。	温度：　20℃ 气压：　1013.0hPa PPM：　0 PC：　－30 模式：　单次精测 0PPM

(2)设置方法。

设置项目	设置方法
温度	方法①：输入温度、气压值后，仪器自动计算出大气改正并显示在PPM一栏中。
气压	
大气改正数PPM	方法②：直接输入大气改正数PPM，此时温度、气压值将被清除。
棱镜常数	输入所用棱镜的棱镜常数改正数。
测距模式	按◀或▶在以下几种模式中选择： 重复精测、N次精测=N、单次精测、跟踪测量。

(3)模式选择和观测。

操作过程	操作键	显示
1.在测量模式第1页菜单下按 切换 ，选取所需距离类型。 每按一次 切换 显示屏改变一次距离类型： S：斜距　H：平距　V：高差	切换	测量.　　　　PC　　－30 ⊥　　　　　　PPM　　0 　　　　　　　　m　3 ZA　　92°　36′　25″ HAR　30°　25′　18″　P1 斜距　切换　置角　参数
2.按 斜距 开始距离测量，此时有关测距信息（测距类型、棱镜常数改正数、大气改正数和测距模式）将闪烁显示在显示窗上。	斜距	距离测量. 距离　　镜常数＝－30 　　　　PPM＝0 重复精测　　　停止
3.距离测量完成时仪器发出一短声响，并将测得的距离S、垂直角ZA和水平角HAR等显示出来。		测量.　　　　PC　　－30 ⊥　　　　　　PPM　　0 S　　　　2.648 m　3 ZA　　92°　36′　25″ HAR　30°　25′　18″　停止 　　　　　　　PC　　－30 ⊥　　　　　　PPM　　0 S－1　　2.648 m　3 ZA　　92°　36′　25″ HAR　30°　25′　18″　停止 在N次精测求取平均值测量时，所得距离值显示为S－1，S－2……测量。

3. 坐标测量

未知点坐标的计算和显示过程如下：

测站点坐标：(N0，E0，Z0)

仪器高:i;棱镜高:l;高差:z。
仪器中心至棱镜中心的坐标差:(n,e,z);未知点坐标:$(N1,E1,Z1)$
N1＝N0＋n
E1＝E0＋e
Z1＝Z0＋z＋仪器高 i－棱镜高 l

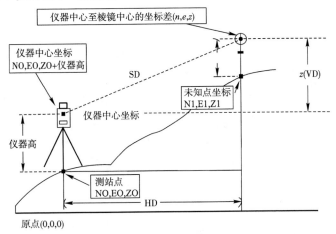

图 5-7　全站仪坐标测量

(1)设置测站。

操作过程	操作键	显示
1.在测量模式的第 2 页菜单下,按 坐标 显示坐标测量菜单。	坐标	坐标测量 1.测量 2.设置测站 3.设置方位角
2.选取"2.设置测站"后按 ENT (或直接按数字键 2),输入测站数据。	"2.设置测站" ＋ ENT	N0:　　　0.000 E0:　　　0.000 Z0:　　　0.000 仪器高: 0.000 m 目标高: 0.000 m 取值　记录　确定
3.输入下列各数据项:N0、E0、Z0(测站点坐标),仪器高,目标高。 每输入一数据项后按 ENT,若按 记录,则记录测站数据,再按 存储,将测站数据存入工作文件。	输入 测站数据 ＋ ENT	N0: 　　100.000 E0: 　　100.000 Z0: 　　 10.000 仪器高: 1.600 m 目标高: 2.000 m 记录　　确定
4.按 确定 结束测站数据输入操作,显示恢复坐标测量菜单屏幕。	确定	坐标测量 1.测量 2.设置测站 3.设置方位角

(2)设置后视方位角。

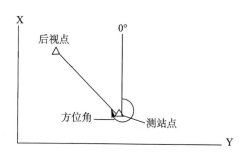

图 5-8　后视方向的设置

操作过程	操作键	显示
1. 在坐标测量菜单屏幕下用▲、▼选取"3.设置方位角"后按 ENT （或直接按数字键3），显示如右图所示，此时可以直接输入方位角。	选取"3.设置方位角" + ENT	设置方位角 HAR： 后视
2. 按 后视 显示方位角设置屏幕，如右图所示。其中 N0、E0、Z0 为测站点坐标。	后视	后视坐标 NBS： 200.000 EBS： 200.000 ZBS： 20.000 取值　　确定
3. 输入后视点坐标 NBS、EBS 和 ZBS 的值，每输入完一个数据后按 ENT，然后按 确定，屏幕显示如右图所示（HAR 为应照准的后视方位角）。	ENT + 确定	设置方位角 请照准后视 HAR：45° 00′ 00″ 否　　是
4. 照准后视点后按"是"，结束方位角设置，返回坐标测量菜单屏幕。	是	坐标测量 1.观测 2.设置测站 3.设置方位角

完成测站数据的输入和后视方位角的设置后，精确瞄准目标点上棱镜后执行测量。待定点的坐标自动在显示屏显示。

操作过程	操作键	显示
1. 精确照准目标棱镜中心后，在坐标测量菜单屏幕下选取"1.测量"后按 ENT （或直接按数字键1），显示如右图所示。	选取"1.测量" + ENT	坐标测量． 　坐标　镜常数 ＝ －30 　　　　PPM ＝ 0 　单次精测 　　　　　　　　停止

续表

操作过程	操作键	显示
2. 测量完成后,显示出目标点的坐标值以及到目标点的距离、垂直角和水平角,如右图所示(若仪器设置为重复测量模式,按 停止 键来停止测量并显示测量值)。		N: 1534.688 E: 1048.234 Z: 21.579　　3 S: 82.450 m HAR: 12°34′34″ 停止
3. 若需将坐标数据记录于工作文件,按"记录",显示如右图所示。输入下列各数据项: 点名:目标点点号 编码:特征码或备注信息等每输入完一数据项后按"ENT" ·当光标位于编码行时,按[↑]或[↓]可以显示和选取预先输入内存的代码。 按存储记录数据。	记录 + 存储	N: 1534.688 E: 1048.234 Z: 21.579　　3 点名:6 目标高: 1.600 m　↓ 存储 编码　　　　　↑ : 　　　　　　　3 存储　↓　　↑
4. 照准下一目标点,按"观测"开始下一目标点的坐标测量。按"测站"可进入测站数据输入屏幕,重新输入测站数据。 ·重新输入的测站数据将对下一观测起作用。因此,当目标高发生变化时,应在测量前输入变化后的值。		N: 1534.688 E: 1048.234 Z: 21.579　　3 S: 82.450 m HAR: 12°34′34″ 测站　　　　观测
5. 按"ESC"结束坐标测量并返回坐标测量菜单屏幕。	ESC	坐标测量 1. 测量 2. 设置测站 3. 设置方位角

4. 坐标放样

坐标放样中,通过对照准点的水平角、距离或坐标的测量,仪器所显示的是预先输入的待放样值与实测值之差,即显示值=实测值-放样值。注意:放样测量使用盘左位置进行。

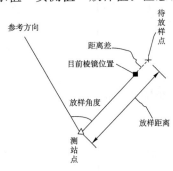

图 5-9　坐标放样原理

操作过程	操作键	显示
1. 在测量模式的第 2 页菜单下按 放样 ，进入放样测量菜单屏幕。	放样	放样 1. 观测 2. 放样 3. 设置测站 4. 设置后视角
2. 选取"3. 设置测站"后按 ENT （或直接按数字键 3）。 输入测站数据（详见"坐标测量"的"(3) 输入下列数据项"）。 输入棱镜高，量取由棱镜中心至测杆底部的距离。	"3. 设置测站" + ENT	N0： 123.789 E0： 100.346 Z0： 320.679 仪器高： 1.650 m 目标高： 2.100 m 取值 记录 确认
3. 测站数据输入完毕后，按 确认 进入放样测量菜单。选择"4. 设置后视角"后按 ENT （或直接按数字键 4），进入角度配置屏幕。	"4. 设置后视角" + ENT	放样 1. 观测 2. 放样 3. 设置测站 4. 设置后视角
4. 选取"2. 放样"后按 ENT ，在 Np、Ep、Zp 中分别输入待放样点的三个坐标值，每输入完一个数据项后按 ENT 。 中断输入： ESC 读取数据： 取值 记录数据： 记录	"2. 放样" + ENT	Np： 1223.455 Ep： 2445.670 Zp： 1209.747 镜高： 1.620 m 距离： 23.450 m 角度： 45°12′08″ 记录 取值 确认
5. 在上述数据输入完毕后，仪器自动计算出放样所需距离和水平角，并显示在屏幕上。按 确认 进入放样观测屏幕。	确认	SO.S ZA 89°45′23″ HAR 150°16′54″ dHA −0°00′06″ 参数 切换 <−−> 悬高

6. 按 切换 使之显示 坐标 。按 坐标 开始高程放样测量，屏幕显示如右图所示。	切换
	+
	坐标
		SO. N 0.001
		   E −0.006
		   Z 5.321
		ZA 89°45′20″
		HAR 150°16′54″
		dHR 0°00′02″
		参数 切换 <−−> 坐标

续表

操作过程	操作键	显示
7.测量停止后显示出放样观测屏幕。按 <--> 后按 坐标 ，使之显示放样引导屏幕。其中第4行位置上所显示的值为至待放样点的高差，由两个三角形组成的箭头指示棱镜应移动的方向（欲使至待放样的差值以坐标形式显示，在测量停止后再按一次 <--> ）。	<--> + 坐标	← 0° 00′ 00″ ↓ －0.006 ↑ 0.300 ZA 89° 45′ 20″ HAR 150° 16′ 54″ 参数 切换 <--> 坐标
8.按 坐标 ，向上或者向下移动棱镜，直到使所显示的高差值为0m（该值接近于0m时，屏幕显示出两个箭头）。当第2、3、4行的显示值均为0时，测杆底部所对应的位置即为待放样点的位置。箭头含义： ↑:向上移动棱镜 ↓:向下移动棱镜	坐标	← → 0° 00′ 00″ ↑ ↓ 0.000 ↑ ↓ 0.003 S 12.554 ZA 89° 45′ 20″ HAR 150° 16′ 54″ 参数 切换 <--> 坐标
9.按 ESC 返回放样测量菜单屏幕。 从第4步开始放样下一个点。	ESC	放样 1.观测 2.放样 3.设置测站 4.设置后视角

思考题

1. 简述全站仪坐标测量和坐标放样的方法步骤。
2. 什么是乘常数？什么是加常数？

第六章 GPS 定位测量

> **学习目标**

1. 熟悉 GPS 系统的组成、GPS 定位原理与方法、坐标系统的确定、布网原则、等级及技术要求等。
2. 了解 GPS 控制网的布设方法、GPS 测量的外业观测工作程序和内业数据处理步骤。
3. 能够分析 GPS 测量的坐标系统转换关系、GPS 测量不同定位方法的特点、GPS 测量误差产生的原因等。
4. 能够根据《公路勘测规范》(JTG C10-2007)和《全球定位系统(GPS)测量规范》(GB/T 18314-2009)的规定要求,完成 GPS 控制测量外业选点埋石、观测(野外数据采集)和 GPS-RTK 测量等工作。
5. 能够正确完成 GPS 控制测量的内业数据处理(基线解算和网基线向量平差)、成果检核和精度评定。

第一节 GPS 系统的组成

GPS(Global Positioning System)即全球定位系统,是由美国建立的一个卫星导航定位系统,利用该系统,用户可以在全球范围内实现全天候、连续性、实时性的三维导航定位和测速;另外,利用该系统,用户还能够进行高精度的时间测定和精密定位。GPS 的整个系统由空间部分、地面控制部分和用户设备部分等组成,如图 6-1 所示。

一、GPS 系统组成

(一)空间部分

GPS 的空间部分由 24 颗(目前已经增加到 32 颗以上)GPS 工作卫星组成,如图 6-2 所示。这些 GPS 工作卫星共同组成了 GPS 卫星星座,其中 21 颗为可用于导航的卫星,其他 3 颗为活动的备用卫星。这 24 颗卫星分布在 6 个倾角为 55°的轨道上绕地球运行。卫星的运行周期约为 12 恒星时。每颗 GPS 工作卫星都发出用于导航定位的信号,GPS 用户正是利用这些信号来进行导航的。

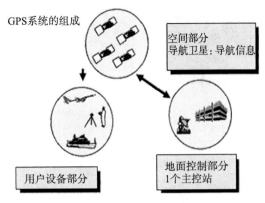

图 6-1　GPS 系统组成图　　　　图 6-2　GPS 空间卫星部分

(二)地面控制部分

GPS 的地面控制部分由分布在全球的由若干个跟踪站组成的监控系统所构成,根据其作用的不同,这些跟踪站又被分为主控站、监控站和注入站。主控站有 1 个,位于美国科罗拉多(Colorado)的法尔孔(Falcon)空军基地,它的作用是根据各监控站的观测数据,计算出卫星的星历和卫星钟的改正参数等,并将这些数据通过注入站注入卫星中;同时,它还对卫星进行控制,向卫星发布指令,当工作卫星出现故障时,调度备用卫星替代失效的工作卫星进行工作;另外,主控站也具有监控站的功能。监控站有 5 个,除了主控站外,其他 4 个分别位于夏威夷(Hawaii)、阿松森群岛(Ascencion)、迭哥伽西亚(Diego Garcia)和卡瓦加兰(Kwajalein)。监控站的作用是接收卫星信号,监测卫星的工作状态。注入站有 3 个,它们分别位于阿松森群岛(Ascencion)、迭哥伽西亚(Diego Garcia)和卡瓦加兰(Kwajalein)。注入站的作用是将主控站计算出的卫星星历和卫星钟的改正数等注入卫星中,如图 6-3 所示。

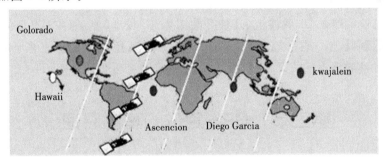

图 6-3　GPS 地面控制部分

(三)用户设备部分

GPS 的用户设备部分由 GPS 接收机、数据处理软件等组成。它的作用是接收 GPS 卫星发出的信号,利用这些信号进行导航定位等工作。接收机按功能分为导航型(图 6-4)和测地型(图 6-5);按接收的频率可分为单频和双频。图 6-6 所示为接收机操作面板。

图 6-4 导航型 GPS 接收机　　图 6-5 测地型 GPS 接收机　　图 6-6 操作面板指示

二、GPS 卫星信号

GPS 卫星发射 2 种频率的载波信号，即频率为 1575.42MHz 的 L1 载波和频率为 1227.60MHz 的 L2 载波，它们的频率分别是基本频率 10.23MHz 的 154 倍和 120 倍，它们的波长分别为 19.03cm 和 24.42cm。在 L1 和 L2 上又分别调制着多种信号，这些信号主要有以下几种。

(一)C/A 码

C/A 码又称为"粗捕获码"，被调制在 L1 载波上，是 1MHz 的伪随机噪声码（PRN 码），其码长为 1023 位（周期为 1ms）。由于每颗卫星的 C/A 码都不一样，因此，我们经常用它们的 PRN 号来区分它们。C/A 码是普通用户用以测定测站到卫星间距离的一种主要信号。

(二)P 码

P 码又称为"精码"，被调制在 L1 和 L2 载波上，是 10MHz 的伪随机噪声码，其周期为 7 天。在实施反电子欺骗（AS）政策时，P 码与 W 码经过加密技术处理生成保密的 Y 码，此时，一般用户无法利用 P 码来进行导航定位。

(三)导航信息

导航信息被调制在 L1 载波上，其信号频率为 50Hz，包含有 GPS 卫星的轨道参数、卫星钟改正数和其他一些系统参数。用户一般需要利用此导航信息来计算某一时刻 GPS 卫星在地球轨道上的位置，导航信息又称为"广播星历"。

第二节　GPS 定位的基本原理

一、GPS 坐标系统

WGS-84 坐标系是目前 GPS 采用的坐标系统，GPS 的星历参数就是基于此坐标系统发布的。WGS-84 坐标系统的全称是 World Geodietic System-84（世界大地坐标系-1984），它是一个地心坐标系统。WGS-84 坐标系统由美国国防部制图局建立，于 1987 年取代了当时 GPS 所采用的坐标系统——WGS-72 坐标系统。WGS-84 坐标系的坐标原点位于地球的质心，Z 轴指向 BIH1984.0 定义的协议地球极方向，X 轴指向 BIH1984.0 定义的起始子午面和赤道的交点，Y 轴与 X 轴和 Z 轴构成右手坐标系。采用椭球参数为：$a=6378137\text{m}, f=1/298.257223563$。

二、GPS 定位原理与方法

交会法测量中有一种测距交会确定点位的方法。与其相似，GPS 的定位原理就是利用空间分布的卫星以及卫星与地面点的距离交会得出地面点位置。简言之，GPS 定位采用空间后方距离交会原理。

设想在地面待定位置上安置 GPS 接收机，同一时刻接收 4 颗以上 GPS 卫星发射的信号。通过一定的方法测定这 4 颗以上卫星在此瞬间的位置以及它们分别至该接收机的距离，据此利用距离交会法计算出测站 P 的位置及接收机钟差 δt。

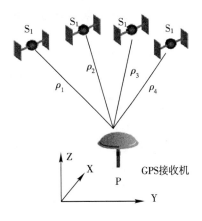

图 6-7 GPS 定位原理

如图 6-7 所示，设时刻 t_i 在测站点 P 用 GPS 接收机同时测得 P 点至 4 颗 GPS 卫星 S_1、S_2、S_3、S_4 的距离 ρ_1、ρ_2、ρ_3、ρ_4，通过 GPS 电文解译出 4 颗 GPS 卫星的三维坐标 (X^j, Y^j, Z^j)，$j=1,2,3,4$，用距离交会的方法求解 P 点的三维坐标 (X, Y, Z) 的观测方程为

$$\begin{cases} \rho_1^2 = (X-X^1)^2 + (Y-Y^1)^2 + (Z-Z^1)^2 + c\delta t \\ \rho_2^2 = (X-X^2)^2 + (Y-Y^2)^2 + (Z-Z^2)^2 + c\delta t \\ \rho_3^2 = (X-X^3)^2 + (Y-Y^3)^2 + (Z-Z^3)^2 + c\delta t \\ \rho_4^2 = (X-X^4)^2 + (Y-Y^4)^2 + (Z-Z^4)^2 + c\delta t \end{cases} \tag{6-1}$$

式中：c——光速；

δt——接收机钟差。

GPS 定位的方法多种多样，用户可以根据不同的用途采用不同的定位方法。GPS 定位方法可依据不同的分类标准作如下划分。

(一)根据定位所采用的观测值划分

1. 伪距定位

伪距定位采用的观测值为 GPS 伪距观测值，伪距观测值既可以是 C/A 码伪距，也可以是 P 码伪距。伪距定位的优点是数据处理简单，对定位条件的要求低，不存在整周模糊度的问题，可以非常容易地实现实时定位。其缺点是观测值精度低，C/A 码伪距观测值的精度一般为 3m，而 P 码伪距观测值的精度一般也在 30cm 左右，从而导致定位成果精度低。

2. 载波相位定位

载波相位定位采用的观测值为 GPS 的载波相位观测值，即 L1、L2 或它们的某种线性组合。载波相位定位的优点是观测值的精度高；缺点是数据处理过程复杂，存在整周模糊度的问题。

(二)根据定位的模式划分

1. 绝对定位

绝对定位又称为"单点定位"，这是一种采用一台接收机进行定位的模式，它所确定的是接收机天线的绝对坐标。这种定位模式的特点是作业方式简单,可以单机作业。绝对定位一般用于导航和精度要求不高的应用中。

2. 相对定位

相对定位又称为"差分定位",这种定位模式采用两台以上的接收机,同时对一组相同的卫星进行观测,以确定接收机天线间的相互位置关系。

(三)根据获取定位结果的时间划分

1. 实时定位

实时定位是指根据接收机观测到的数据,实时地解算出接收机天线所在的位置。

2. 非实时定位

非实时定位又称为"后处理定位",是通过对接收机接收到的数据进行后处理以进行定位的方法。

(四)根据定位时接收机的运动状态划分

1. 动态定位

所谓"动态定位",就是在进行 GPS 定位时,认为接收机的天线在整个观测过程中的位置是变化的。也就是说,在数据处理时,将接收机天线的位置作为一个随时间改变而改变的量。

2. 静态定位

所谓"静态定位",就是在进行 GPS 定位时,认为接收机的天线在整个观测过程中的位置是保持不变的。也就是说,在数据处理时,将接收机天线的位置作为一个不随时间的改变而改变的量。在测量中,静态定位一般用于高精度的测量定位,其具体观测模式为多台接收机在不同的测站上进行静止同步观测,时间有几分钟、几小时甚至数十小时不等。

三、GPS 定位的误差来源

GPS 定位会受到各种各样因素的影响。影响 GPS 定位精度的因素可以依据其具体来源分为以下几种。

(一)与 GPS 卫星有关的因素

1. SA 政策

SA 是 Selective Availability 的首字母缩写,意思是"可选择的定位能力"。SA 可为不同的用户提供不同精度的定位服务。美国政府从其国家利益出发,通过降低广播星历精度(ε 技术)、在 GPS 基准信号中加入高频抖动(δ 技术)等方法,人为降低普通用户利用 GPS 进行导航定位时的精度。

2. 卫星星历误差

在进行 GPS 定位时,将 GPS 卫星当作动态的已知点,而计算在某时刻 GPS 卫星位置所需的卫星轨道参数是通过许多种类的星历提供的,但不论采用哪种类型的星历,所计算出的卫星位置都会与其真实位置有所差异,这就是所谓的"星历误差"。

3. 卫星钟差

卫星钟差是指 GPS 卫星上安装的原子钟的钟面时间与 GPS 标准时间之间的误差。

4. 卫星信号发射天线相位中心偏差

卫星信号发射天线相位中心偏差是 GPS 卫星上信号发射天线的标称相位中心与其真实相位中心之间的差异。

(二)与传播途径有关的因素

1. 电离层延迟

由于地球周围的电离层对电磁波的折射效应,使得 GPS 信号的传播速度发生变化,这种变化称为"电离层延迟"。电磁波所受电离层折射的影响与电磁波的频率以及电磁波传播途径上电子总含量有关。

2. 对流层延迟

由于地球周围的对流层对电磁波的折射效应,使得 GPS 信号的传播速度发生变化,这种变化称为"对流层延迟"。电磁波所受对流层折射的影响与电磁波传播途径上的温度、湿度和气压有关。

3. 多路径效应

由于接收机周围环境的影响,使得接收机所接收到的卫星信号中还包含各种反射和折射信号,这就是所谓的"多路径效应"。

(三)与接收机有关的因素

1. 接收机钟差

接收机钟差是 GPS 接收机所使用钟的钟面时与 GPS 标准时之间的差异。

2. 接收机天线相位中心偏差

接收机天线相位中心偏差是 GPS 接收机天线的标称相位中心与其真实的相位中心之间的差异。

第三节 GPS-RTK 测量

常规的 GPS 测量方法,如静态测量、快速静态测量、动态测量等,都需要事后进行解算才能获得厘米级的精度,而 GPS-RTK 是能够在野外实时得到厘米级定位精度的测量方法,是载波相位动态实时差分(Real-Time Kinematic)方法,它的出现极大地提高了外业作业效率,并逐步取代传统的静态定位和其他测量技术。

一、GPS-RTK 测量定位原理

RTK 定位技术是以载波相位观测值为根据的实时差分 GPS 定位技术,用于实施动态测量。它能够实时提供测站点在指定坐标系中的三维定位结果,并达到厘米级精度。在 RTK 作业模式下,基准站通过数据链将其观测值和测站坐标信息一起传送给流动站。流动站不仅通过数据链接收来自基准站的数据,还要采集 GPS 观测数据,并对系统内组成差分观测值进行实时处理,同时给出厘米级定位结果,历时不到 1s。流动站可处于静止状态,也可处于运动状态;可在固定点上先进行初态始化后再进入动态作业,也可在动

态条件下直接开机,并在动态环境下完成整周模糊度的搜索求解。在整周未知数解固定后,即可进行每个历元的实时处理,只要能保持 4 颗以上卫星相位观测值的跟踪和必要的几何图形,流动站就随时给出厘米级定位结果。

RTK 技术的关键是数据处理技术和数据传输技术,RTK 定位时要求基准站接收机实时地把观测数据(伪距观测值和相位观测值)及已知数据传输给流动站接收机,数据量比较大,一般都要求 9600 波特率,这在无线电上不难实现,如图 6-8 所示。

二、GPS-RTK 测量注意事项

(1)参考站点位的选择。选择空旷、视野开阔,周围无较强反射源和电磁波干扰源的地方。

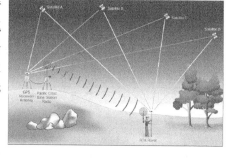

图 6-8 GPS-RTK 原理图

(2)参考站的设置。正确输入参考站的相关数据,包括点名、坐标、高程、天线高、基准参数、坐标及高程转换参数等。

(3)流动站的作业。流动站作业的有效卫星数不宜少于 5 个,PDOP 值应小于 6,并应采用固定解成果;作业前,宜检测 2 个以上不低于图根精度的已知点。检测结果与已知成果的平面较差不应大于图上 0.2mm,高程较差不应大于基本等高距的 1/5。

(4)不同参考站作业时,流动站应检测一定数量的地物重合点。点位较差不应大于图上 0.6mm,高程较差不应大于基本等高距的 1/3。

(5)WGS-84 坐标系与测区地方坐标系的转换参数及 WGS-84 系的大地高基准与测区的地方高程基准的转换参数。GPS-RTK 在进行控制测量时,由于流动站接收机计算之后并没有检核条件,因此,流动站接收机的完好状态直接影响控制点的精度。

第四节 GPS 控制测量

公路工程建设是我国投资巨大的基础事业,随着交通事业的快速发展,公路工程建设日益增多,公路等级不断提高,特别是高等级公路,由于线路长、构造物多、地形条件和技术复杂,因此勘测和施工的精度要求高、工期紧。尽管在工程测量中采用了全站仪等先进的测量仪器和测绘技术,但是,传统的测量方法受地形和通视条件的限制,加上方法的局限性、作业效率不高等,已经不能满足当前公路工程勘测与施工的要求。为此,迫切需要高精度、快速度、低费用、不受地形通视等条件限制、布网灵活的控制测量方法。GPS 全球定位系统在这些方面就充分显示了其无比优越的特性,因而在公路工程建设中得到了广泛的应用。

一、GPS 控制网的分级

根据公路工程(道路、桥梁、隧道等构造物)的特点和不同要求,卫星定位测量控制网依次分为二、三、四等和一、二级。各等级 GPS 卫星定位测量控制网的主要技术指标应符

合表 6-1 的规定。

表 6-1　GPS 测量控制网的主要技术要求

等级	平均边长（km）	固定误差 a（mm）	比例误差系数 b（mm/km）	约束点间的边长相对中误差	约束平差后最弱边相对中误差
二等	9	≤5	≤1	≤1/250000	≤1/120000
三等	4.5	≤5	≤2	≤1/150000	≤1/70000
四等	2	≤5	≤3	≤1/100000	≤1/40000
一级	1	≤10	≤3	≤1/40000	≤1/20000
二级	0.5	≤10	≤3	≤1/20000	≤1/10000

同常规测量一样，GPS 测量的具体实施也包括技术设计、外业实施和内业数据处理 3 个阶段。技术设计包括精度设计、基准设计和网形设计；外业实施主要包括选点埋石、野外观测以及外业成果质量检核等；内业数据处理主要包括 GPS 测量数据传输、数据处理及技术总结等。

二、GPS 控制网的技术设计

GPS 控制网的技术设计是进行 GPS 定位最基本的工作，是依据国家 GPS 测量规范（规程）及 GPS 网的用途、用户的要求等对测量工作的网形、精度和基准等的具体设计。

(一)GPS 控制网的精度设计

各类 GPS 控制网的精度设计主要取决于控制网的用途。在公路工程测量中，GPS 控制网的精度指标通常以网中相邻点之间的弦长误差表示，各等级控制网相邻点间的基线精度可用以下公式计算：

$$\sigma = \sqrt{a^2 + (b \times d)^2} \qquad (6-2)$$

式中：σ——基线长度中误差(mm)；
　　　a——固定误差(mm)；
　　　b——比例误差系数(mm/km)；
　　　d——平均边长(km)。

GPS 基线测量的中误差应小于式(6-2)中计算的标准差；各等级控制测量固定误差 a、比例误差系数 b 的取值应符合表 6-1 的规定。计算 GPS 测量大地高差的精度时，a、b 可放宽至 2 倍。

(二)基准设计

GPS 测量获得的是 GPS 基线向量，它属于 WGS-84 世界大地坐标系（World Geodetic System 1984）的三维坐标差，而实际我们需要的是国家大地坐标系或地方独立坐标系的坐标。因此，在 GPS 控制网的技术设计时，必须明确 GPS 成果所采用的坐标系统和起算数据，即明确 GPS 控制网所采用的基准。我们把这项工作称为"GPS 控制网的基准设计"。

GPS 测量采用的是 WGS-84 坐标系，需要转换到平面直角坐标系（当投影长度变形值不大于 2.5cm/km,直接转换到 1954 北京坐标系、1980 国家大地(西安)坐标系或 CGCS2000 国家大地坐标系),或者转换到公路抵偿坐标系。

经国务院批准,根据《中华人民共和国测绘法》,我国自 2008 年 7 月 1 日起启用 2000 国家大地坐标系(China Geodetic Coordinate System 2000)。1954 北京坐标系、1980 国家大地(西安)坐标系与 CGCS2000 国家大地坐标系之间也可以采用七参数(3 个平移、1 个尺度和 3 个旋转)模型进行转换。

GPS 测量获得的是 WGS-84 坐标系统中的点位及坐标差。它们可以有 2 种表达方式:纬度、经度与高程的地理坐标方式,或者由 X、Y 和 Z 组成的地心坐标方式。

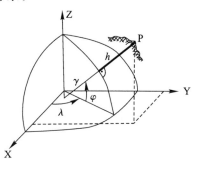

图 6-9　地心坐标系

以地心为中心(坐标原点)的 WGS-84 椭球是全球范围内与大地水准面拟合得最佳的参考椭球,如图 6-9 所示。

新建 GPS 控制网的坐标系应尽量与测区过去采用的坐标系一致,如果采用独立或工程坐标系,一般需要知道以下参数:所采用的参考椭球;坐标系的中央子午线经度;纵横坐标加常数;坐标系的投影面高程及测区平均高程异常值;起算点的坐标值。

(三)网形设计

常规测量中对控制网进行图形设计是一项非常重要的工作。而在 GPS 网形设计时,因 GPS 同步观测不要求通视,所以其网形设计具有较大的灵活性。GPS 控制网的图形设计主要取决于用户的要求、经费、时间、GPS 接收机的类型、数量和后勤保障条件等。在公路测量中,GPS 控制网的布设应根据公路等级、沿线地形地物、作业时卫星状况、精度要求等因素进行综合设计,并编制技术设计书(或大纲)。根据控制网的用途,通过设计应当明确精度指标和控制网的图形。

GPS 控制网图形设计的核心问题是如何高质量、低成本地完成既定的测量任务,通常进行 GPS 控制网设计时,必须考虑测站选址、卫星选择、用户接收机设备装置和后勤保障等因素。当网点位置和接收机台数确定后,控制网的设计主要体现在观测时间的确定、图形的构造及每个测站点观测的次数等。

1. GPS 控制网的设计要求

GPS 控制网设计除满足平面控制网设计的一般要求外,还应满足下列要求:

(1)GPS 控制网应同附近等级高的国家控制网点联测,联测点数应不少于 3 个,并力求分布均匀,且能覆盖本控制网范围。当 GPS 控制网较长时,应增加联测点数量。

(2)同一公路工程项目的 GPS 控制网分为多个投影带时,在分带交界附近宜同国家平面控制点联测。

(3)一、二级 GPS 控制网可采用点连式布网;二、三、四等 GPS 控制网应采用网连式布网和边连式布网;GPS 控制网中不应出现自由基线。

(4)GPS 控制网由非同步观测边构成一个或若干个独立观测环或附合路线,并包含较多的闭合条件。其边数应满足表 6-2 中的规定。

表 6-2　公路 GPS 控制网闭合环或附合路线边数的规定

测量等级	二等	三等	四等	一级	二级
闭合环或附合路线的边(条)数	≤6	≤8	≤10	≤10	≤10

2. GPS 控制网基本图形的选择

根据 GPS 测量的不同用途,GPS 控制网的独立观测边应构成一定的几何图形,图形的基本形式如下。

(1)三角形网。如图 6-10 所示,GPS 控制网中的三角形边由独立观测边组成。根据常规平面测量已经知道,这种图形的几何结构强,具有良好的自检能力,能够有效地发现观测成果的粗差,以保障网的可靠性。同时,经平差后,网中相邻点间基线向量的精度分布均匀。

但是,这种网形在观测上的工作量大,当接收机数量较少时,将大大增加观测工作的总时间。因此,通常只有当网的精度和可靠性要求较高时,才单独采用这种图形。

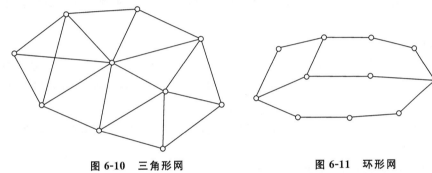

图 6-10　三角形网　　　　　图 6-11　环形网

(2)环形网。环形网由若干个含有多条独立观测边的闭合环组成,如图 6-11 所示。这种网形与导线网相似,其图形的结构强度不及三角形网。而环形网的自检能力、可靠性与闭合环中所含基线边的数量有关。闭合环中的边数越多,自检能力和可靠性就越差。所以,根据环形网的不同精度要求,限制闭合环中所含基线边的数量。

环形网观测的工作量比三角形网观测的工作量小,但同样具有较好的自检能力和可靠性。由于网中非直线观测的边(或称"间接边")的精度比直接观测的基线边低,所以网中相邻点间的基线精度分布不够均匀。作为环形网的特例,在实际工作中还可按照网的用途和实际情况采用附合路线,这种附合路线与前述的附合导线相类似。采用这种图形时,附合路线两端的已知基线向量必须具有较高的精度。此外,附合路线含有的基线边数也有一定的限制。

三角形网和环形网是控制测量和精密工程测量中普遍采用的两种基本图形。在实际中,根据情况也可采用两种图形的混合网形。

(3)星形网。星形网的几何图形如图 6-12 所示。星形网的几何图形比较简单,但其直接观测边之间一般不构成闭合图形,所以检核能力差。由于这种网形

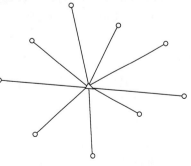

图 6-12　星形网

在观测中一般只需要两台 GPS 接收机,作业简单,因此,在快速静态定位和准动态定位等快速作业模式中大都采用这种网形。星形网被广泛用于工程测量、边界测量、地籍测量和地形测量等。

三、GPS 拟合高程测量原理

(一)高程系统

1. 大地高系统

大地高是指由地面点沿通过该点的椭球面法线到椭球面的距离,通常以 H 表示。利用 GPS 定位技术,可以直接测定测点在 WGS-84 坐标系中的大地高程。

大地高是一个几何量,不具有物理上的意义。它通过与水准测量资料、重力测量资料等相结合,对确定测点的正常高具有重要的意义。

2. 正高系统

由地面点沿该点的铅垂线至大地水准面的距离称为"正高",通常以 H_g 表示。正高具有重要的物理意义,但不能精确测定。

3. 正常高系统

正常高系统是以似大地水准面为基准面的高程系统,通常以 H_r 表示。正常高同样具有重要的物理意义,可以精密确定,广泛应用于水利水电工程、管道和隧道工程建设中。

正常高系统是我国通用的高程系统,工程上常用的 1956 黄海高程系统和 1985 国家高程基准都是正常高系统。

(二)确定正常高的 GPS 高程法

似大地水准面与椭球面之间的高程差称为"高程异常",通常以 ζ 表示;h_g 为大地水准面与参考椭球面的差距,如图 6-13 所示。

$$\text{大地高与正常高的关系：} H_r = H - \zeta \quad (6-3)$$
$$\text{大地高与正高的关系：} H_g = H - h_g \quad (6-4)$$

可见,如果能确定高程异常 ζ,就能将大地高 H 换算成正常高 H_r。

确定高程异常的方法分为直接法和拟合法。高程异常是地球重力场的一个参数,利用地球重力场模型,根据点位信息,直接得出该点的高程异常 ζ,即为直接法。对于高程精度要求不高或不可能进行水准测量的地区,可采用直接法。

在 GPS 网中一些点上同时测定水准高程(通常称这些点为"公共点"),结合 GPS 测量资料和水准测量资料,采用内插技术获得网中其他各点的高程异常,即为拟合法。常用的拟合法有以下几种。

1. 等值线图示法

根据已知点的高程异常值,绘出测区高程异常的等值线图,然后利用内插方法确定未知

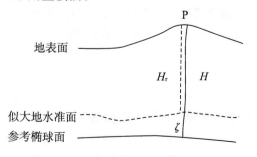

图 6-13 正常高与大地高之间的关系

点的高程异常。

该方法的精度主要取决于公共点的分布与密度,必要时应综合利用地形测绘资料、重力测量资料,并顾及高程异常的非线性变化。

2. 解析法

所谓"解析法",即采用某种规则的数学面来拟合测区的似大地水准面。当这一数学模型建立后,根据网点的位置参数,便可计算测区内任一点的高程异常。

常用的拟合方法如下:加权平均法;平面拟合法;二次曲面拟合法;多面函数拟合(Hardy)法;三次样条函数法;多项式曲线拟合法;多项式曲面拟合法;最小二乘推估法;附加地形改正的"移去—恢复法",等等。

3. GPS高程测量精度

由式(6-3)、式(6-4)可知,正常高的精度主要取决于大地高差和高程异常差。GPS测定的大地高差具有很高的精度,一般为$(2\sim3)\times10^{-6}$。因此,GPS高程测量精度主要取决于高程异常差。

高程异常差的误差由水准测量误差和拟合误差两部分组成。水准联测的精度一般容易保证,但需注意起算数据的可靠性检验,防止粗差。关键的因素是拟合精度,它与公共点的分布、密度和拟合模型有关。

为满足GPS控制网高程拟合的需要,GPS控制网应与四等或四等以上的水准点联测。联测的GPS点应均匀分布在测区四周和测区中心,水准路线连接成水准网;若测区为带状地形,则应分布于测区两端及中部。联测点数不宜少于6个,必须大于3个。

进行GPS点高程拟合计算时要精确计算各GPS点的正常高,目前主要有GPS水准高程、GPS重力高程和GPS三角高程等方法。其中GPS水准高程是目前GPS作业中最常用的方法。

四、GPS 控制测量实施

(一)GPS 测量的外业准备及技术设计书编写

在进行GPS测量的观测工作之前,必须做好实施前的测区踏勘、资料收集、器材筹备、观测计划拟定、GPS接收机检验及设计书编写等工作。

1. 测区踏勘

接受下达任务或签订合同后,就可以依据施工设计图对测区进行踏勘调查,主要是了解交通、水系分布、植被、控制点分布、居民点分布及当地民族风情等情况,为编写技术设计、施工设计、成本预算等提供依据。

2. 资料收集

根据踏勘测区掌握的情况,收集下列资料:各类已有的中比例尺(1:10000~1:100000)地形图、交通图等;各类控制点成果(三角点、导线点、水准点、GPS点及控制点坐标系统、技术总结等有关资料);测区有关地质、气象、交通、通信等方面的资料;行政及乡村区划表。

3. 设备、器材筹备及人员组织

主要是筹备工作所必需的仪器、计算机、交通、通信、施工等设备;组织施工队伍并拟定岗位；进行详细的投资预算等。

4. 拟定外业观测计划

观测工作是 GPS 测量的主要外业工作。观测开始之前，外业观测计划的拟定对于顺利完成数据采集任务、保证测量精度、提高工作效率都是极为重要的。拟定观测计划的主要依据是：GPS 网的规模大小；点位精度要求；GPS 卫星星座几何图形强度；参加作业的接收机数量；交通、通信及后勤保障等。

观测计划的主要内容：编制 GPS 卫星的可见性预报图；选择卫星的几何图形强度（强度因子可以用空间位置因子，PDOP 值不大于 6）；选择最佳的观测时间段（卫星数不小于 4，分布均匀，且 PDOP 值不大于 6）；观测区域的设计与划分；编排作业调度表等（具体要求见表 6-3）。

表 6-3　GPS 测量的主要技术要求

项目	测量等级	二等	三等	四等	一级	二级
卫星高度(°)		≥15	≥15	≥15	≥15	≥15
时段长度	静态定位(min)	≥240	≥90	≥60	≥45	≥40
	快速静态(min)	—	≥30	≥20	≥15	≥10
平均重复设站数(次/每点)		≥4	≥2	≥1.6	≥1.4	≥1.2
同时观测有效卫星数(个)		≥4	≥4	≥4	≥4	≥4
点位几何图形强度因子(GDOP)		≤6	≤6	≤6	≤6	≤6

DOP 由 GDOP(Geometry DOP，几何形状的精密值强弱度)、PDOP(Position DOP，位置的精密值强弱度)、HDOP(Horizontal DOP，水平坐标的精密值强弱度)、VDOP(Vertical DOP，垂直坐标的精密值强弱度)和 TDOP(Time DOP，时间的精密值强弱度)等因素构成，显示的数字越小，说明准确程度越高。观测者应该将当时显示的经度、纬度连同位置误差数值(EPE 或者 DOP、PDOP 等数字)一同记录下来。

这种解释听起来相当的复杂抽象，其实它的原理非常简单。一个 GPS 接收器可以在同一时间得到许多颗卫星定位信息，但在精密定位上，只要 4 颗卫星信号即已足够了，一个好的接收器可以判断如何在这些卫星信号当中去撷取较可靠的信号来计算，如果接收器所选取的信号当中有 2 颗卫星距离甚近，2 颗卫星信号在角度较小的地方会产生一个重叠的区域，距离越近，此区域越大，影响精度的误差亦越大。如果选取的卫星彼此相距一段距离，则信号相交之处便较为明确，误差当然就减少了很多。

5. 设计 GPS 网与地面网联测方案

GPS 网与地面网联测可根据地形变化和地面控制点的分布而定，GPS 网中至少重合观测 3 个以上的地面控制点作为约束点。

6. GPS 接收机选型与检验

GPS 接收机是完成任务的关键设备，其性能、型号、精度、数量与测量的精度有关，GPS 接收机选型可参考表 6-4。

表 6-4 GPS 控制测量作业的基本技术要求

等级	二等	三等	四等	一级	二级
接收机类型	双频或单频	双频或单频	双频或单频	双频或单频	双频或单频
仪器标称精度	10mm+2ppm	10mm+5ppm	10mm+5ppm	10mm+5ppm	10mm+5ppm
观测量	载波相位	载波相位	载波相位	载波相位	载波相位

GPS 接收机的全面检验的内容包括一般性检验、通电检验和实测检验。实测检验一般由专业技术人员进行,至少每年测试一次。

7.技术设计书编写

资料收集后,开始编写技术设计书,主要有以下内容:任务来源及工作量;测区情况;布网方案;选点埋石;观测工作;数据处理;完成任务的措施。

(二)GPS 控制测量外业实施

GPS 测量的观测工作主要包括选点埋石、天线安置、观测作业、观测记录及观测数据的质量判定等。

1.选点埋石

GPS 测量观测站之间不要求通视,而且 GPS 网的图形结构比较灵活,因此,选点工作比常规的控制测量的选点要简便。但由于点位的选择对保证测量工作顺利进行和保证测量结果的可靠性非常重要,所以选点还要遵循以下原则:

(1)点位应选在质地坚硬、稳固可靠的地方,同时要有利于加密和扩展,每个控制点至少应有一个通视方向。

(2)视野开阔,高度角在 15°以上的范围内应无障碍物。

(3)点位附近不应有强烈干扰接收卫星信号的干扰源或强烈反射卫星信号的物体或高压线;点位距离高压线不应小于 100m,距离大功率发射台不宜小于 400m。

(4)点位应避开由于地面或其他目标反射所引起的多路径干扰的位置。

(5)充分利用符合要求的旧有控制点。

点位选定以后,应按公路前进方向顺序编号,并在编号前冠以"GPS"字样和等级。当新点与原有点重合时,应采用原有点名。同一个 GPS 控制网中严禁出现相同的点名。选定的点位应标注于地形图上,同时绘制测站环视图和 GPS 网选点图。为了固定点位,以便长期利用 GPS 测量成果和重复观测,GPS 网点选定后一般应设置具有中心标志的标石,以精确标志点位。点的标石和标志必须稳定、坚固,以利于长久保存和利用,设置点的标志一般采用埋石方法。控制点埋石要符合要求,同时填写 GPS 点之记,见表 6-5。

表 6-5　GPS 点之记

| 日期： | 年　月　日 | 记录者： | 绘图者： | 校对者： |

点名及等级	点名		土质	
	点号			
	等级		标石说明	
	通视点列表			
			旧点名	
			概略位置 (L,B)	纬度
				经度

所在地	
交通路线	

选点情况		点位略图
单位		
选点员	日期	
联测水准情况		
联测水准等级		
点位说明		

2. 观测工作

(1)GPS 观测工作与常规测量在技术要求上有很大差别。公路工程 GPS 控制测量作业的主要技术要求见表 6-1。

(2)天线安置。天线的妥善安置是实现精密定位的重要条件之一。天线安置工作一般应满足以下要求：

①静态相对定位时，天线安置应尽可能利用三脚架，并安置在标志中心的上方，直接对中观测，对中误差不得大于 1mm。在特殊情况下，可进行偏心观测，但归心元素应精密测定。

②天线底板上的圆水准器气泡必须严格居中。

③天线的定向标志线应指向正北，并考虑当地磁偏角的影响，以减弱相位中心偏差的影响。定向的误差因定位的精度要求不同而异，一般不应超过±5°。

④雷雨天气安置天线时，应注意将其底盘接地，以防止雷击。

天线安置后,应在各观测时段的前后各量取天线高一次,天线高量取应精确至1mm。测量的步骤按仪器的操作说明进行。两次测量结果之差不应超过±3mm,并取其平均值。所谓"天线高",是指天线的相位中心至观测点标志中心顶端的铅垂距离。天线一般分为上、下两段,上段是从相位中心至天线底面的距离,此为常数,由厂家给出;下段是从天线底面至观测点标志中心顶端的距离,由观测者现场测定。天线高测量值为上、下两段距离之和。

(3)观测作业。观测作业的主要目的是捕获CPS卫星信号,并对其进行跟踪、处理和测量,以获取所需的定位信息和观测数据。

使用GPS接收机进行作业的具体操作步骤和方法,随接收机的类型和作业模式不同而异。而且,随着接收设备硬件和软件的不断改善,操作方法也有所变化,自动化水平将不断提高。因此,具体操作步骤和方法可参考随机操作手册。

(4)介绍NGS-200接收机野外数据采集的具体操作步骤。

①安置仪器。

a. 对中、整平:与经纬仪的对中、整平方法相同。

b. 量天线高:从点位中心量至天线下沿 h_0,天线高为 $\sqrt{h_0^2 - R^2 + \Delta h}$。其中:$R$ 为天线半径,$R=0.081\text{m}$,Δh 为天线相位中心至天线中部的距离,$\Delta h=0.035\text{m}$。

②连接。在接收机和采集器电源均关闭的情况下,分别对口连接电源电缆和数据采集电缆(注意:数据采集电缆和采集器连接一端10孔插头的凹槽和采集器接口凹槽对应插头,即红点对红点),否则易损坏接收机和采集器。

③开机。打开电源上的开关,若指示灯为绿色,则电量充足;若指示灯为红色,表示电量不足,应立即关机停止测量。

④采集数据。

a. 打开采集器上的电源开关(ON/ESC),出现 M:提示符后输入 NGC.1MG 命令,则进入静态测量采集程序。

b. 注册接收机:若初次使用接收机,需在 Special 菜单下注册接收机,输入21位的注册码,此项在实习前一般预先注册过。

c. 打开 MENU 菜单。

d. 设置(SET UP)采集间隔和卫星高度截止角,一般可默认 Collect Rate 为 15s,Mask Angle 为 10°。

e. 观察卫星分布状况:在 Mode 菜单下,查看卫星分布(Satellite Layout)、单点定位坐标(Single Coordinate)、历元数(Epoch Number)、星历数据记录(Ephemeris Record)以及采集信息(Collect Informate),当定位模式(Fixed)为 3D、几何精度因子(PDOP)小于4、跟踪卫星数不少于4颗时,即符合采集条件。

f. 在文件(File)菜单下,输入天线高(Set Hight),在开始采集(Start Record)菜单下,输入测站点名(Point Name),最多4位,输入时段数(Session Number),确认后即开始采集。

⑤退出采集。当三台接收机同步观测时间达1h(本次实习规定)时,第一时段采集结束。可在文件菜单下按 Exit 键,并确认"Y"后,退出采集程序,所采集文件即被保存。若

继续进行第二时段观测,则只要改时段号即可。

⑥关机。在一个站采集结束并退出采集程序后,稍等几秒钟,再按 OFF 键关闭采集器,最后关闭接收机电源。

⑦拆站。在确认电源关闭后,拔出电缆线,要按住插头部的弹簧圈才能拔出来,否则会损坏插头。无论采用何种接收机,GPS 测量的主要技术要求应符合表 6-1 的规定。

(5)在观测工作开始之前和工作中,应该注意以下事项:

①观测前,接收机一般须按规定经过预热和静置。

②观测前,应检查电池的容量、接收机的内存和可储存空间是否充足。

③当确认外接电源电缆及天线等各项联结无误后,方可接通电源,启动接收机。

④开机后,接收机的有关指示和仪表数据显示正常时,方可进行自测试和输入有关测站和时段控制信息。

⑤接收机在开始记录数据后,用户应注意查看有关观测卫星数据、卫星号、相位测量残差、实时定位结果及其变化、存储介质记录等情况。

⑥在观测过程中,接收机不得关闭并重新启动;不准改变卫星高度角的限值;不准改变天线高。

⑦每一观测时段中,气象资料一般应在时段始末及中间各观测记录一次。当时段较长时,应适当增加观测次数。

⑧观测中,应避免在接收机近旁使用无线电通讯工具。在作业同时,应做好测站记录,包括控制点点名、接收机序列号、仪器高、开关机时间等相关的测站信息。观测站的全部预定作业项目经检查均已按规定完成,且记录与资料均完整无误后,方可迁站。

(6)观测记录。在外业观测过程中,所有观测数据和资料均须完整记录。记录可通过以下 2 种途径完成。

①自动记录。观测记录由接收设备自动完成,记录在存储介质(如数据存储卡)上,其主要内容包括:

a. 载波相位观测值及相应的观测历元。

b. 同一历元的测码伪距观测值。

c. GPS 卫星星历及卫星钟差参数。

d. 实时绝对定位结果。

e. 测站控制信息及接收机工作状态信息。

②手工记录。手工记录是指在接收机启动前及观测过程中,由操作者随时填写的测量手簿。其中,观测记事栏应记载观测过程中发生的重要问题、问题出现的时间及其处理方式。

表 6-6　二、三、四等 GPS 测量手簿

点号		点名		图幅编号	
观测员		日期段号		观测日期	
接收机名称及编号		天线类型及其编号		存储介质编号数据文件名	
近似纬度	°′″N	近似经度	°′″E	近似高程	m
采样间隔	s	开始记录时间	h min	结束记录时间	h min
天线高测定		天线高测定方法及略图		点位略图	
测前：　测后： 测定值　　m 修正值　　m 天线高　　m 平均值　　m					
时间(UTC)	跟踪卫星号(PRN)及信噪比	纬度 °′″	经度 °′″	大地高 m	天气状况
记事					

③记录项目、内容。

a. 测站名、测站号。

b. 观测日期、天气状况、时段号。

c. 观测时间应包括开始与结束记录时间，宜采用协调世界时 UTC，填写至时、分。

d. 接收机设备应包括接收机类型及号码、天线号码。

e. 近似位置应包括测站的近似经、纬度和近似高程，经、纬度应取至 1′，高程应取至 0.1m。

f. 天线高应包括测前、测后量得的高度及其平均值，均取至 0.001m。

g. 观测状况应包括电池电压、接收卫星号及其信噪比(SNR)、故障情况等。

④记录要求。

a. 原始观测值和记事项目应按规范现场记录，字迹要清楚、整齐、美观，不得涂改、转抄。

b. 外业观测记录各时段结束后，应及时将每天外业观测记录结果录入计算机硬盘和软盘。

c. 接收机内存数据文件在下载到存贮介质上时，不得进行任何剔除与删改，不得调用任何对数据实施重新加工组合的操作指令。

(三)GPS 测量内业数据处理

GPS 测量外业观测任务结束后,必须及时在测区对观测数据进行检核,在确保准确无误后,才能进行平差计算和数据处理。GPS 网数据处理一般应采用相应软件进行,分为基线解算和 GPS 网平差。数据处理基本流程如图 6-14 所示。

$$\boxed{\text{数据采集}} \rightarrow \boxed{\text{数据传输}} \rightarrow \boxed{\text{预处理}} \rightarrow \boxed{\text{基线解算}} \rightarrow \boxed{\text{GPS网平差}}$$

图 6-14 数据处理基本流程图

1. 基线解算

基线解算应满足下列要求:
(1)起算点的单点定位观测时间不宜少于 30min。
(2)解算模式可采用单基线解算模式,也可采用多基线解算模式。
(3)解算成果应采用双差固定解。

2. GPS 控制测量外业观测数据的检核

GPS 控制测量外业观测的全部数据应经同步环、异步环及复测基线检核,并应满足下列要求。

(1)同步环各坐标分量闭合差及环线全长闭合差应满足下列各式要求:

$$W_X \leqslant \frac{\sqrt{n}}{5}\sigma \tag{6-5}$$

$$W_Y \leqslant \frac{\sqrt{n}}{5}\sigma \tag{6-6}$$

$$W_Z \leqslant \frac{\sqrt{n}}{5}\sigma \tag{6-7}$$

$$W = \sqrt{W_X^2 + W_Y^2 + W_Z^2} \tag{6-8}$$

$$W \leqslant \frac{\sqrt{3n}}{5}\sigma \tag{6-9}$$

式中:n——同步环中基线边的个数;
    W——同步环环线全长闭合差(mm)。

(2)异步环各坐标分量闭合差及环线全长闭合差应满足下列各式要求:

$$W_X \leqslant 2\sqrt{n}\sigma \tag{6-10}$$

$$W_Y \leqslant 2\sqrt{n}\sigma \tag{6-11}$$

$$W_Z \leqslant 2\sqrt{n}\sigma \tag{6-12}$$

$$W = \sqrt{W_X^2 + W_Y^2 + W_Z^2} \tag{6-13}$$

$$W \leqslant 2\sqrt{3n}\sigma \tag{6-14}$$

式中:n——异步环中基线边的个数;
    W——异步环环线全长闭合差(mm)。

(3)复测基线的长度较差应满足下式要求:

$$\Delta d \leqslant 2\sqrt{2}\sigma \tag{6-15}$$

当观测数据不能满足要求时,应对成果进行全面分析,并舍弃不合格基线,但应保证舍弃基线后,所构成异步环的边数不超过规范的规定。否则,应重测该基线或有关的同步图形。

3.NGS-200 接收机配套平差软件的数据处理基本步骤

(1)数据通讯。将采集器中的数据文件传输到计算机上,此项工作由教师或在教师指导下在实验室里完成。

(2)数据处理。

①基线解算。

a.开机:打开 GPS 数据处理软件。

b.点击文件菜单下的"新建",输入项目及坐标系。

c.点击"增加观测数据文件",根据提示,选择要处理的观测数据文件并确认。

d.输入已知点坐标。

e.进行基线解设置,包括采样间隔、卫星高度角、合格解的条件等。

f.点击"解算全部基线"。

g.对不合格的基线重新设置后再进行解算,直到满足要求为止,将无法求得合格解的基线剔除,然后补测。

h.对外业数据进行质量检核:点击"平差处理"下的"重复基线"和"闭合环闭合差"。主要计算重复基线的较差、同步闭合环的闭合差和异步环的闭合差。对不合要求的进行补测。

②进行 GPS 网平差。

a.平差参数设置:点击"平差处理"下的"平差参数设置",根据提示确定设置方案。

b.网平差计算:点击"平差处理"下的"网平差计算",即可进行无约束平差或约束平差。

c.网平差结果质量检核:点击"成果输出",查看平差结果,检查无约束平差或约束平差的精度是否符合规范要求。

(3)提交成果报告。

①由"成果"菜单下的"成果报告"(文本文档)保存平差报告,同时由"成果报告打印"打印出平差报告。

②编写实习技术总结并附成果报告。

五、GPS 测量技术总结与上交资料

(一)技术总结

GPS 测量工作结束后,需要按要求编写技术总结报告,其内容包括:

(1)测区范围与位置、自然地理条件、气候特点、交通及通信等情况。

(2)任务来源、测区已有测量情况、项目名称、施测目的和基本精度要求。

(3)施测单位、施测起讫时间、技术依据、作业人员等情况。

(4)GPS 接收机设备类型与数量及检验情况。

(5)选点埋石与重合点情况,环境影响的评价。

(6)观测方法要点与补测、重测情况,野外作业发生与存在情况说明。

(7)野外数据检核,起算数据情况和数据预处理内容、方法及软件情况。
(8)工作量、工日及定额计算。
(9)方案实施与规范执行情况。
(10)上交成果尚存在的问题和需求等其他问题。
(11)各种附表与附图。

(二)上交资料

GPS 测量任务完成后需要上交以下资料:
(1)测量任务书与专业设计书。
(2)卫星可见性预报表和观测计划。
(3)外业观测记录、测量手簿及其他记录。
(4)GPS 接收机、气象及其他设备检验资料。
(5)外业观测数据质量分析及野外检核计算资料。
(6)数据处理生成的文件、资料和成果表。
(7)GPS 网展点图、点之记、环视图和测量标志委托保管书。
(8)技术总结和成果验收报告。

第五节 其他几种全球定位系统简介

目前世界上全球定位系统除美国的 GPS 外,还有以下几种。

一、俄罗斯的 GLONASS

GLONASS 是 GLObal NAvigation Satellite System 的字头缩写,是苏联从 20 世纪 80 年代初开始建设的与美国 GPS 系统相类似的卫星定位系统,也由卫星星座、地面监测控制站和用户设备 3 部分组成,现在由俄罗斯空间局管理。GLONASS 使用 24 颗卫星实现全球定位服务,可提供高精度的三维空间和速度信息,也提供受时服务。按照设计,24 颗卫星包括 21 颗工作卫星和 3 颗备用卫星,分布于 3 个圆形轨道面上,轨道高度 19100km,倾角 64.8°。该系统于 2007 年开始运营,当时只开放俄罗斯境内卫星定位及导航服务。2009 年,其服务范围已经拓展到全球。目前在轨运行的卫星达 30 颗。

二、欧盟的 Galileo

2000 年,欧盟向世界无线电委员会申请并获准建立伽利略系统(Galileo)的 L 频段频率资源。2002 年 3 月,欧盟 15 国交通部长一致同意伽利略系统的建设。该系统由 27 颗工作卫星和 3 颗备用卫星组成,卫星采用中等地球轨道,分布在 3 个轨道面上。

三、中国的北斗卫星导航系统(BDS)

北斗卫星导航系统(BeiDou (COMPASS) Navigation Satellite System,BDS)是中国正在实施的自主发展、独立运行的全球卫星导航系统。系统建设目标是:建成独立自主、开放兼容、技术先进、稳定可靠的覆盖全球的北斗卫星导航系统,促进卫星导航产业链形成,形成完善的国家卫星导航应用产业支撑、推广和保障体系,推动卫星导航在国民经济社会各行业的广泛应用。北斗卫星导航系统由空间段、地面段和用户段 3 部分组成,空间段包括 5 颗静止轨道卫星和 30 颗非静止轨道卫星;地面段包括主控站、注入站和监测站等若干个地面站;用户段包括北斗用户终端以及与其他卫星导航系统兼容的终端。北斗卫星导航系统目前已有 16 颗卫星。未来中国的北斗卫星导航系统可以提供 2 种服务方式,即开放服务和授权服务。

思考题

1. GPS 由哪几部分组成？简述 GPS 定位的基本原理。
2. 简述 GPS 定位的主要特点。其坐标系统与其他坐标系统有什么区别？
3. GPS 测量时卫星是已知点还是未知点？GPS 定位为什么至少要观测 4 颗卫星？
4. 简述应用 GPS 进行定位测量的优越性,并说明 GPS 选点的基本要求。
5. GPS 定位测量中,网形设计的一般原则是什么？
6. GPS 定位测量中,基本网形有哪几种？各有什么特点？
7. 简述 GPS 静态相对定位测量的操作步骤。
8. 简述拟定 GPS 测量外业观测计划的依据和内容。
9. 简述 GPS 定位测量误差主要来源。
10. 什么叫 GPS-RTK？简述 GPS-RTK 的定位原理。以自己校园为测区,拟定一份实施 GPS 控制测量的计划和实施方案。

第七章　测量误差分析与处理

学习目标

1. 掌握测量误差的基本概念。
2. 了解测量误差产生的原因和分类；分析测量误差的特性。
3. 了解算术平均值的含义、改正数的特性和衡量观测值精度的指标。
4. 掌握含有误差的测量成果的处理方法，求出最可靠值。

第一节　测量误差来源及其分类

一、测量误差及其来源

在测量工作中，对某量（如某一个角度、某一段距离或某两点间的高差等）进行多次观测，不论测量仪器有多精密，观测得多么仔细，观测环境多么好，所获得的各次观测结果总是存在着差异，这种差异是由测量中存在误差造成的。例如，对某一个三角形的三个内角进行观测，其内角和不等于180°，这也说明观测结果中不可避免地存在着测量误差。研究观测误差的来源及其规律，采取各种措施消除或减小其误差影响，是测量工作者的一项主要任务。

测量所获得的数值称为"观测值"。由于观测中误差的存在而导致各观测值与其真实值（即真值）之间存在差异，这种差异就称为"测量误差"。用 L 表示观测值，X 表示真值，则测量误差等于观测值 L 减真值 X，即

$$\Delta = L - X \tag{7-1}$$

这种误差称为"真误差"，或称为"绝对误差"。

因为任何测量工作都是由观测者使用某种测量仪器、工具，在一定的外界条件下完成的，所以测量误差来源于以下3个方面。

（一）测量仪器（仪器因素）

测量工作离不开各种测量仪器与工具，由于仪器制造受到一定局限，不可能十分完善，所以不可避免地会对观测结果产生影响，如经纬仪视准轴误差、横轴误差等。

（二）观测者（人为因素）

观测者的感官鉴别能力有一定的局限性，无论操作如何认真细致，在仪器的安置、照

准、读数等方面都会产生误差。观测者的技术水平、工作态度及状态也会对观测结果产生不同的影响。

(三)外界条件影响(环境因素)

由于观测者所处的外界环境条件,如温度、湿度、风力、阳光照射及大气折光等,会随时发生变化,因此不可避免地会对观测结果带来影响。

上述3个方面因素是引起测量误差的重要来源,通常我们把这3个方面因素的综合影响称为"观测条件"。观测条件的好坏直接影响观测成果的精度高低:若观测条件好,则测量误差小,测量精度高;反之,测量误差大,测量精度低。若观测条件相同,则可认为测量精度相同。因此,在相同观测条件下进行的一些系列观测称为"等精度观测";在不同观测条件下进行的一系列观测称为"不等精度观测"。

在观测过程中,有时会出现错误,如照错目标、读错读数、记录错误、计算错误等,这些错误统称为"粗差"。粗差一般不属于误差,在观测结果中是不允许存在的。为了杜绝认真粗差,除仔细地进行外业工作外,还必须采取必要的检核措施,比如对距离进行往返丈量,对角度进行重复观测,对计算采用不同的方法,以便用一定的几何条件或数理统计方法来检验,及时发现和剔除粗差。

二、测量误差的分类

测量误差按其对观测成果的影响性质,分为系统误差和偶然误差2类。

(一)系统误差

在相同的观测条件下对某观测量进行一系列的观测,若误差的大小和符号保持恒定不变或按一定的规律变化,这类误差称为"系统误差"。例如水准仪的视准轴与水准管轴不平行而引起的读数误差,与视线的长度成正比且符号不变;经纬仪因视准轴与横轴不垂直而引起的方向误差,随视线竖直角的不同而变化,且符号不变;距离测量尺长不准产生的误差随尺段数成比例增加且符号不变,等等。系统误差主要来源于仪器的缺陷、观测者的某些习惯等。系统误差有累积性,对测量成果影响大,直接影响观测值的精(准)确度,即观测值偏离真值的程度。减小或消除系统误差常见的方法有以下几种。

1. 精确校正仪器

在测量前应严格检校仪器,消除仪器本身对观测值产生的误差,把系统误差降到最低程度。根据系统误差存在的情况,选用合适的仪器。

2. 加改正数

根据系统误差的大小和函数关系,对观测值结果加改正数进行改正,抵消观测结果中的系统误差,如上述量距中通过加尺长改正等进行消除。

3. 采用适当的观测方法

适当的观测方法(如对称观测)可使系统误差相互抵消或减弱。例如在经纬仪测角时,用盘左、盘右观测取平均值可以消除视准轴误差、横轴误差和竖盘指标差的影响;在水准测量中,保持前、后视距离相等可以消除 i 角误差的影响;将水准路线设为偶数测站可以消除水准尺零点不准确的误差影响。

(二)偶然误差

在相同的观测条件下对观测量进行一系列的观测,若误差的大小及符号表现出偶然性,即误差的数值有大有小、符号有正有负,单个误差没有一定的规律,但总体又符合统计规律,这类误差称为"偶然误差"。例如在水平角测量中照准目标时,可能稍偏左或偏右,偏差的大小也不一样;水准测量或钢尺量距中估读毫米数时,可能偏大或偏小,其大小也不一样。偶然误差是由人力所不能控制的因素或无法估计的因素等(如人眼的分辨能力、仪器的极限精度和气象因素等)共同引起的测量误差,其数值的正负、大小纯属偶然。在测量中偶然误差是不可避免的,偶然误差影响观测值的精度,即观测值误差分布的密集或离散程度。工作中为降低偶然误差的影响、提高测量精度,通常采用下列方法。

1. 提高仪器等级

仪器等级的提高可以降低读数误差等偶然误差的影响,提高观测值的度。

2. 降低外界影响

选择有利的观测环境和观测时间段,避免不稳定(如温差的变化等)因素对观测值的波动影响;提高观测人员的操作技能,改善其工作态度;严格按照技术要求和操作程序进行观测等,都可以降低外界影响,减少偶然误差的波动。

3. 进行多余观测

在测量工作中进行多余观测(多于必要的观测),可以对观测值进行检核,及时发现观测值的误差或错误。如距离测量的往返测中的返测,三角形三个内角测量中的第三个角的观测,盘左、盘右测角时的盘右观测等,都属于多余观测。有了多余观测,可以根据误差的大小采用合理的方法进行精度评定,并求出观测值的最可靠值。

测量成果中除了系统误差和偶然误差外,还可能出现错误(粗差)。错误产生的原因较多。错误对观测成果影响极大,所以绝对不允许有错误的存在。发现错误的方法是进行必要的重复观测,通过多余观测进行检核验算,严格按测量规范进行作业。

三、偶然误差的特性

在测量成果中,可以发现并剔除错误,能够采取一定措施减弱或消除系统误差,而偶然误差是不可避免的,它在测量成果中占据主导地位。因此,消除测量误差理论主要是处理偶然误差的影响。偶然误差具有随机性,因此它是一种随机误差。偶然误差虽然对单个而言具有随机性,但在总体上具有一定的统计规律,是服从正态分布的随机变量。随着观测次数增多,这种规律表现得越明显。

例如:在某测区,等精度观测了358个三角形的内角之和,得到358个三角形内角和的闭合差 Δ (偶然误差,即真误差),然后对三角形闭合差 Δ 进行分析,见表7-1。分析结果表明,当观测次数很多时,偶然误差的出现呈现出统计学上的规律性,而且观测次数越多,规律性越明显。

偶然误差的频率分布,随着 n 的逐渐增大,都是以正态分布为其极限的。用频率直方图表示偶然误差统计(图7-1)。频率直方图中,每一条形的面积表示误差出现在该区间的频率 k/n,而所有条形的总面积等于1。

表 7-1 三角形内角和真误差统计表

误差区间 $d\Delta''$	正误差		负误差		合计	
	个数 k	频率 k/n	个数 k	频率 k/n	个数 k	频率 k/n
0～3	45	0.126	46	0.128	91	0.254
3～6	40	0.112	41	0.115	81	0.226
6～9	33	0.092	33	0.092	66	0.184
9～12	23	0.064	21	0.059	44	0.123
12～15	17	0.047	16	0.045	33	0.092
15～18	13	0.036	13	0.036	26	0.073
18～21	6	0.017	5	0.014	11	0.031
21～24	4	0.011	2	0.006	6	0.017
24 以上	0	0	0	0	0	0
∑	181	0.505	177	0.495	358	1.000

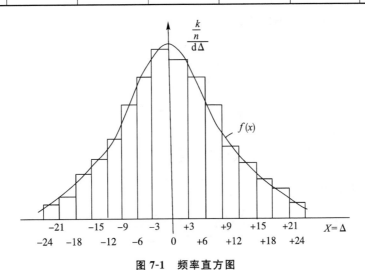

图 7-1 频率直方图

频率直方图的中间高、两边低,并向横轴逐渐逼近,对称于 y 轴。各条形顶边中点连线经光滑处理后的曲线形状,表现出偶然误差的普遍规律。每一个误差区间上的长方条面积代表误差出现在该区间的频率。在一定的观测条件下,对于一种确定的误差分布,当 n 趋向于无穷大,$d\Delta$ 趋向于零时,各长方条顶边的折线逐渐变成一条光滑曲线——误差分布曲线。

从直方图中可以总结出偶然误差的 4 个特性。

(1)有界性。在一定的观测条件下,偶然误差的绝对值不大于一极限值。或者说,超出一定限值的误差出现的概率为零。

(2)单峰性。绝对值较小的误差出现的频率大,绝对值较大的误差出现的频率小。

(3)对称性。绝对值相等的正、负误差出现的频率大致相等。

(4)抵偿性。当观测次数无限增大时,偶然误差的算术平均值趋近于零,即

$$\lim_{n\to\infty}\frac{\Delta_1+\Delta_2+\cdots+\Delta_n}{n}=\lim_{n\to\infty}\frac{[\Delta]}{n}=0 \qquad (7-1)$$

式中[ ]表示取括号中数值的代数和,即$[\Delta]=\Delta_1+\Delta_2+\cdots+\Delta_n$;$n$ 为 Δ 的个数。

第二节　算术平均值及观测值改正数

研究测量误差的目的之一,就是对带有误差的观测值进行适当处理,以求得最可靠值。求算术平均值的方法就是其中最常见的一种。

一、算术平均值

在等精度观测条件下对某量观测了 n 次,其观测结果为 $L_1,L_2,\cdots,L_n$,则该量的算术平均值为

$$x=(L_1+L_2+\cdots+L_n)/n \qquad (7-2)$$

设该量的真值为 X,观测值的真误差为 $\Delta_1,\Delta_2,\cdots,\Delta_n$,即

$$\Delta_1=X-L_1$$
$$\Delta_2=X-L_2$$
$$\cdots\cdots\cdots\cdots$$
$$\Delta_n=X-L_n$$

将上列各式求和,得

$$\sum_{i=1}^{n}\Delta=nX-\sum_{i=1}^{n}L$$

上式两端各除以 n,得

$$\frac{\sum_{i=1}^{n}\Delta}{n}=X-\frac{\sum_{i=1}^{n}L}{n}$$

令

$$\frac{\sum_{i=1}^{n}\Delta}{n}=\delta \qquad \frac{\sum_{i=1}^{n}L}{n}=x$$

代入上式移项后得

$$X=x+\delta$$

δ 为 n 个观测值真误差的平均值,根据偶然误差的第四个特性,当 $n\to\infty$ 时,$\delta\to 0$,则有

$$\delta=\lim_{n\to\infty}\frac{\sum_{i=1}^{n}\Delta}{n}=0$$

这时算术平均值就是某量的真值,即

$$x = \frac{\sum_{i=1}^{n} L}{n} \tag{7-3}$$

在实际工作中，观测次数总是有限的，也就是说，只能采用有限次数的观测值来求算术平均值，即算术平均值只能无限接近于真值，而不会等于真值，所以算术平均值又称为"似真值"或"最可靠值"。

二、观测值改正数

x 是根据观测值所能求得的最可靠的结果，称为"最或是值"或"算术平均值"。最或是值与观测值之差称为"最或是误差"，又称为"观测值改正数"，用 V 表示，即

$$V_i = x - L_i \quad (i=1,2,\cdots,n) \tag{7-4}$$

取其和得

$$\sum_{i=1}^{n} V = nx - \sum_{i=1}^{n} L$$

$$\because x = \frac{\sum_{i=1}^{n} L}{n}$$

$$\therefore \sum_{i=1}^{n} V = 0 \tag{7-5}$$

这是最或是误差的一大特性，可用于计算上的校核。

第三节 评定观测值的精度指标

研究测量误差理论的主要目的之一是评定测量成果的精度。精度是指观测值误差分布密集或离散的程度。为了评定观测成果的精度，以便确定其是否符合要求，需要确定衡量精度的统一标准。在测量中评定精度的指标有以下几种。

一、中误差

设在相同观测条件下，对某个真值为 X 的量进行了 n 次观测，得到一组观测值，分别为 $l_1, l_2, \cdots, l_n$，每次观测的真误差用 $\Delta_1, \Delta_2, \cdots, \Delta_n$ 表示，则定义中误差 m 为以各个真误差的平方和的均值再开方，并将其作为评定该组每一观测者精度的标准，即

$$m = \pm\sqrt{\frac{[\Delta\Delta]}{n}} \tag{7-6}$$

中误差（标准差的估值）与精度成反比，即中误差越大，该组观测值的精度越低；反之，精度越高。中误差 m 的大小反映了这组观测值真误差的离散度大小，中误差越大，离散度越大，精度越低；中误差越小，离散度越小，精度越高。在实际工作中，除少数情况外，观测值的真值一般是不易求得的。因此，在多数情况下，我们只能根据观测值的最或是值来求观测值的中误差，即用最或是误差（改正数）来确定中误差（公式推导略），即

$$m = \pm\sqrt{\frac{[vv]}{n-1}} \quad (\text{白塞尔公式}) \tag{7-7}$$

例 7-1 设用经纬仪测量某角 5 次,观测值列于表 7-2 中,求观测值的中误差。

表 7-2 误差计算表

观测次数	观测值 L	$\Delta = L - L_0$	$V = x - L$	VV	计算
1	56°32′20″	+20	−14	196	$L_0 = 56°32′00″$
2	56°32′00″	00	+6	36	$x = L_0 + \dfrac{\sum\limits_{i=1}^{5}\Delta L}{5} = 56°32′06″$
3	56°31′40″	−20	+26	676	校核 $\sum\limits_{i=1}^{5} V = 0$
4	56°32′00″	00	+6	36	$m = \pm\sqrt{\dfrac{\sum\limits_{i=1}^{5} V^2}{n-1}} = \pm\sqrt{\dfrac{1520}{5-1}}$
5	56°32′30″	+30	−24	76	$= \pm 19.49″$
$\sum$		+30	0	+1520	

二、容许误差

容许误差,又称"极限误差",可用来衡量观测值是否达到精度要求的标准,也可用于判别观测值是否存在错误。

由偶然误差的第一个特性可以知道,在一定的观测条件下,偶然误差的绝对值不超过一定的限值。根据误差理论和大量的实践证明,在一系列等精度观测误差中,大于 2 倍中误差的个数占总数的 5%,大于 3 倍中误差的个数占总数的 0.3%,因此,测量上常取 2 倍或 3 倍中误差为误差的限值,称为"容许误差",即

$$\left.\begin{array}{l}\Delta_{容} = \pm 2m \\ \Delta_{容} = \pm 3m\end{array}\right\} \tag{7-8}$$

如果观测值中出现了大于容许误差的偶然误差,可以认为该观测值不可靠,即存在错误,应舍去不用或重测。

三、相对误差

真误差、中误差、容许误差都是表示误差本身大小的,称为"绝对误差"。对于衡量精度来说,有时用绝对误差很难判断观测结果精度的高低。例如,用钢尺分别丈量两段距离,其结果为 100m 和 200m,中误差均为 2cm。显然,后者的精度比前者要高,也就是说,观测值的精度与观测值本身的大小有关。相对误差(相对中误差)是中误差的绝对值与观测值的比值,通常以分子为 1 的分数形式来表示,即

$$K = \frac{|m|}{L}$$

$$K = \frac{1}{L/|m|} \tag{7-9}$$

相对误差是个无名数,而真误差、中误差、容许误差是带有测量单位的数值。

例 7-2 用钢尺丈量两段距离,通过丈量得到 $D_1=100\text{m}$,$m_1=\pm 0.01\text{m}$,$D_2=300\text{m}$,$m_2=\pm 0.01\text{m}$,求 D_1、D_2 的相对误差。

解
$$K_1 = \frac{|m|}{D} = \frac{0.01}{100} = \frac{1}{10000}$$

$$K_2 = \frac{|m|}{D} = \frac{0.01}{300} = \frac{1}{30000}$$

$K_2 < K_1$,所以距离 D_2 的精度较高。

在角度测量中,由于角度测量的误差与角度大小无关,不能用相对误差来衡量测角精度,所以,当观测误差与观测量的大小有关时,要用相对误差来衡量观测值精度,二者无关时,要用绝对误差来衡量。

思考题

1. 何谓系统误差?系统误差有何特性?如何减小或消除系统误差?
2. 何谓偶然误差?偶然误差有何特性?如何减小或消除偶然误差?
3. 何谓等精度观测和不等精度观测?
4. 观测值的算术平均值为什么可以看作观测值的最或然值或最可靠值?
5. "观测值的精度高,其精(准)确度就高",这句话对吗?为什么?
6. 衡量观测值精度时,在什么情况下用相对误差评定?在什么情况下用绝对误差评定?
7. 误差来源于哪 3 个方面?
8. 什么叫测量误差?什么叫绝对误差?什么叫相对误差?

第八章　小区域控制测量

> **学习目标**

1. 掌握控制测量的基本概念、作用和布网原则；掌握平面控制和高程控制测量的基本方法和技术要求。
2. 了解导线测量外业主要工作（踏勘选点、测角、量边）的操作方法（闭合导线、附合导线）和内业坐标计算步骤；了解三、四等水准测量和三角高程测量的观测、记录与计算方法。
3. 能够分析方位角与象限角的关系、导线测量误差（角度闭合差和导线全长相对闭合差）产生的原因、闭合导线与附合导线内业计算的异同点；了解水准测量与三角高程测量的异同点及注意事项。
4. 能够根据《公路勘测规范》(JTG C10-2007)的规定完成导线测量、四等水准测量和三角高程测量的外业主要工作。
5. 能够正确完成导线测量、四等水准测量和三角高程测量的内业计算（误差调整、坐标计算和精度评定）。

第一节　控制测量概述

在测量工作中，为了防止测量误差的传递和积累，保证整个测区的精度均匀，满足测图和施工的精度需要，使测区内各分区的测图能正确地拼接成整体，或使整体的工程能进行分区施工放样，就要求测量工作必须遵循测量的基本原则，即"从整体到局部"、"由高级到低级"、"先控制后碎部"。也就是说，先建立控制网进行整体的控制测量，然后根据控制网进行碎部测量或测设。控制测量是指在整个测区范围内，选定若干个具有控制作用的点（称为"控制点"），设想用折线连接相邻的控制点，组成一定的几何图形（称为"控制网"），用精密的测量仪器和工具进行外业测量，获得相应的外业数据，并根据这些数据用准确严密的计算方法，求出控制点的平面坐标和高程，以保证整个测区的测量工作顺利进行。

控制测量分为平面控制测量和高程控制测量。本章节将结合公路工程控制测量进行讲授。

一、平面控制测量

用较高的精度测定控制点平面坐标(x、y)的工作,称为"平面控制测量"。传统的平面控制测量的测量方法根据控制点之间组成几何图形的不同,主要分为导线测量和三角测量。

如图 8-1 所示,将控制点 1、2、3、4 等依次连成折线或多边形,这种形成折线的控制点称为"导线点";在外业测量各折线边(导线边)的长度 D(水平距离)和两相邻边的夹角 β(水平角),根据已知点坐标,通过计算就可以获得各导线点平面坐标(x,y),这种测量导线边长和水平角的工作称为"导线测量"。

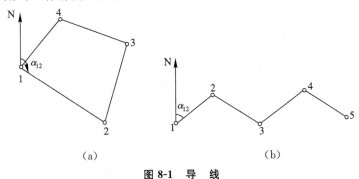

图 8-1 导　线

图 8-2 所示的控制点 A、B、C、D、E、F 等组成相互连接的三角形,并构成网状,观测所有三角形的内角,并至少测量其中一条边的长度(如图 8-2 中的 AB 边)作为起算边(基线边),同样可以推算出各控制点坐标(x,y)。这种形成三角形的控制点称为"三角点",构成的控制网称为"三角网",所进行的测量工作称为"三角测量"。该部分内容在本书中不作详细介绍。

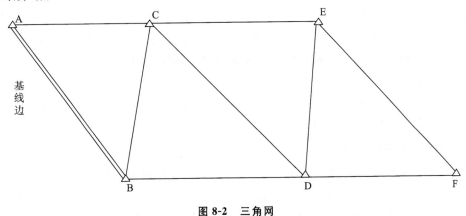

图 8-2 三角网

随着电子计算机等科学技术的不断发展,测绘的新仪器、新技术和新方法也得到突飞猛进的发展。平面控制测量除了采用传统的导线测量和三角测量外,目前,最常用的是 GPS 卫星全球定位系统。20 世纪 80 年代末,我国开始应用 GPS 定位技术在全国范围内建立平面控制网,该方法已逐渐成为布设控制网的最主要方法,在国民经济建设中有着广泛的应用。

(一)国家平面控制网

在全国范围内布设的平面控制网,称为"国家平面控制网"。国家平面控制网采用"分级布设、逐级控制"的原则,按其精度分成一、二、三、四等。其中一等网的精度最高,精度逐级降低;而控制点的密度则是一等网最小,逐级增大。

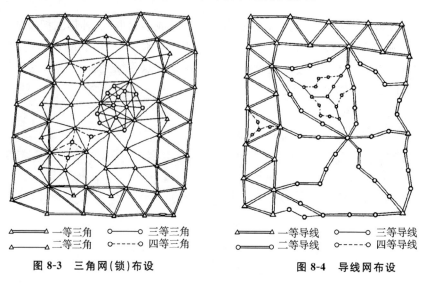

图 8-3　三角网(锁)布设　　　　图 8-4　导线网布设

如图 8-3 所示,一等三角网一般称为"一等三角锁",是在全国范围内沿经纬线方向布设的,是国家平面控制网的骨干。平面控制网除了用作全国各种比例尺测图的基本控制外,还为测绘学科研究地球的形状和大小提供精确数据。一等三角锁的锁段长度一般为 $D≈200km$,起始边(基线边)长度 $D_0≥5km$,三角网平均边长 $S≈20～25km$;二等三角网布设于一等三角锁环内,是国家平面控制网的全面基础,平均边长 $S≈13km$;三、四等三角网除了作为二等网的进一步加密外,还为地形测量和各项工程建设提供已知的起算数据,其中三等三角网平均边长 $S≈8km$,四等三角网平均边长 $S≈2～6km$。随着电磁波测距技术的发展和应用,三角测量也可用同等级的导线测量代替。如图 8-4 所示,其中一、二等导线测量又称为"精密导线测量"。国家控制点有时称为"大地点"。

国家平面控制网除了一、二、三、四等三角网外,还有二等、三等 GPS 控制网,部分城市地区甚至有四等 GPS 控制网。

(二)城市平面控制网

随着大中城市、大型厂矿企业的不断发展,根据工程建设的需要,通常以国家平面控制网为基础,由测区的大小和施工测量方法布设不同等级的控制网,以满足地形测图和工程施工放样的需要。城市工程测量平面控制网精度等级的划分:GPS 卫星定位测量控制网依次为二、三、四等和一、二级;导线及导线网依次为三、四等和一、二、三级;三角网依次为二、三、四等和一、二级。

国家或城市控制网的控制点平面坐标和高程的数据一般由专业测绘单位先行测定,各工程单位如需要使用控制点的数据,可以由使用单位开具证明向有关测绘机关申请索取。

(三)小区域平面控制网

在较小区域范围内建立的控制网,称为"小区域控制网"。小区域控制又分为测区首级控制和图根控制。用于工程的平面控制测量一般是建立小区域平面控制网,可根据工程的需要采用不同等级的平面控制。《公路勘测规范》(JTG C10-2007)规定:公路工程平面控制测量应采用 GPS 测量、导线测量、三角测量或三边测量等方法进行,其等级依次为二等、三等、四等、一级和二级,各等级的技术指标均有相应的规定。对于各级公路和桥梁、隧道平面控制测量的等级,不得低于表 8-1 中的规定数值。小区域控制网应尽量与国家高级控制网联测,否则应建立独立控制网。高等级公路控制网必须与国家控制网联测。在小区域范围内,可以把水准面当作水平面,采用直角坐标,直接在平面上计算点的坐标。

表 8-1 公路工程平面控制测量等级选用

高架桥、路线控制测量	多跨桥梁总长 $L(m)$	单跨桥梁 $L_k(m)$	隧道贯通长度 $L_G(m)$	测量等级
—	$L \geqslant 3000$	$L_k \geqslant 500$	$L_G \geqslant 6000$	二等
—	$2000 \leqslant L < 3000$	$300 \leqslant L_k < 500$	$3000 \leqslant L_G < 6000$	三等
高架桥	$1000 \leqslant L < 2000$	$150 \leqslant L_k < 300$	$1000 \leqslant L_G < 3000$	四等
高速、一级公路	$L < 1000$	$L_k < 150$	$L_G < 1000$	一级
二、三、四级公路	—	—	—	二级

直接为地形测图使用的控制点称为"图根控制点",简称"图根点"。测定图根点位置的工作称为"图根控制测量"。对于较小测区,图根控制可作为首级控制。图根点点位标志宜采用木(铁)桩,当图根点作为首级控制或等级点稀少时,应埋设适当数量的标石。图根点的密度取决于测图比例尺的大小和地形的复杂程度。测区内解析图根点的个数,一般地区不宜少于表 8-2 中的规定数值。

表 8-2 一般地区解析图根点的个数

测图比例尺	图幅尺寸 (cm)	解析图根点(个数)		
		全站仪测图	GPS-RTK 测图	平板测图
1:500	50×50	2	1	8
1:1000	50×50	3	1~2	12
1:2000	50×50	4	2	15
1:5000	40×40	6	3	30

注:表中所列点数是指施测该幅图时,可利用的全部解析控制点。

各级平面控制测量的最弱点点位中误差均不得超出±5cm 的范围,最弱相邻点相对点位中误差均不得超出±3cm 的范围,最弱相邻点边长相对中误差不得大于表 8-3 中的规定数值。

表 8-3　平面控制测量精度要求

测量等级	最弱相邻点边长相对中误差	测量等级	最弱相邻点边长相对中误差
二等	1/100000	一级	1/20000
三等	1/70000	二级	1/10000
四等	1/35000		

注："最弱点"和"最弱边"是指精度最低（误差最大）的点和边，可以理解为离已知点最远的点或最远的边。

（四）平面控制网布设原则

1. 平面控制网的布设原则

（1）首级控制网的布设应因地制宜，适当考虑后期发展。当与国家坐标系统联测时，应同时考虑联测方案。

（2）首级控制网的等级应根据工程规模、控制网的用途和精度要求合理选择。加密控制网可越级布设或同等级扩展。

2. 平面控制网的坐标系统选择

平面控制网的坐标系统应在满足测区内投影长度变形不大于 2.5cm/km 的条件下（1/40000），作下列选择：

（1）用统一的高斯正形投影 3°带平面直角坐标系统。

（2）采用高斯正形投影 3°带，投影面为测区抵偿高程面或测区平均高程面的平面直角坐标系统；或采用任意带，投影面为 1985 国家高程基准面的平面直角坐标系统。

（3）小测区或有特殊精度要求的控制网，可采用独立坐标系统。

（4）在已有平面控制网的地区，可沿用原有的坐标系统。

（5）厂区内可采用建筑坐标系统。

二、高程控制测量

测定控制点高程的工作称为"高程控制测量"。根据所用测量方法的不同，高程控制测量分为水准测量和三角高程测量。国家高程控制网的建立主要采用水准测量的方法，其作用和平面控制网一样，即为测区建立高程控制，按精度分为一、二、三、四等。

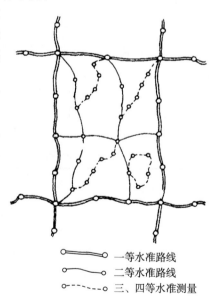

图 8-5　国家水准网布设示意图

如图 8-5 所示为国家水准网布设示意图。一等水准网是国家最高级的高程控制骨干，它除用作扩展低等级高程控制的基础以外，还为科学研究提供依据；二等水准网为一等水准网的加密，是国家高程控制的全面基础；三、四等水准网为在二等网的基础上进一步加密,直接为各测区的测图和工程施工提供必要的高程控制。

用于工程的小区域高程控制网,应根据工程施工的需要和测区面积的大小,采用分级建立的方法。对于公路工程,《公路勘测规范》(JTG C10-2007)规定:公路高程系统宜采用 1985 国家高程基准,同一个公路项目应采用同一个高程系统,并与相邻项目高程系统相衔接。

各等级高程控制宜采用水准测量,其等级依次为二等、三等、四等和五等(也称为"等外"),各等级的技术要求均有相应的规定。四等及以下等级可采用电磁波测距三角高程测量,五等也可采用 GPS 拟合高程测量。各级公路及构造物的高程控制测量等级不得低于表 8-4 中的规定数值。

表 8-4 公路工程高程控制测量等级选用

高架桥、路线控制测量	多跨桥梁总长 $L(m)$	单跨桥梁 $L_k(m)$	隧道贯通长度 $L_G(m)$	测量等级
—	$L \geqslant 3000$	$L_k \geqslant 500$	$L_G \geqslant 6000$	二等
—	$1000 \leqslant L < 3000$	$150 \leqslant L_k < 500$	$3000 \leqslant L_G < 6000$	三等
高架桥、高速、一级公路	$L < 1000$	$L_k < 150$	$L_G < 3000$	四等
二、三、四级公路	—	—	—	五等

各等级路线高程控制网最弱点高程中误差不得超出 ±25mm 的范围,用于跨越水域和深谷的大桥、特大桥的高程控制网最弱点高程中误差不得超出 ±10mm 的范围,每千米观测高差中误差和附合(环线)水准路线长度应小于表 8-5 中的规定数值。当附合(环线)水准路线长度超过规定数值时,应采用双摆站的方法进行测量,但其长度不得大于表 8-5 中规定数值的 2 倍。每站高差较差应小于基辅(黑红)面高差较差的规定数值(表 8-17)。一次双摆站为一单程,取其平均值计算的往返较差、附合(环线)闭合差应小于相应限差的 7/10。

表 8-5 高程控制测量的技术要求

测量等级	每千米高差中数中误差(mm)		附和或环线水准路线长度(km)	
	偶然中误差 M_Δ	全中误差 M_W	路线、隧道	桥梁
二等	±1	±2	600	100
三等	±3	±6	60	10
四等	±5	±10	25	4
五等	±8	±16	10	1.6

第二节　导线测量

一、导线测量及其等级

将测区内选定的相邻控制点用直线连接而构成的连续折线称为"导线",这些转折点(控制点)称为"导线点"。相邻导线点间的水平距离称为"导线边长"、相邻导线边之间的水平角称为"转折角"。导线测量就是依次测定各导线边的长度和各转折角,根据起算数据,推算各导线边的坐标方位角,进而计算各导线点的平面坐标的工作。

导线测量的适用范围较广,主要用于带状地区(如公路、铁路和水利等)、隐蔽地区、城建区和地下工程等控制点的测量。

根据测区的不同情况和要求,导线布设有闭合导线、附合导线、支导线和导线网 4 种形式。

1. 闭合导线

从一个控制点出发,经过若干导线点以后,又回到原控制点,这样的导线称为"闭合导线",如图 8-6 所示。导线从控制点 B(或称为"1")出发,经过了 2、3、4、5 等点,最后又回到起点 B(或称为"1"),形成一个闭合的多边形。闭合导线具有严密的几何条件,即多边形内角和等于 $(n-2) \times 180°$,因此,可以对观测成果进行坐标和角度的检核。闭合导线通常用于面积较宽阔的独立地区测图控制和二级以下的公路带状地形图的测图控制。控制点 B 的坐标可以是已知的高级控制点,也可以是假定的点。如果控制点 B 是假定的坐标(假定时由罗盘仪测出磁方位角,假定坐标时应注意,测区内其余控制点坐标不能出现负值),测区就属于独立坐标系。实际工作中,控制点 B 一般尽量与已知的高级控制点联测(如图 8-6 中观测连接边 AB 的距离 D 和连接角 β,由高级点传递坐标和方位角),获取统一的国家大地坐标。

2. 附合导线

从一个已知高级控制点出发,经过若干个导线点以后,附合到另一个已知高级控制点上,这样的导线称为"附合导线",如图 8-7 所示。导线从已知的高级控制点 A(或称为"1")和已知方向 BA 出发,经过了 2、3、4 等点,最后附合到另一个已知的高级控制点 C(或称为"n")上,形成一条连续的折线。由于两端都有已知的坐标和方位角,该形式导线同样可以对观测成果进行坐标和方位角的检核。附合导线通常用于带状地区的首级控制,广泛地应用于公路、铁路、水利和城建区等工程勘测与施工。

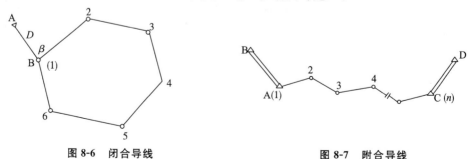

图 8-6　闭合导线　　　　　　　图 8-7　附合导线

3. 支导线

从一个已知点出发，经过 1～2 个导线点后，既不回到原起始点，也不附合到另一个已知点上，这样的导线称为"支导线"，图 8-8 中的 B—1—2 就是一条支导线。由于支导线缺乏已知条件，无法进行检核，所以尽量少用。如果需要施测支导线，距离必须进行往返测量，水平角要观测左、右角，且满足条件 $(\beta_{左}+\beta_{右})-360°\leqslant \pm 40''$；导线边数一般不宜超过 2 条，最多不得超过 4 条。支导线仅适用于图根控制时补点。

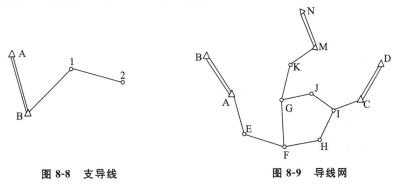

图 8-8　支导线　　　　　图 8-9　导线网

4. 导线网

根据测区的具体条件，导线还可以布设成具有节点或闭合环的网状，这种导线称为"导线网"，如图 8-9 所示。导线网一般适用于测区范围较大或已知高级控制点较少时布网。导线网可以增加图形结构的强度，通过进行整体平差来提高控制网的精度，保证整个测区精度更加均匀。

二、导线测量的技术要求

公路工程的导线按精度由高到低的顺序划分为三等、四等、一级和二级等 4 个等级，其主要技术要求列于表 8-6 中。

导线测量按测定边长的方法分为钢尺量距导线（也叫"经纬仪导线"）、视距导线及电磁波测距导线等。视距导线测量方法现在已经不用，由于全站仪的普及，电磁波测距导线测量在公路工程控制中得以广泛应用。本章节所叙述的主要是钢尺量距导线和电磁波测距导线。

表 8-6　导线测量的主要技术要求

等级	附(闭)合导线长度(km)	平均边长(km)	导线边数(条)	每边测距中误差(mm)	单位权中误差(″)	导线全长相对闭合差	方位角闭合差(″)
三等	≤18	2.0	≤9	≤±14	≤±1.8	≤1/52000	$\leqslant 3.6\sqrt{n}$
四等	≤12	1.0	≤12	≤±10	≤±2.5	≤1/35000	$\leqslant 5.0\sqrt{n}$
一级	≤6	0.5	≤12	≤±14	≤±5.0	≤1/17000	$\leqslant 10\sqrt{n}$
二级	≤3.6	0.3	≤12	≤±11	≤±8.0	≤1/11000	$\leqslant 16\sqrt{n}$

注：①表中 n 为测站数。

②以测角中误差为单位权中误差。

③导线网节点间的长度不得大于表中长度的 7/10。

三、导线测量外业工作

导线测量外业工作主要包括踏勘选点、建立标志、测角、测距和联测。各项工作均应按相关规定完成。

1. 准备工作

(1)仪器的准备。

①学生按分组到测量仪器室领取有关实习仪器(经纬仪或测距仪)和工具(钢尺、脚架、标杆等)。

②学生熟悉仪器,并对仪器进行必要的检验与校正。

(2)资料的准备。学生准备好实习过程中所需要的资料(收集测区已有的地形图和控制点的成果资料)和用具(H 或 2H 铅笔、记录手簿等)。

2. 踏勘选点

(1)踏勘。学生在老师的带领下对实习场地进行现场踏勘,了解测区的地形分布情况。在选点时,首先调查收集测区已有的地形图和控制点的成果资料,一般是先在中比例尺(1:1万~1:10万)地形图上进行控制网设计。根据测区内已有的国家控制点或测区附近其他工程部门建立的可以利用的控制点,确定与其联测的方案及控制网点位置。在控制网方案初步确定后,可对控制网进行精度估算,必要时需对初定控制点作调整。然后到野外去实地踏勘、核对、修改和落实点位。如需测定起始边,起始边位置应优先考虑;如果测区没有以前的地形资料,则需详细踏勘现场,根据已知控制点的分布、地形条件以及测图和施工需要等具体情况,合理拟定导线点的位置。

(2)选点。根据已知点的分布情况,结合测区地形,确定导线布设形式,依据导线测量选点的基本原则进行实地选点。控制点位置的选定应满足相应工程的基本要求。例如,对于公路工程,应满足《公路勘测规范》(JTG C10-2007)的规定。公路导线控制网应满足平面控制网设计的一般要求和导线测量的布设要求。

①平面控制网设计的一般要求。

a. 路线平面控制网的设计,应首先在地形图上进行控制网点位的布设,然后进行实地踏勘,并确定点位。

b. 路线平面控制网的布设,一般先布设首级控制网,再加密路线平面控制网。

c. 构造物平面控制网可与路线平面控制网同时布设,亦可在路线平面控制网的基础上进行。当分步布设时,在布设路线平面控制网的同时,应考虑沿线桥梁、隧道等构造物测设的需要,在大型构造物的两侧应至少分别布设一对相互通视的首级平面控制点。

d. 平面控制点相邻点间平均边长应满足表 8-6 中所列平均边长的要求。四等及四等以上平面控制网中相邻点之间距离不得小于 500m,一、二级平面控制网中相邻点之间距离在平原、微丘区不得小于 200m,在山岭、重丘区不得小于 100m,最大距离不应大于平均边长的 2 倍。

e. 路线平面控制点宜沿路线前进方向布设,控制点到路线中心线的距离尽量控制在 50~300m,每点至少应有一相邻点通视。特大构造物每端应埋设 2 个以上平面控制点。

f. 控制点的位置应方便以后加密、扩展,易于保存、寻找,同时便于测角、量距、地形测图和中桩放样。

②导线测量的布设要求。

a.各级导线应尽量布设成直伸形状。

b.点位的布设应满足下列测距边的要求:测距边应选在地面覆盖物相同的地段,不宜选在烟囱、散热塔、散热池等发热体的上空。测线上不应有树枝、电线等障碍物,测线应离开地面或障碍物1.3m以上。测线应避开高压线强电磁场的干扰,并宜避开视线后方反射物体。

(3)建标。根据实际情况对选定的导线点做好标志(如埋石、钉钉或在地面做记号),并按一定顺序编号。标志的制作尺寸规格、书写及埋设均应符合相应等级的要求。

(4)点之记。对做好标志的导线点,为方便今后测量或施工使用时查找,必须现场绘制点位草图,如图8-10所示,并进行定性(导线点的具体方位)和定量(量出导线点与附近至少2个明显地物的距离,注明尺寸)的说明,这一过程称为"点之记"。

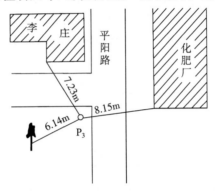

图 8-10 点之记示意图

3.水平角测量

导线的转折角有左角和右角之分,主要相对于导线测量前进的方向而定。在前进方向左侧的角称为"左角";在前进方向右侧的角称为"右角"。在附合导线中,可测其左角,亦可测其右角(在公路测量中一般习惯测右角),但要统一。在闭合导线中,一般习惯测其内角,主要是为了计算方便;闭合导线若按逆时针方向编号,其内角均为左角,反之均为右角。水平角观测的主要技术要求应符合表8-7中的规定。

当测角精度要求较高,而导线边长又比较短时,为了减少对中误差和目标偏心差对角度测量的影响,可采用三联脚架法作业。

表 8-7 水平角观测的主要技术要求

等级	仪器型号	光学测微器两次重合读数之差(″)	半测回归零差(″)	一测回内2C互差(″)	同一方向值各测回较差(″)	测回数
三等	DJ$_1$	≤1	≤6	≤9	≤6	≥6
	DJ$_2$	≤3	≤8	≤13	≤9	≥10
四等	DJ$_1$	≤1	≤6	≤9	≤6	≥4
	DJ$_2$	≤3	≤8	≤13	≤9	≥6

续表

等级	仪器型号	光学测微器两次重合读数之差(")	半测回归零差(")	一测回内2C互差(")	同一方向值各测回较差(")	测回数
一级	DJ_2	—	≤12	≤18	≤12	≥2
	DJ_6	—	≤24	—	≤24	≥4
二级	DJ_2	—	≤12	≤18	≤12	≥1
	DJ_6	—	≤24	—	≤24	≥3

4.水平距离测量

测距是指测定导线中各导线边长的工作。《公路勘测规范》(JTG C10-2007)规定：一级及以上导线的边长,应按表 8-8 选用光电测距仪施测。二级导线的边长,可采用普通钢尺进行测量。光电测距的主要技术要求应符合表 8-9 中的规定。普通钢尺丈量导线边长的主要技术要求应符合表 8-10 中的要求。

表 8-8 光电测距仪的选用

测距仪精度等级	每千米测距中误差 m_D(mm)	适用的平面控制测量等级
Ⅰ级	$m_D≤±5$	所有等级
Ⅱ级	$±5<m_D≤±10$	三、四等,一、二级
Ⅲ级	$±10<m_D≤±20$	一、二级

表 8-9 光电测距的主要技术要求

导线等级	观测次数		每边测回数		一测回读数间较差(mm)	单程各测回较差(mm)	往返较差
	往	返	往	返			
三等	≥1	≥1	≥3	≥3	≤5	≤7	$≤\sqrt{2}(a+b·D)$
四等	≥1	≥1	≥2	≥2	≤7	≤10	
一级	≥1	—	≥2	—	≤7	≤10	
二级	≥1	—	≥1	—	≤12	≤17	

注：①测回是指照准目标1次,读数为4次的过程。
②表中 a 为固定误差,b 为比例误差系数,D 为水平距离(km)。

表 8-10 普通钢尺丈量导线边长的主要技术要求

定向偏差(mm)	每尺段往返高差之差(mm)	最小读数(mm)	三组读数之差(mm)	同尺段长差(mm)	外业手算计算取值(mm)		
					尺长	各项改正	高差
≤5	≤1	1	≤3	≤4	1	1	1

5.联测

导线联测是指新布设的导线与周围已有的高级控制点的联系测量,以取得新布设导线的起算数据,即起始点的坐标和起始边的方位角。如果沿路线方向有已知的高级控制点,导线可直接与其连接,共同构成闭合导线或附合导线;如果距离已知的高级控制点较远,可以采用间接连接。如图 8-11 所示,导线联测为测定连接角(水平角)β_A 和连接边 D_{A1}。连接角和连接边的测量与上述导线的测距、测角方法相同。

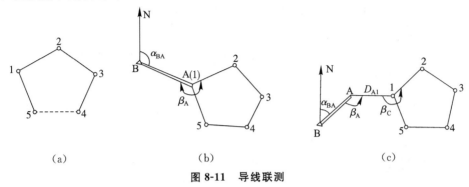

图 8-11 导线联测

四、导线测量内业计算

导线测量内业计算前,应仔细、全面地检查导线测量的外业记录,检查数据是否齐全,有无记错、算错,是否符合精度要求,起算数据是否准确。然后绘出导线草图,并把各项数据标注在图中的相应位置,如图 8-12 所示。

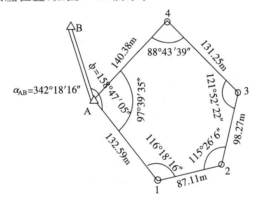

图 8-12 闭合导线草图

导线计算的方法有手工表格计算、计算机程序计算和 Excel 电子表格计算等,本章节主要介绍手工表格计算的方法。

导线测量内业计算的目的,就是根据已知的起算数据和外业的观测成果资料,通过对误差进行必要的调整,推算各导线边的方位角,计算各相邻线边的坐标增量,最后计算出各导线点的平面坐标。

(一)导线坐标计算公式

1. 坐标方位角的推算

如图 8-13(a)所示,α_{12} 为起始方位角,β_2 为右角,推算 2→3 边坐标方位角为

$$\alpha_{23} = \alpha_{12} + 180° - \beta_2$$

因此,用右角推算方位角的一般公式为

$$\alpha_{前} = \alpha_{后} - \beta_{右} + 180° \tag{8-1}$$

当 β_2 为左角时,推算方位角的一般式为

$$\alpha_{前} = \alpha_{后} + \beta_{左} - 180° \tag{8-2}$$

若推算出的方位角大于 360°,应减去 360°,若为负值,应加上 360°。

2. 坐标正算

根据已知点坐标、已知边长和坐标方位角,计算未知点坐标。如图 8-13(c)所示,设 A 为已知点,B 为未知点,当 A 点的坐标 (X_A, Y_A)、边长 D_{AB} 均为已知时,则可求得 B 点的坐标 (X_B, Y_B)。这种计算称为"坐标正算"。

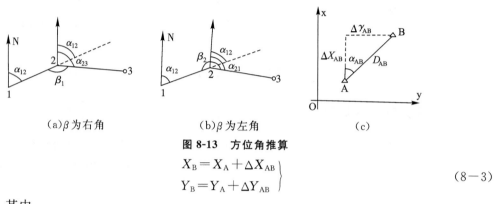

(a) β 为右角　　(b) β 为左角　　(c)

图 8-13　方位角推算

$$\left. \begin{array}{l} X_B = X_A + \Delta X_{AB} \\ Y_B = Y_A + \Delta Y_{AB} \end{array} \right\} \tag{8-3}$$

其中

$$\left. \begin{array}{l} \Delta X_{AB} = D_{AB} \times \cos\alpha_{AB} \\ \Delta Y_{AB} = D_{AB} \times \sin\alpha_{AB} \end{array} \right\} \tag{8-4}$$

则

$$\left. \begin{array}{l} X_B = X_A + D_{AB} \times \cos\alpha_{AB} \\ Y_B = Y_A + D_{AB} \times \sin\alpha_{AB} \end{array} \right\} \tag{8-5}$$

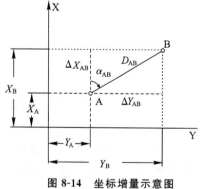

图 8-14　坐标增量示意图

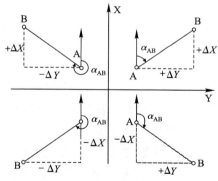

图 8-15　方位角与象限角关系示意图

3. 坐标反算

如图 8-14 所示,已知两点的坐标 $A(x_A, y_A)$、$B(x_B, y_B)$,求两点之间的距离 D_{AB} 及该边的方位角 α_{AB}。

$$\alpha_{AB} = \arctan\frac{\Delta y_{AB}}{\Delta x_{AB}} = \arctan\frac{y_B - y_A}{x_B - x_B} \tag{8-6}$$

$$D_{AB} = \sqrt{(x_B - x_A)^2 + (y_B - y_A)^2} \tag{8-7}$$

注意:计算出的 α_{AB},应根据 ΔX、ΔY 的正负,判断其所在的象限。式子左边 α_{AB} 表示方位角,式子右边 R_{AB} 表示象限角,则直线 AB 的方位角 α_{AB} 与象限角 R_{AB} 的关系见图8-15及表 8-11。

表 8-11　方位角 α_{AB} 与象限角 R_{AB} 关系

关系 象限	坐标增量范围	方位角 α_{AB} 与象限角 R_{AB} 关系
Ⅰ	$y_B - y_A > 0$; $x_B - x_A > 0$	$\alpha_{AB} = R_{AB}$
Ⅱ	$y_B - y_A > 0$; $x_B - x_A < 0$	$\alpha_{AB} = 180° - R_{AB}$
Ⅲ	$y_B - y_A < 0$; $x_B - x_A < 0$	$\alpha_{AB} = R_{AB} + 180°$
Ⅳ	$y_B - y_A < 0$; $x_B - x_A > 0$	$\alpha_{AB} = 360° - R_{AB}$

(二)闭合导线坐标近似计算

现以图 8-12 所示的导线为例,介绍闭合导线内业计算的步骤,具体运算过程及结果如图 8-12 所示。图中 1、2、3、4 点为待定导线点,A、B 为已知控制点。其中 A 点坐标为 (500.00,500.00),AB 的方位角 $\alpha_{AB} = 342°18'16''$。计算前,首先将导线草图中的点号、角度的观测值、边长的量测值以及起始边的方位角(或测量的连接角)、起始点的坐标等填入"闭合导线坐标计算表"中,见表 8-12 中的第 1 栏、第 2 栏、第 6 栏、第 5 栏的第一项、第 10 栏和第 14 栏的第一项。其中第 5 栏的第一项方位角为

$$\alpha_{A1} = \alpha_{AB} + \varphi \\ = 342°18'16'' + 158°47'05'' = 141°05'21''$$

1. 角度闭合差计算和调整

闭合导线在几何上是一个 n 边形,其内角和的理论值为 $\sum \beta_{理} = (n-2) \times 180°$;在实际角度观测过程中,由于不可避免地存在着测量误差,使得实测的多边形内角和不等于上述的理论值,二者的差值称为"闭合导线角度闭合差",习惯上以 f_β 表示。

(1)计算闭合差:

$$f_\beta = \sum \beta_{测} - \sum \beta_{理} = (\beta_1 + \beta_2 + \cdots + \beta_n) - (n-2) \times 180° \qquad (8-8)$$

各级导线角度闭合差允许值 $f_{\beta容}$ 见表 8-6。

(2)计算限差:

$$f_{\beta容} = \pm 40'' \sqrt{n} \qquad (8-9)$$

若 $f_\beta > f_{\beta容}$,说明误差超限,应进行检查分析,查明超限原因,必要时按规范规定要求进行重测,直到满足精度要求;若 $f_\beta \leq f_{\beta容}$,可以对角度闭合差进行调整,由于各角观测均在相同的观测条件下进行,故可认为各角产生的误差相等。调整的原则是,将 f_β 以相反的符号按照测站数平均分配到各观测角上,即按式(8-10)计算,结果填到表辅助计算栏。

(3)计算改正数:

$$V_\beta = \frac{-f_\beta}{n} \qquad (8-10)$$

计算改正数时,按照角度取位的精度要求,一般可以凑整到 $1''$ 或 $6''$;若不能平均分配,一般情况下把余数分给短边的夹角或邻角上,最后计算结果应该满足:

$$\sum V_\beta = -f_\beta$$

(4)计算改正后新的角值:

$$\hat{\beta}_i = \beta_i + V_\beta \qquad (8-11)$$

根据改正数计算改正后新的角值,将结果填到表 8-12 第 4 栏。

2. 导线边坐标方位角推算

坐标方位角推算见式(8-2):$\alpha_前 = \alpha_后 + \beta_左 - 180°$。当推算出的方位角大于 $360°$,则应减去 $360°$,若为负值,应加上 $360°$。最后必须推算到已知方位角并进行计算检核,将结果填到表 8-12 第 5 栏。

3. 坐标增量计算

两个相邻控制点坐标 x、y 的差值分别称为"纵坐标增量"和"横坐标增量",一般用 Δ_x 和 Δ_y 表示。相邻控制点坐标增量根据推算的方位角和测量的距离按式(8-4)分别计算,将结果填到表 8-12 第 7、11 栏。

4. 坐标增量闭合差计算和调整

(1)计算坐标增量闭合差。因为闭合导线是一个多边形,其坐标增量之和的理论值应为:$\sum \Delta_{x理} = 0$,$\sum \Delta_{y理} = 0$;虽然角度闭合差调整后已经闭合,但还存在残余误差,而边长测量也存在误差,从而导致坐标增量带有误差,坐标增量观测值之和一般情况下不等于零。我们把纵、横坐标增量观测值的和与理论值的和的差值分别称为纵、横坐标增量闭合差(f_x,f_y)。即

$$\left.\begin{array}{l} f_x = \sum \Delta x_测 - \sum \Delta_理 = \sum \Delta x_测 \\ f_y = \sum \Delta y_测 - \sum \Delta_理 = \sum \Delta y_测 \end{array}\right\} \qquad (8-12)$$

由于有纵、横坐标增量闭合差的存在,闭合导线的图形实际上就不会闭合,而存在一个缺口,如图 8-16 所示,这个缺口之间的长度称为"导线全长闭合差",通常用 f_D 表示,即

$$f_D = \sqrt{f_x^2 + f_y^2} \qquad (8-13)$$

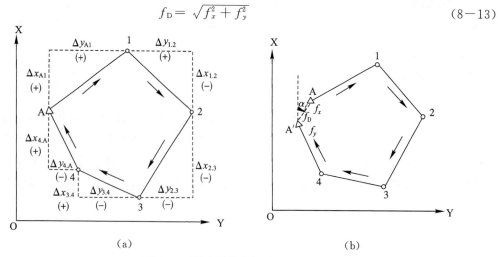

图 8-16 闭合导线指标增量及闭合差

导线全长闭合差 f_D 随着导线长度的增加而增大,所以导线测量的精度是用导线全长相对闭合差 K 来衡量的,即

$$K = \frac{f_D}{\sum D} = \frac{1}{N} \qquad (8-14)$$

K 通常用分子为 1 的分数表示。将计算结果填到表中辅助计算栏。

(2)分配坐标增量闭合差。不同等级的导线全长相对闭合差 $K_{容}$ 可从表 8-6 中查阅。若 $K > K_{容}$,说明导线全长相对闭合差超限,应及时检查分析,查看是否计算错误或计算用错数据,查明错误出现的原因,进行重测,直至结果符名要求;若 $K \leqslant K_{容} = 1/2000$(图根导线),则外业测量成果合格,可以将 f_x、f_y 以相反符号,按与边长成正比分配到各坐标增量上去,并计算改正后的坐标增量值。

$$\left. \begin{array}{l} V_{\Delta xi} = -\dfrac{f_x}{\sum D} D_i \\ V_{\Delta yi} = -\dfrac{f_y}{\sum D} D_i \end{array} \right\} \qquad (8-15)$$

$$\left. \begin{array}{l} \hat{\Delta x_i} = \Delta x + \Delta_{xi} \\ \hat{\Delta x y_i} = \Delta x + \Delta_{yi} \end{array} \right\} \qquad (8-16)$$

改正数应按坐标增量取位的精度要求凑整至厘米或毫米,并且必须使改正数的总和与坐标增量闭合差大小相等,符号相反,即:$\sum V_{\Delta x} = -f_x$,$\sum V_{\Delta y} = -f_y$。将计算结果填到表 8-12 第 8、12、9、13 栏。

5. 坐标计算

按式(8-17),根据起始点的已知坐标和改正后的坐标增量,依次计算各导线点的坐标,并推算到已知点坐标进行计算检核。将计算结果填到表第(10)和(14)栏。

$$\begin{array}{l} X_j = x_i + \Delta_{Xij} \\ Y_j = y_i + \Delta y_{ij} \end{array} \qquad (8-17)$$

其中 i、j 分别表示任意导线边的两个端点。

表 8-12 为闭合导线坐标计算整个过程的一个算例,仅供参考。

(三)附合导线的近似平差计算

附合导线的内业计算步骤和前述的闭合导线的计算步骤基本相同,但附合导线两端有已知点相连接,所以二者在角度闭合差和坐标增量闭合差的计算方法上不一样。下面主要介绍角度闭合差和坐标增量闭合差的计算方法。

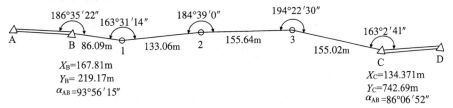

图 8-17 附合导线草图

1. 角度闭合差的计算

附合导线两端各有一条已知坐标方位角的边,如图 8-17 中的 BA 边和 CD 边,这里称之为"始边"和"终边"。由于外业工作已测得导线各个转折角的大小,因此,可以根据起始边的坐标方位角及测得的导线各转折角,由式(8-1)或式(8-2)推算出终边的坐标方位角。这样导线终边的坐标方位角有一个原已知值 $\alpha_{终}$,还有一个由始边坐标方位角和测得的各转折角推算的值 $\alpha_{终}'$。由于测角存在误差,导致二值不相等,二值之差即为附合导线角度闭合差 f_β。

当 β 为左角时,有

$$\alpha_{12}' = \alpha_{AB} + \beta_1 - 180°$$
$$\alpha_{23}' = \alpha_{12}' + \beta_2 - 180°$$
$$\cdots\cdots\cdots\cdots\cdots\cdots$$
$$+)\ \alpha_{CD}' = \alpha_{(n-1)n}' + \beta_n - 180°$$

$$\alpha_{CD}' = \alpha_{AB} + \sum \beta_{左} - n \times 180°$$

同理,当 β 为右角时,有

$$\left.\begin{array}{l}\alpha_{CD}' = \alpha_{AB} + \sum \beta_{左} - n \times 180° \\ \alpha_{CD}' = \alpha_{AB} - \sum \beta_{右} + n \times 180°\end{array}\right\} \quad (8-18)$$

则角度闭合差为

$$f_\beta = \alpha_{CD}' - \alpha_{CD} = (\alpha_{AB} - \alpha_{CD}) + \sum \beta_{左} - n \times 180°$$

或

$$f_\beta = \alpha_{CD}' - \alpha_{CD} = (\alpha_{AB} - \alpha_{CD}) - \sum \beta_{右} + n \times 180°$$

写成一般公式为

$$\left.\begin{array}{l}f_\beta = (\alpha_{始} - \alpha_{终}) + \sum \beta_{左} - n \times 180° \\ f_\beta = (\alpha_{始} - \alpha_{终}) - \sum \beta_{右} + n \times 180°\end{array}\right\} \quad (8-19)$$

必须特别注意,在进行角度闭合差调整时,若观测角 β 为左角时,和闭合导线一样,以与闭合差相反的符号进行分配;若观测角 β 为右角时,则以与闭合差相同的符号进行分配。

2. 坐标增量闭合差的计算

如图 8-17 中的 B 点和 C 点,这里称之为"始点"和"终点"。附合导线的起点和终点均是已知的高级控制点,其坐标误差可以忽略不计。附合导线的纵、横坐标增量的代数和,在理论上应等于终点与始点的纵、横坐标差值,即

$$\left.\begin{array}{l}\sum \Delta_{x理} = x_{终} - x_{始} \\ \sum \Delta_{y理} = y_{终} - y_{始}\end{array}\right\} \quad (8-20)$$

由于量边和测角有误差,因此,根据观测值推算出来的纵、横坐标增量的代数和 $\sum \Delta_{x测}$ 和 $\sum \Delta_{y测}$,与上述的理论值通常是不相等的,二者之差即为纵、横坐标增量闭合差。

$$\left.\begin{array}{l}f_x = \sum \Delta_{x测} - \sum \Delta_{x理} = \sum \Delta_{x测} - (x_{终} - x_{始}) \\ f_y = \sum \Delta_{y测} - \sum \Delta_{y理} = \sum \Delta_{y测} - (y_{终} - y_{始})\end{array}\right\} \quad (8-21)$$

上式中的 $\sum \Delta_{x测}$ 和 $\sum \Delta_{y测}$ 的计算方法参见式(8-4)。

表 8-13 为附合导线坐标计算整个过程的一个算例,仅供参考。

表8-12 闭合导线坐标计算表

点号	观测角值β (° ′ ″)	角度改正数 (″)	改正后角值 (° ′ ″)	坐标方位角 (° ′ ″)	边长D (m)	纵坐标增量 Δx 计算值 (m)	纵坐标增量 Δx 改正数 (cm)	纵坐标增量 Δx 改正后的值 (m)	纵坐标 x (m)	横坐标增量 Δy 计算值 (m)	横坐标增量 Δy 改正数 (cm)	横坐标增量 Δy 改正后的值 (m)	横坐标 y (m)
1	2	3	4	5	6	7	8	9	10	11	12	13	14
A				141 05 21					500.00				500.00
					132.59	-103.17	-2	-103.19		+83.28	+3	+83.31	
1	97 39 35	-5	97 39 30	77 24 02					396.81				583.31
					87.11	+19.00	-1	+18.99		+85.01	+2	+85.03	
2	116 18 47	-6	116 18 41	12 50 02					415.80				668.34
					96.27	+93.86	-1	+93.85		+21.38	+2	+21.40	
3	115 26 06	-6	115 26 00	314 42 18					509.65				689.74
					131.25	+92.33	-2	+92.31		-93.51	+2	-93.48	
4	121 52 22	-6	121 52 16	223 25 51					601.96				596.48
					140.38	-101.94	-2	-101.96		-96.51	+3	-96.48	
A	88 43 39	-6	88 43 33	141 05 21					500.00				500.00
1													
Σ	540 00 29	-29	540 00 00		587.60	f_x=+0.08	-8	0		f_y=-0.12	+12	0	

辅助计算

$f_\beta = 540°00'29'' - 540°00'00'' = +29''$

$f_{\beta容} = \pm 40''\sqrt{n} = \pm 40''\sqrt{5} \approx \pm 89''$

$f_x = +0.08$ $f_y = -0.12$ $f = \sqrt{f_x^2 + f_y^2} = 0.144\,\text{(m)}$

$K = \dfrac{f}{\sum D} = \dfrac{0.144}{587.60} \approx \dfrac{1}{4080}$

表8-13 附合导线坐标计算表

点号	观测角值 β (° ′ ″)	角度改正数 (″)	改正后角值 (° ′ ″)	坐标方位角 (° ′ ″)	边长D (m)	纵坐标增量 Δx 计算值 (m)	纵坐标增量 Δx 改正数 (cm)	纵坐标增量 Δx 改正后的值 (m)	纵坐标 x (m)	纵坐标增量 Δy 计算值 (m)	纵坐标增量 Δy 改正数 (cm)	纵坐标增量 Δy 改正后的值 (m)	横坐标 y (m)
1	2	3	4	5	6	7	8	9	10	11	12	13	14
A				93 56 15									
B	186 35 22	−3	186 35 19						167.81				219.17
				100 31 34	86.09	−15.73	0	−15.73		+84.64	−1	+84.64	
2	163 31 14	−4	163 31 10						152.08				303.80
				84 02 44	133.06	+13.80	0	+13.80		+132.34	−1	+132.33	
3	184 39 00	−3	184 38 57						165.88				436.13
				88 41 41	155.64	+3.55	−1	+3.54		+155.60	−2	+155.58	
4	194 22 30	−3	194 22 27						169.42				591.71
				103 04 08	155.02	−35.05	0	−35.05		+151.00	−2	+150.98	
C	163 02 47	−3	163 02 44						134.37				742.69
				86 06 52									
D													
Σ	892 10 53	−16	892 10 37		529.81	−33.43	−1	−33.44		+523.58	−6	+523.52	

辅助计算

$\alpha_{CD} = \alpha'_{AB} + \sum \beta_{测} - n \times 180° = 86°07'08''$　　　$f_x = \sum \Delta x' - (x_C - x_B) = +0.01(m)$　　　$f_y = \sum \Delta y' - (y_C - y_B) = +0.06(m)$

$f_\beta = \alpha'_{CD} - \alpha_{CD} = 86°07'08'' - 86°06'52'' = +16''$　　　$f_{\beta容} = \pm 40'' \sqrt{n} = \pm 40'' \sqrt{5} \approx \pm 89''$　　　$f = \sqrt{f_x^2 + f_y^2} = 0.06$　　　$K = \dfrac{f}{\sum D} = \dfrac{0.06}{529.81} \approx \dfrac{1}{8800}$

第三节　交会法定点

在进行平面控制测量时,如果控制点的密度不能满足测图或工程施工的要求,则需要进行控制点加密,即补点。控制点加密经常采用交会法进行。交会法定点分为测角交会和测边交会2种方法。

一、测角交会

测角交会分为前方交会、侧方交会、后方交会和单三角形4种。如图8-18(a)所示,分别在两个已知点A和B上安置经纬仪,对未知点进行观测,分别测出图示的水平角α和β,从而根据几何关系求算出P点的平面坐标的方法,称为"前方交会"。侧方交会与前方交会的不同点是:前者所测的两个角中有一个是在未知点上观测的。如图8-18(b)所示,分别在一个已知点(例如A点)和待定坐标的控制点P上安置经纬仪,对另外一个已知点进行观测,测出图示的水平角α和γ,从而求算出P点的平面坐标的方法,称为"侧方交会"。如图8-18(c)所示,仅在待定坐标的控制点P上安置经纬仪,分别照准三个已知点(图中的A、B、C三点)测出图示的水平角α和β,并根据已知点坐标,求算出P点的平面坐标的方法,称为"后方交会"。如果在已知点和待定点安置仪器,分别对另外一点进行观测,测出图示的水平角α、β和γ,并根据已知点坐标,求算出P点的平面坐标的方法,称为"单三角形"。

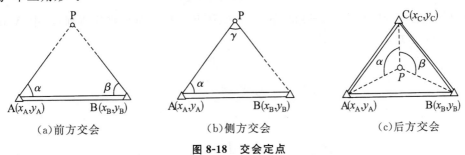

图 8-18　交会定点

(一)前方交会

设已知A点的坐标为(x_B, y_A),B点的坐标为(x_B, y_B)。分别在A、B两点处设站,测出图示的水平角α和β,则未知点P坐标可按以下方法进行计算。

1.按坐标计算方法推算P点的坐标

(1)用坐标反算公式计算AB边的坐标方位角α_{AB}和边长D'_{AB}。

$$\alpha_{AB} = \arctan \frac{\Delta y_{AB}}{\Delta x_{AB}} = \arctan \frac{y_B - y_A}{x_B - x_A} \quad (8-22)$$

$$D_{AB} = \sqrt{(x_B - x_A)^2 + (y_B - y_A)^2}$$

注:应根据Δx、Δy的正负,判断α_{AB}所在的象限。

(2)计算 AP、BP 边的方位角 α_{AP}、α_{BP} 及边长 D_{AP}、D_{BP}。

$$\alpha_{AP}=\alpha_{AB}-\alpha$$
$$\alpha_{BP}=\alpha_{AB}\pm 180°+\beta$$
$$D_{AP}=\frac{D_{AB}}{\sin\gamma}\sin\beta \tag{8-23}$$
$$D_{BP}=\frac{D_{AB}}{\sin\gamma}\sin\alpha$$

式中:$\gamma=180°-\alpha-\beta$,且有 $\alpha_{AP}-\alpha_{BP}=\gamma$(可进行计算检核)。

(3)按坐标正算公式计算 P 点的坐标。

$$x_P=x_A+D_{AP}\times\cos\alpha_{AP} \tag{8-24}$$
$$y_P=y_A+D_{AP}\times\sin\alpha_{AP}$$

或

$$x_P=x_B+D_{BP}\times\cos\alpha_{BP} \tag{8-25}$$
$$y_P=y_B+D_{BP}\times\sin\alpha_{BP}$$

由式(8-24)和式(8-25)计算的 P 点坐标应该相等,可用作校核。

2. 按余切公式(变形的戎洛公式)计算 P 点的坐标

推导过程略,P 点的坐标计算公式为

$$x_P=\frac{x_A\mathrm{ctg}\beta+x_B\mathrm{ctg}\alpha+(y_B-y_A)}{\mathrm{ctg}\alpha+\mathrm{ctg}\beta} \tag{8-26}$$
$$y_P=\frac{y_A\mathrm{ctg}\beta+y_B\mathrm{ctg}\alpha-(x_B-x_A)}{\mathrm{ctg}\alpha+\mathrm{ctg}\beta}$$

在利用式(8-26)计算时,三角形的点号 A、B、P 应按逆时针顺序排列,其中 A、B 为已知点,P 为未知点。

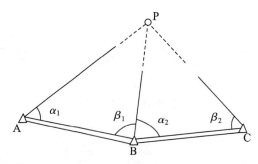

图 8-19 三点前方交会

为了校核和提高 P 点精度,前方交会通常是在三个已知点上进行观测,如图 8-19 所示,测定 α_1、β_1 和 α_2、β_2,然后由两个交会三角形各自按式(8-26)计算 P 点坐标。因测角误差的影响,求得的两组 P 点坐标不会完全相同,其点位较差为 $\Delta D=\sqrt{\delta_x^2+\delta_y^2}$,其中 δ_x、δ_y 分别为两组 x_p、y_p 坐标值之差。当 $\Delta D\leqslant 2\times 0.1M(\mathrm{cm})$($M$ 为测图比例尺分母)时,可取两组坐标的平均值作为最后结果。

在实际应用中,具体采用哪一种交会法进行观测,需要根据实地情况而定。为了提高交会的精度,在选用交会法的同时,还要注意交会图形的好坏。一般情况下,当交会角(要加密的控制点与已知点所成的水平角,例如图 8-18(a)中的∠APB)接近于 90°时,其交会精度最高。

(二)后方交会

如图 8-20 所示,后方交会是在待定点 P 设站,对三个已知点 A、B、C 进行观测,然后根据测定的水平角 $\alpha 、\beta 、\gamma$ 和已知点的坐标计算未知点 P 的坐标。计算后方交会点坐标的方法很多,通常采用仿权计算法。其计算公式的形式和带权平均值的计算公式相似,因此得名"仿权公式"。未知点 P 按下式计算:

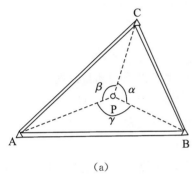
(a)

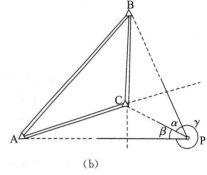
(b)

图 8-20　后方交会

$$x_P = \frac{P_A x_A + P_B x_B + P_C x_C}{P_A + P_B + P_C}$$
$$y_P = \frac{P_A y_A + P_B y_B + P_C y_C}{P_A + P_B + P_C}$$
(8-27)

$$PA = \frac{1}{\mathrm{tag}\angle A - \mathrm{ctg}\alpha}$$
$$PB = \mathrm{ctg}\angle B - \mathrm{ctg}\beta$$
$$PC = \frac{1}{\mathrm{ctg}\angle C - \mathrm{ctg}\gamma}$$
(8-28)

式中∠A、∠B、∠C 为已知点 A、B、C 构成的三角形的内角,其值可根据三条已知边的方位角计算。未知点 P 上的三个角 $\alpha 、\beta 、\gamma$ 必须分别与点 A、B、C 按图 8-20 所示的关系相对应,三个角 $\alpha 、\beta 、\gamma$ 可以按方向观测法测量,其总和应该等于 360°。

如果 P 点选在三角形任意两条边延长线的夹角之间,如图 8-20(b)所示,应用式(8-27)计算坐标时, $\alpha 、\beta 、\gamma$ 均以负值代入式(8-28)。

仿权公式计算过程中重复运算较多,因而这种方法用计算机程序进行计算比较方便。另外,在选择 P 点位置时,应特别注意 P 点不能位于或接近三个已知点 A、B、C 组成的外接圆上,否则 P 点坐标为不定解或计算精度低。测量上把这个外接圆称为"危险圆",一般 P 点离开危险圆的距离应大于 $\frac{1}{5}R$(R 为圆半径)。

(三)侧方交会

侧方交会的计算原理、公式与前方交会基本相同,此处不再赘述。

(四)单三角形

前面 3 种方法一般都要增加观测点进行检核,保证测量结果的正确性。除了上面 3 种方法外,还可以采用单三角形的方法。单三角形法是指在已知点和待定点安置仪器,分别对另外两点进行观测,测出三角形的三个内角 α、β 和 γ,并根据已知点坐标,求算出 P 点平面坐标的方法。由于观测了三角形三个内角,所以这种方法可以进行检核,三个内角的和 $\alpha+\beta+\gamma=180°$。因为测量有误差,通过计算内角和闭合差 $f_\beta=180°-(\alpha+\beta+\gamma)$,若 f_β 在限差容许值内,可以将 f_β 以相反符号平均分配(求改正数),对观测角进行改正(参照闭合导线角度闭合差计算),然后用改正后的角度进行坐标计算(计算公式同前方交会)。

二、测边交会

如图 8-21 所示,在求算要加密控制点 P 的坐标时,也可以采用测量出图示边长 a 和 b,然后利用几何关系求算出 P 点的平面坐标的方法,这种方法称为"测边(距离)交会"。与测角交会一样,距离交会也能获得较高的精度。由于全站仪和光电测距仪在公路工程中的普遍应用,这种方法在测图或工程中也被广泛地应用。

在图 8-21 中,A、B 为已知点,测得两条边长分别为 a、b,则 P 点的坐标可按下述方法计算。

首先利用坐标反算公式计算 AB 边的坐标方位角 α_{AB} 和边长 s:

$$\alpha_{AB} = \arctan\frac{\Delta y_{AB}}{\Delta x_{AB}} \arctan\frac{y_B - y_A}{x_B - x_A} \tag{8-29}$$

$$s = \sqrt{(x_B - x_A)^2 + (y_B - y_A)^2}$$

根据余弦定律可求出 $\angle A$:

$$\angle A = \cos^{-1}\left(\frac{s^2 + b^2 a^2}{2bs}\right)$$

而

$$\alpha_{AP} = \alpha_{AB} - \angle A$$

于是有

$$x_P = x_A + b \times \cos\alpha_{AP}$$
$$y_P = y_A + b \times \sin\alpha_{AP} \tag{8-30}$$

以上是两边交会法。工程中为了检核和提高 P 点的坐标精度,通常采用三条边交会法,如图 8-22 所示为三边交会观测三条边,分两组计算 P 点坐标并进行核对,最后取其平均值。

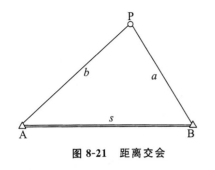
图 8-21 距离交会

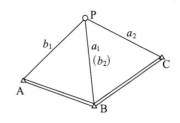
图 8-22 三边距离交会

目前,全站仪在各工程单位已经广泛地使用,而大多数全站仪都具有前方交会和后方交会的专业测量功能。其工作原理就是在全站仪内置模块里设置有前方交会和后方交会的外业测量工作程序和内业计算公式,只要按照全站仪菜单提示步骤去操作,就能快速、方便地完成交会定点工作,得到加密控制点的平面坐标(X,Y)和高程(H)。由于不同型号的全站仪菜单操作方法不尽相同,所以这里就不对具体操作步骤进行介绍,请根据全站仪具体型号参照说明书进行作业。

第四节 全站仪导线测量

全站仪导线测量就是利用全站仪具有的坐标测量功能进行导线测量。它的优点是在测站能同时把导线点的坐标和高程计算出来。这种方法在进行测量误差处理时是采用近似平差的方法进行的,因此一般适用于精度要求不是很高的控制测量工作。

一、外业观测工作

全站仪导线测量的外业工作除踏勘选点及建立标志(与常规导线测量相同)外,主要是利用全站仪的坐标测量功能,直接测量坐标和距离,并以坐标作为观测值。由已知点坐标测量另外已知点的计算坐标,应该与其理论坐标相等。由于测量误差的存在,二者不一定相等,因此需要对测量数据进行误差处理和精度评定。

二、以坐标为观测值的导线近似平差

全站仪导线近似平差不是对角度和距离进行平差,而是直接对坐标进行平差。由于测量有误差,从已知点坐标 $A(x_A, y_A)$ 开始测量下一点坐标,直到另一个已知点的测量坐标 $C'(x_{C'}, y_{C'})$ 与该已知点的理论坐标 $C(x_C, y_C)$ 不相同,分别存在误差 fx、fy,又称为"纵、横坐标增量闭合差",如图 8-23 所示。

即
$$fx = X'_C - X_C$$
$$fy = Y'_C - Y_C$$
(8-31)

则导线全长闭合差

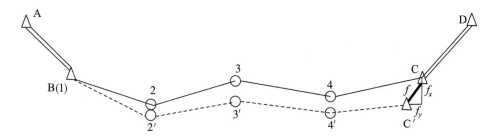

图 8-23 全站仪导线测量

$$f_D = \sqrt{f^2x + f^2y} \qquad (8-32)$$

导线全长闭合差随导线长度的增大而增大，所以导线测量精度是用导线全长相对闭合差

$$K = \frac{f_D}{\sum D} = \frac{1}{(\sum D / f_D)} \qquad (8-33)$$

当 $K > K_{容}$ 时，应检查外业成果和计算过程，若不合格，应补测或重测。

当 $K \leqslant K_{容}$ 时，应对闭合差进行分配。

$$\begin{aligned} Vx_i &= -\frac{f_x}{\sum D} \times \sum D_i \\ Vy_i &= -\frac{f_y}{\sum D} \times \sum D_i \end{aligned} \qquad (8-34)$$

式中：$\sum D$——导线的全长；

$\sum D_i$——第 i 点的前导线边长之和。

坐标按下式计算：

$$\begin{aligned} X_i &= X_i' + V_{x_i} \\ Y_i &= Y_i' + V_{y_i} \end{aligned} \qquad (8-35)$$

三、高程测量

另外，全站仪可以同时进行高程测量，原理同三角高程测量，成果也按照水准测量的方法同样处理，即按下列公式计算：

$$f_H = H_C' - H_C \qquad (8-36)$$

高程测量限差参照电磁波三角高程测量的技术要求执行。各导线点高程的改正数为

$$V_{H_i} = -\frac{f_H}{\sum D} \times \sum D_i \qquad (8-37)$$

各导线点的高程按以下公式进行计算：

$$H_i = H_i' + V_{H_i} \qquad (8-38)$$

最后求出各导线点高程。表 8-14 为全站仪导线测量以坐标为观测值的近似平差计算全过程的一个算例。

表8-14 全站仪导线坐标计算表

点号	坐标观测值(m) X'_i	坐标观测值(m) Y'_i	H'_i	边长D (m)	坐标改正数(mm) V_{x_i}	坐标改正数(mm) V_{y_i}	坐标改正数(mm) Vh_i	坐标平差后值(m) X_i	坐标平差后值(m) Y_i	H_i	点号
1	2	3	4	5	6	7	8	9	10	11	12
A								31242.685	19631.274		A
B(1)				1573.261				27654.173	16814.216	462.874	B(1)
2	26861.436	18173.156	467.102	865.360	−5	+4	+6	26861.431	18173.160	467.108	2
3	27150.096	18988.951	460.912	1238.023	−8	+6	+9	27150.090	18988.957	460.921	3
4	2786.434	20219.444	451.446	1821.746	−12	+9	+13	27286.422	20219.453	451.459	4
5	21904.742	20331.319	462.178	507.681	−18	+14	+20	29104.724	20331.333	462.198	5
C(6)	29564.269	20547.130	468.518	ΣD=6006.071	−19	+16	+22	29564.250	20547.146	468.540	C(6)
D								30666.511	21880.362		D

辅助计算：

$f_x = X'c - Xc = 29564.269 − 29564.250 = +19$(cm)
$f_y = Y'c - Yc = 20547.130 − 20547.146 = −16$(mm)
$f_D = \sqrt{f^2x + f^2y} \approx 25$(mm) $f_H = H'c - Hc = 468.540 − 22$(mm)
$K = \dfrac{f_D}{\Sigma D} = \dfrac{0.025}{6006.071} \approx \dfrac{1}{240000} \leq K_{容}$

第五节 三、四等水准测量

地面点空间位置是由坐标(x,y)和高程(H)确定的,所以控制测量除了要完成平面控制测量外,还要进行高程的控制测量。工程测量的高程控制精度等级的划分依次为二、三、四、五等,各等级高程控制宜采用水准测量,四等及以下等级可采用电磁波测距三角高程测量,五等也可采用 GPS 拟合高程测量。首级高程控制网的等级应根据工程规模、控制网的用途和精度要求合理选择。首级网应布设成环形网,加密网宜布设成附合路线或结点网。小区域的测图和工程施工的高程控制测量一般以三、四等水准测量作为首级控制。

测区的高程系统宜采用1985国家高程基准。在已有高程控制网的地区测量时,可沿用原有的高程系统;当小测区联测有困难时,也可采用假定高程系统。本节主要介绍三、四等水准测量。

一、水准测量的技术要求

对于公路工程,各级公路及构造物的高程控制测量等级不得低于表 8-15 中的规定数值。

表 8-15 水准测量的主要技术要求

等级	每千米高差中数误差(mm)		附合或环线水准路线长度(km)		往返较差、附合或环线闭合差(mm)		检测已测测段高差之差(mm)
	偶然中数误差 M_Δ	全中误差 M_W	路线、隧道	桥梁	平原、微丘	山岭、重丘	
二等	±1	±2	600	100	$\leqslant 4\sqrt{l}$	$\leqslant 4\sqrt{l}$	$\leqslant 6\sqrt{L_i}$
三等	±3	±6	60	10	$\leqslant 12\sqrt{l}$	$\leqslant 3.5\sqrt{n}$ 或 $\leqslant 15\sqrt{l}$	$\leqslant 20\sqrt{L_i}$
四等	±5	±10	25	4	$\leqslant 20\sqrt{l}$	$\leqslant 6.0\sqrt{n}$ 或 $\leqslant 25\sqrt{l}$	$\leqslant 30\sqrt{L_i}$
五等	±8	±16	10	1.6	$\leqslant 30\sqrt{l}$	$\leqslant 45\sqrt{l}$	$\leqslant 40\sqrt{L_i}$

注:计算往返较差时,l为水准点间的路线长度(km);计算附和或环线闭合差时,l为附和或环线的路线长度(km)。n为测站数;L_i为检测测段长度(km),小于 1km 时按 1km 计算;数字水准仪测量的技术要求和同等级的光学水准仪相同。

二、水准测量的观测方法

(一)观测方法

水准测量观测应符合表 8-16 中的规定。

表 8-16　水准测量的观测方法

测量等级	观测方法		观测顺序
二等	光学测微法	往、返	后→前→前→后
	中丝读数法		
三等	光学测微法		
	中丝读数法		
四等	中丝读数法	往	后→后→前→前
五等	中丝读数法	往	后→前

(二)仪器要求

水准测量所使用的仪器应符合下列规定:水准仪的视准轴与水准管的夹角 i,在作业开始的第一周内应每天测定一次,i 角稳定后每隔 15 天测定一次,其值不得大于 $20''$;水准尺上的间隔平均长与名义长之差,对于线条式铟瓦标尺不应大于 0.1mm,对于区格式木质标尺不应大于 0.5mm。

(三)点位要求

水准测量实施之前,应根据已知测区范围、水准点分布、地形条件以及测图和施工需要等具体情况,到实地踏勘,合理地选定水准点的位置。水准点的布设应符合下列规定:

(1)高程控制点间的距离,一般地区应为 1~3km,工业厂区、城镇建筑区宜小于 1km。但一个测区及周围至少应有 3 个高程控制点。

(2)应将点位选在质地坚硬、密实、稳固的地方或稳定的建筑物上,且便于寻找、保存和引测;当采用数字水准仪作业时,水准路线还应避开电磁场的干扰。

(3)水准点位置确定后应建立标志,一般宜采用水准标石,也可采用墙水准点。标志及标石的埋设规格应按规定执行;埋设完成后,应绘制"点之记",必要时还应设置指示桩。

水准观测应在标石埋设稳定后进行。各等级水准观测的主要技术要求应符合表 8-17 中的规定。

表 8-17　水准测量观测的主要技术要求

等级	仪器类型	水准尺类型	视线长(m)	前后视较差(m)	前后视累积差(m)	视线离地面最低高度(m)	基辅(黑红)面读数差(mm)	基辅(黑红)面高差之差(mm)
二等	$DS_{0.5}$	铟瓦	≤50	≤1	≤3	≥0.3	≤0.4	≤0.6
三等	DS_1	铟瓦	≤100	≤3	≤6	≥0.3	≤1.0	≤1.5
	DS_2	双面	≤75				≤2.0	≤3.0
四等	DS_3	双面	≤100	≤5	≤10	≥0.3	≤3.0	≤5.0
五等	DS_3	双面	≤100	≤10	—	—		≤7.0

注:①二等水准视线长度小于 20m 时,其视线高度不应低于 0.3m。

②三、四等水准采用变动仪器高度观测单面水准尺时,所测两次高差较差应与黑面、红面所测高差之差的要求相同。

③数字水准仪观测不受基辅分划或黑、红面读数较差指标的限制,但测站两次观测的高差较差,应符合表中相应等级基辅分划或黑、红面所测高差较差的限值。

三、水准测量施测程序

下面以一个测站为例,介绍三、四等水准测量观测的程序,其记录与计算参见表 8-18。

(一)一个测站的观测顺序

(1)照准后视尺黑面,分别读取上、下、中三丝读数,并记为(1)、(2)、(3)。

(2)照准前视尺黑面,分别读取上、下、中三丝读数,并记为(4)、(5)、(6)。

(3)照准前视尺红面,读取中丝读数,并记为(7)。

(4)照准后视尺红面,读取中丝读数,并记为(8)。

上述四步观测简称为"后黑,前黑,前红,后红",这样的观测步骤可消除或减弱与时间成正比的仪器或尺垫下沉误差的影响。对于四等水准测量,规范允许采用"后、后、前、前(黑、红、黑、红)"的观测步骤,这种步骤比上述步骤要简便些,主要目的是尽量缩短观测时间,减少外界环境对测量的影响,但必须保证读数、记录等绝对正确,否则适得其反。

(二)一个测站的计算与检核

1. 视距的计算与检核

后视距:(9)=[(1)-(2)]×100m

前视距:(10)=[(4)-(5)]×100m   三等≤75m,四等≤100m;

前、后视距差:(11)=(9)-(10)   三等≤3m,四等≤5m;

前、后视距差累积:(12)=本站(11)+上站(12) 三等≤6m,四等≤10m。

2. 水准尺读数的检核

同一根水准尺黑面与红面中丝读数之差:

前尺黑面与红面中丝读数之差(13)=(6)+K-(7)

后尺黑面与红面中丝读数之差(14)=(3)+K-(8)   三等≤2mm,四等≤3mm。

上式中的 K 为红面尺的起点常数,为 4.687m 或 4.787m。

3. 高差的计算与检核

黑面测得的高差(15)=(3)-(6)

红面测得的高差(16)=(8)-(7)

黑、红面高差之差(17)=(15)-[(16)±0.100]或(17)=(14)-(13)

三等≤3mm,四等≤5mm。

在测站上,当后尺红面起点为 4.687m,前尺红面起点为 4.787m 时,取"+"0.100,反之取"-"0.100("±"以黑面数字为准,黑面数字小就取"-",黑面数字大就取"+")。

(三)每页计算检核

1. 高差部分

在每页上,后视红、黑面读数总和与前视红、黑面读数总和之差应等于红、黑面高差之和。

对于测站数为偶数的页：
$$\sum[(3)+(8)]-\sum[(6)+(7)]=\sum[(15)+(16)]=2\sum(18)$$
对于测站数为奇数的页：
$$\sum[(3)+(8)]=\sum[(6)+(7)]=\sum[(15)+(16)]=2\sum(18)\pm0.100$$

2. 视距部分

在每页上，后视距总和与前视距总和之差应等于本页末站视距差累积值与上页末站视距差累积值之差。校核无误后，可计算水准路线的总长度。

$$\sum(9)-\sum(10)=本页末站(12)-上页末站(12)$$

水准路线总长度$=\sum(9)+\sum(10)$

四、水准测量的成果整理

(一)内业成果计算与检核

三、四等水准测量的闭合路线或附合路线的成果整理和普通水准测量计算一样，先对高差闭合差进行调整，然后计算水准点的高程。

四等水准高差闭合差应按式(8-39)或式(8-40)计算，必须符合表 8-15 的要求。

$$f_{h容}=\pm6\sqrt{n} \quad (\text{mm}) \qquad 山区 \qquad (8-39)$$

$$f_{h容}=\pm20\sqrt{L} \quad (\text{mm}) \qquad 平原 \qquad (8-40)$$

表 8-18　三、四等水准测量记录计算表

日期：＿＿年＿＿月＿＿日　　天气：＿＿＿　　仪器型号：＿＿＿　　组号：＿＿＿
观测者：＿＿＿　　记录者：＿＿＿　　司尺者：＿＿＿

测站编号	点号	后尺 上丝 下丝 后视距 视距差d	前尺 上丝 下丝 前视距 累加差$\sum d$	方向及尺号	标尺读数 黑面(m)	标尺读数 红面(m)	$K+$黑$-$红(mm)	高差中数(m)	备注
		(1)	(4)	后尺 1#	(3)	(8)	(14)		已知水准点的高＝＿＿。
		(2)	(5)	前尺 2#	(6)	(7)	(13)	(18)	
		(9)	(10)	后－前	(15)	(16)	(17)		
		(11)	(12)						
1	BM1　ZD1	1.571　1.197　37.4　−0.2	0.739　0.363　37.6　−0.2	后尺 1#　前尺 2#　后－前	1.384　0.551　+0.833	6.171　5.239　+0.932	0　−1　+1	+0.8325	尺 1# 的 $K=4.787$
2	ZD1　ZD2	2.121　1.747　37.4　−0.1	2.196　1.821　37.5　−0.3	后尺 2#　前尺 1#　后－前	1.934　2.008　−0.074	6.621　6.796　−0.175	0　−1　+1	−0.0745	尺 2# 的 $K=4.687$

续表

测站编号	点号	后尺 上丝 下丝 后视距 视距差 d	前尺 上丝 下丝 前视距 累加差 $\sum d$	方向及尺号	标尺读数 黑面 (m)	标尺读数 红面 (m)	$K+$黑$-$红(mm)	高差中数 (m)	备注
3	ZD2	1.914	2.055	后尺 1#	1.726	6.513	0	−0.1405	
		1.539	1.678	前尺 2#	1.866	6.554	−1		
	ZD3	37.5	37.7	后−前	−0.140	−0.041	+1		
		−0.2	−0.5						
4	ZD3	1.965	2.141	后尺 2#	1.832	6.519	0	−0.1745	
		1.700	1.874	前尺 1#	2.007	6.793	+1		
	ZD4	26.5	26.7	后−前	−0.175	−0.274	−1		
		−0.2	−0.7						
5	ZD4	1.540	2.813	后尺 1#	1.304	6.091	0	−1.2810	
		1.069	2.357	前尺 2#	2.585	7.272	0		
	ZD5	47.1	45.6	后−前	−1.281	−1.181	0		
		+1.5	+0.8						
本页校核	\multicolumn{9}{l}{$\sum[(3)+(8)]-\sum[(6)+(7)]=40.095-41.671=-1.576$ $\sum[(15)+(16)]=-1.576; 2\sum(18)=-1.576$ 由此可以满足 $\sum[(3)+(8)]-\sum[(6)+(7)]=\sum[(15)+(16)]=2\sum(18)$ $\sum(9)-\sum(10)=185.9-185.1=+0.8=$末站(12) 总视距$=\sum(9)+\sum(10)=371.0$}

(二)观测结果的重测和取位

(1)高程控制测量数字取位应符合表 8-19 的规定。

表 8-19 高程测量数字取位要求

测量等级	各测站高差 (mm)	往返测距离总和 (km)	往返测距离中数(km)	往返测高差总和(mm)	往返测高差中数 (mm)	高程 (mm)
各等	0.1	0.1	0.1	0.1	1	1

(2)测站观测超限必须立即重测,否则从水准点或间歇点开始重测。

(3)测段往、返测高差较差超限必须重测,重测后应选择往、返测合格的结果。如果重测结果与原测结果分别比较,较差均不超过限差时,取 3 次结果的平均值。

(4)每条水准路线按测段往、返测高差较差、附合路线的环线闭合差计算的高差偶然中误差或高差全中误差超限时,应对路线上闭合差较大的测段进行重测。

M_Δ 和 M_W 分别按式(8−41)式(8−42)计算。

(三)精度评定

水准测量的数据处理应符合下列规定:当每条水准路线分测段施测时,应按式(8−41)计算每千米水准测量的高差偶然中误差,其绝对值不应超过表 8-15 中相应等级每千米高差全中误差的 1/2。

$$M_\Delta = \sqrt{\frac{1}{4n}\left[\frac{\Delta\Delta}{L}\right]} \tag{8-41}$$

式中：M_Δ——高差偶然中误差(mm)；

Δ——测段往返高差不符值(mm)；

L——测段长度(km)；

n——测段数。

水准测量结束后，应按式(8-42)计算每千米水准测量高差全中误差，其绝对值不应超过表 8-15 中相应等级的规定。

$$M_W = \sqrt{\frac{1}{N}\left[\frac{WW}{L}\right]} \tag{8-42}$$

式中：M_W——高差全中误差(mm)；

W——附合或环线闭合差(mm)；

L——计算各 W 时相应的路线长度(km)；

N——附合路线和闭合环的总个数。

第六节 三角高程测量

在丘陵地区或山区，由于地面高低起伏较大，或当水准点位于较高建筑物上，用水准测量作高程控制时困难大且速度慢，甚至无法实施，这时可考虑采用三角高程测量。根据所采用的不同仪器，三角高程测量分为光电测距三角高程测量和经纬仪三角高程测量，目前大多数采用光电测距三角高程测量。

一、三角高程测量原理

三角高程测量是根据地面上两点间的水平距离 D 和测得的竖直角 α 来计算两点间的高差 h。如图 8-24 所示，已知 A 点高程为 H_A，现欲求 B 点高程 H_B，则在 A 点安置经纬仪，同时量测出 A 点至经纬仪横轴的高度 i，称为"仪器高"。B 点水准尺中丝读数为 l，称为"目标高"。测出竖直角 α，若已知(或测出)A、B 两点间的水平 D_{AB}，则可求得 A、B 两点间的高差 h_{AB}。

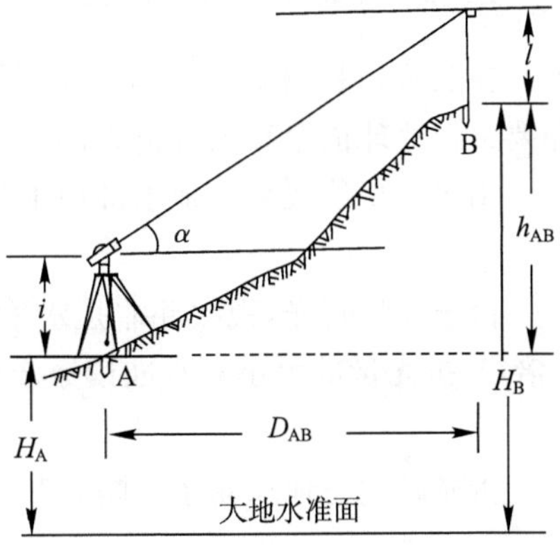

$$h_{AB} = D_{AB} \cdot \tan\alpha + i - l \tag{8-43}$$

图 8-24 三角高程测量

由此得到 B 点的高程为

$$H_B = H_A + h_{AB} = H_A + D_{AB} \cdot \tan\alpha + i - l \tag{8-44}$$

在应用上述公式时，要注意竖直角的正负号，当竖直角 α 为仰角时取正号，当竖直角 α 为俯角时取负号。

二、三角高程测量的等级及技术要求

全站仪进行的三角高程测量称为"光电测距三角高程测量"。光电测距三角高程测量一般分为两级,即四等和五等三角高程测量,它们可作为测区的首级控制。光电测距三角高程测量的主要技术要求和观测的主要技术要求应符合表 8-20 和表 8-21 的规定。对于仪器和反射棱镜的高度,应使用仪器配置的测尺和专用测杆在测前、测后各测量一次,两次测量之差不得大于 2mm。

表 8-20 光电测距三角高程测量的主要技术要求

等级	仪器	测距边测回数	垂直角测回数 三丝	垂直角测回数 中丝	指标差较差(″)	垂直角较差(″)	对向观测高差较差(mm)	符合或环线闭合差(mm)
四等	DJ_2	往返	—	3	≤7	≤7	$\pm 40\sqrt{D}$	$\pm 20\sqrt{\sum D}$
五等	DJ_2	往或返	1	2	≤10	≤10	$\pm 60\sqrt{D}$	$\pm 30\sqrt{\sum D}$

注:D 为测距边长度,单位为 km。

表 8-21 光电测距三角高程观测的主要技术要求

等级	仪器	测距边测回数	边长(m)	垂直角测回数(中丝法)	指标差之差(″)	垂直角之差(″)
四等	DJ_2	往返均≥2	≤600	≥4	≤5	≤5
五等	DJ_2	≥2	≤600	≥2	≤10	≤10

三、地球曲率和大气折光的影响

在三角高程测量时,一般情况下,需要考虑地球曲率和大气折光对所测高差的影响,即要进行地球曲率和大气折光的改正,简称"球气两差改正",参见图 2-32。

用水平视线代替大地水准面地尺上读数产生的误差为 C,则

$$C = D^2/2R \tag{8-45}$$

由于大气折光,视线并非是水平线,而是一条曲线,曲线的曲率半径约为地球半径的 7 倍,其折光量的大小对水准读数产生的影响为

$$r = D^2/14R \tag{8-46}$$

折光影响与地球曲率影响之和(测量上称为"两差改正")为

$$f = C - r = \frac{D^2}{2R} - \frac{D^2}{14R} = 0.43\frac{D^2}{R} \tag{8-47}$$

球气两差在单向三角高程测量中必须进行改正,即式(8-43)应写为

$$h_{AB} = D_{AB} \cdot \tan\alpha + i - l + f \tag{8-48}$$

但对于双向三角高程测量(又称"对向观测"或"直反觇观测",即先在已知高程的 A 点安置仪器,在另一点 B 立觇标,测得高差 h_{AB},称为"直觇";然后在 B 点安置仪器,在 A 点立觇标,测得高差 h_{BA},称为"反觇")来说,若将直、反觇测得的高差值取平均值,可以抵

消球气两差的影响,因此,三角高程测量一般都用对向观测,且宜在较短的时间内完成。

四、三角高程测量的施测方法

(1)仪器安置在测站上,量出仪器高 i,将觇标立于测点上,量出觇标高 l,读数至毫米。

(2)采用测回法观测竖直角 α,取平均值作为最后结果。

(3)采用对向观测法,方法同前两步。

(4)应用式(8-43)和式(8-44)计算高差及高程。

以上观测与计算均应满足表 8-20、表 8-21 中的要求。

目前,各单位都是采用光电测距三角高程测量,利用全站仪自动计算功能直接计算两点之间的高差,进而得到待测点的高程。若严格按规范进行操作实施,精度可以达到四等水准测量。

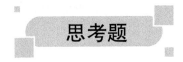

思考题

1. 将控制测量的作用是什么?控制测量联测的目的是什么?
2. 导线点选点的基本原则有哪些?"点之记"有什么作用?
3. 什么是坐标的正算、反算?正、反方位角的关系如何?方位角与象限角的关系如何?
4. 采用三联脚架法作业的目的是什么?
5. 闭合导线和附合导线内业计算有什么不同?
6. 角度闭合差调整时为什么要平均分配?余数为什么要分配给短边夹角或邻角?
7. 什么是危险圆?你能说明"危险"的原因和后果吗?
8. 实施三、四等水准测量时,按"后前前后"的程序观测的作用是什么?
9. 高差偶然中误差 M_Δ 和高差全中误差 M_W 有什么不同?
10. 衡量一条导线测量精度是否合格的主要指标是什么?
11. 用所学计算机知识,结合导线测量内业计算步骤,编制 Excel 电子表格导线测量计算程序。
12. 如图 8-25 所示,已知 $X_A=3223.456\mathrm{m}, Y_A=3234.567\mathrm{m}, X_B=3154.174\mathrm{m}, Y_B=3274.567\mathrm{m}$。$\beta_1=254°, \beta_2=104°, D_1=92.230\mathrm{m}, D_2=96.387\mathrm{m}$,试求 P_1、P_2 点的坐标 (X_{P1},Y_{P1})、(X_{P2},Y_{P2})。
13. 如图 8-26 所示为一闭合导线 12345 的外业观测数据,已知导线点 1 的坐标 $x_1=540.38\mathrm{m}, y_1=1236.70\mathrm{m}$,导线边 12 的 $\alpha_{12}=46°57'02''$。试用表格计算各导线点坐标。

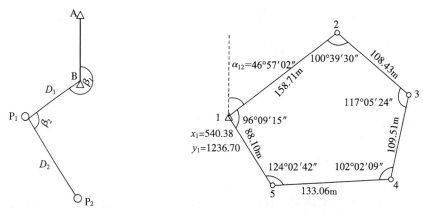

图 8-25 支导线计算数据　　　　图 8-26 闭合导线计算数据

14. 如图 8-27 所示为一附合导线的外业观测数据,已知 $X_B=1000.000\text{m}$,$Y_B=1000.000\text{m}$,$X_C=987.100\text{m}$,$Y_C=2247.320\text{m}$,$\alpha_{AB}=136°00'26''$,$\alpha_{CD}=50°13'09''$。试用表格计算各导线点坐标。

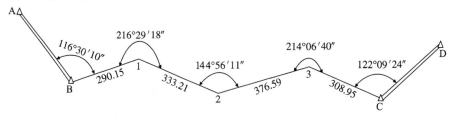

图 8-27 附合导线计算数据

第九章　大比例尺地形图测绘与应用

> **学习目标**

1. 熟悉大比例尺地形图测绘的基本概念、基本原理、测图方法和工程实际应用；了解大比例尺地形图在工程建设规划、设计中的重要作用和所能提供的资料信息。

2. 了解阅图的基本知识，地形图上地物、地貌的表示方法和数字化测图的步骤。

3. 能够分析大比例尺数字化测图的特点及其与传统测图的区别；了解地物、地貌特征点及综合取舍原则。

4. 能够根据国家标准《地形图图式》(GB/T7929-2006)的规定，完成大比例尺数字化测图野外数据采集工作。

5. 能够正确完成大比例尺数字化测图内业数据处理与地图数据输出；能够在地形图上确定点的坐标和高程、距离、方位、坡度等，完成绘制断面图、确定汇水面积和土石方量的计算等工作。

第一节　地形图的基本知识

地球表面形态是复杂多样的，在测量中，将地面上自然形成的（如河流、森林等）或人工构筑（如房屋、道路、桥梁等）的固定物体称为"地物"。将地球表面上高低起伏的自然形态（如山地、丘陵、平原等）称为"地貌"。地物和地貌合称为"地形"。地形图的测绘就是在小区域范围内，不考虑地球曲率的影响，将地球表面某区域内的地物和地貌按正射投影的方法和选定的比例尺，用规定的图式符号缩绘到图纸上，这种表示地物和地貌平面位置和高程的图形称为"地形图"；平面图是没有高程，只有轮廓形状，只表示地物而不表示地面高低情况的图。公路工程中的带状地形图是沿线路两侧一定宽度范围内所测绘的地形图。带状地形图的特点如下。

(1)带状地形图能全面反映路线的平面位置、道路所经过地区的地形以及道路克服各种自然障碍物所采取的措施（如桥梁、隧道等）。

(2)带状地形图的比例尺一般为 1:2000，地形平坦、简单的地区可采用 1:5000 比例尺，有重点工程的可采用 1:1000 比例尺。测绘的图幅宽度一般为中线两侧各 150~250m，三级和三级以下的公路及老路改造可根据实际情况适当缩小。

(3)测绘带状地形图时，每幅图都必须标明正北方向（采用标准指北符号，如图 9-1 所示）；如果标记有困难，也可采用罗盘仪测定磁方位角，确定概略磁北方向。

地形图的测绘应遵循"从整体到局部"、"先控制后碎部"的基本原则,先根据测图的目的及测区的具体情况,建立平面及高程控制网,然后在控制点的基础上进行地物和地貌的碎部测量。碎部测量是利用平板仪、光电测距照准仪、经纬仪以及全站仪等测量仪器,以相应的方法,在某一控制点(测站)上测绘地物轮廓点和地面起伏点的平面位置和高程,并将其用相应的图式符号绘制在图纸上的工作。

图 9-1 指北符号

一、地形图比例尺及比例尺精度

(一)地形图比例尺

比例尺是地形测量所必需的。比例尺表示图上两点间的直线长度 d 与其相对应在地面上的实地水平距离 D 之比,其表示形式分为数字比例尺和图示比例尺 2 种。

1. 比例尺的表示方法

(1)数字比例尺。数字比例尺以分子为 1 的分数表示,通常用 $1/M$ 或 $1:M$ 表示,即

$$\frac{d}{D} = \frac{1}{M}$$

式中,M 为比例尺分母。分母 M 数值越大,图的比例尺就越小;反之,比例尺就越大,图面表示的内容就越详细,精度也越高。数字比例尺一般写成 1:500、1:1000、1:2000 等。

(2)图示比例尺。图示比例尺有直线比例尺和斜线比例尺等,常用的图示比例尺为直线比例尺,是根据数字比例尺绘制而成的,如图 9-2 所示。图中表示的为 1:500 的直线比例尺,取 2cm 长度为基本单位,每基本单位所代表的实地长度为 10m。从直线比例尺上可直接读得基本单位的 1/10,可以估读到 1/100。图示比例尺一般绘于图纸的下方,和图纸一起复印或蓝晒,因此便于用分规直接量取图上直线段的水平距离,且可以消除图纸伸缩变形的影响。

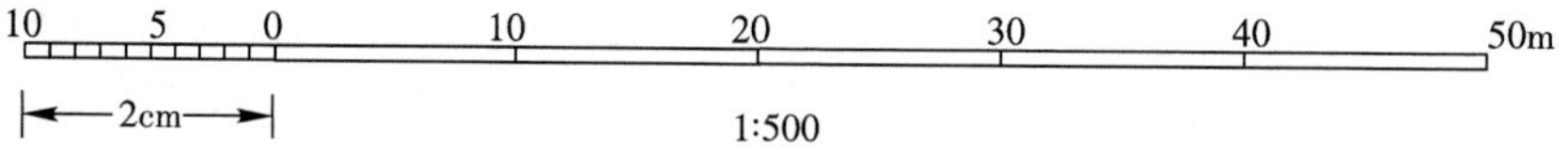

图 9-2 图示比例尺

2. 地形图按比例尺分类

我国把地形图按比例尺大小划分为大、中、小 3 种比例尺地形图。

(1)大比例尺地形图。通常把采用 1:500、1:1000、1:2000 和 1:5000 比例尺的地形图称为"大比例尺地形图"。对于大比例尺地形图的测绘,传统测量方法是利用经纬仪或平板仪进行野外测量;现代测量方法是利用电磁波测距仪、光电测距照准仪或全站仪,完成从野外测量、计算到内业一体化的数字化成图测量,是在传统方法的基础上建立起来的。

大比例尺地形图主要是工程建设用图,广泛应用于公路、铁路、城市规划、水利设施等工程的详细规划、初步设计、工程施工设计、竣工图等。

(2)中比例尺地形图。通常把采用 1:10000、1:25000、1:50000、1:100000 比例尺的地形图称为"中比例尺地形图"。中比例尺地形图一般采用航空摄影测量或航天遥感数字摄影测量方法测绘,通常由国家测绘部门完成。中比例尺地形图是各种工程规划设计

的依据,也是绘制其他地(形)图的基础,如城市总体规划、厂址选择、区域布置、方案比较等。

(3)小比例尺地形图。通常把采用小于1:10万(如1:20万、1:25万、1:50万、1:100万等)的比例尺的地形图称为"小比例尺地形图"。小比例尺地形图一般是以中比例尺地形图为基础,采用缩编的方法完成,如各类行业(地质、交通、旅游、水利等)地图,是研究全国地形情况的重要资料和制定国家发展战略的重要依据。

1:1万、1:2.5万、1:5万、1:10万、1:25万、1:50万和1:100万的比例尺地形图被确定为"国家基本比例尺地形图"。

(二)比例尺精度

正常情况下,人们用肉眼在图纸上能分辨的最小长度为0.1mm,即在图纸上,当两点间的距离小于0.1mm时,人眼就无法分辨。因此,把相当于图纸上0.1mm的实地水平距离称为"地形图比例尺精度",即比例尺精度的大小$=0.1M$(mm),见表9-1。式中M为比例尺分母。

表9-1 比例尺精度

比例尺	1:500	1:1000	1:2000	1:5000	1:10000
比例尺精度	0.05m	0.1m	0.2m	0.5m	1m

比例尺精度的概念对测图和用图都具有十分重要的意义。

(1)根据测图的比例尺确定距离测量的精度。例如,用1:2000的比例尺测图时,实地量距只需量到大于0.2m,因为即使量得再精细,在地图上也无法表示出来。

(2)根据测图的精度要求选用合适的比例尺。例如,在测图时,要求在图上能反映出地面上0.5m的大小,则由比例尺精度可知,所选用的测图比例尺不应小于1:5000。

(三)地形图比例尺的选用

(1)1:10000、1:5000——城市总体规划、厂址选择、区域布置、方案比较等。

(2)1:2000——城市详细规划及工程项目初步设计。

(3)1:1000、1:500——建筑设计、城市详细规划、工程施工图设计、竣工图等。

(4)1:10000及以上——国家基本图和行业用图等。

二、地形图分幅与图外注记

(一)地形图分幅

为了便于对各种比例尺地形图进行统一的管理和使用,地形图必须进行统一的分幅和编号。地形图分幅方法分为2类:一类是按国际统一规定的经纬度分幅的梯形分幅法,又称"国际分幅";另一类是按坐标格网分幅的矩形或正方形分幅法。前者用于中小比例尺的国家基本图的分幅;后者则用于工程建设上大比例尺地形图的分幅。1991年国家测绘局制订并颁布实施了新的《国家基本比例尺地形图分幅和编号》(GB/T 13989-1992)国家标准。

1.地形图的分幅及编号的方法

(1)梯形分幅与编号。

①1∶100万比例尺图的分幅与编号。根据国标《国家基本比例尺地形图分幅和编号》(GB/T 13989-1992)的规定,各种比例尺地形图均以 1∶100 万地形图为基础图,沿用原分幅各种比例尺地形图的经纬差,见表 9-2,全部由 1∶100 万地形图按相应比例尺地形图的经纬差逐次加密划分图幅,以横为行,以纵为列。

表 9-2　比例尺经纬差

比例尺		1∶100万	1∶50万	1∶25万	1∶10万	1∶5万	1∶2.5万	1∶1万	1∶5000
图幅范围	经差	6°	3°	1°30′	30′	15′	7′30″	3′45″	1′52.5″
	纬差	4°	2°	1°	20′	10′	5′	2′30″	1′15″
行列数量关系	行数	1	2	4	12	24	48	96	192
	列数	1	2	4	12	24	48	96	192
图幅数量关系		1	4	16	144	576	2304	9216	36864

1∶100 万地形图的编号是自赤道向北或向南分别按纬度 4°分成横行,依次用 A、B、…、V 表示;自经度 180°开始起算,自西向东按经差 6°分成纵列,依次用 1、2、…、60 表示。每一幅图的编号由其所在的"横行纵列"的代号组成,北半球如图 9-3 所示。例如,北京某地的经度为东经 117°54′18″,纬度为北纬 39°56′12″,则其所在的 1∶100 万比例尺图的图号为 J50。我国 1∶100 万地形图分幅与编号如图 9-4 所示。

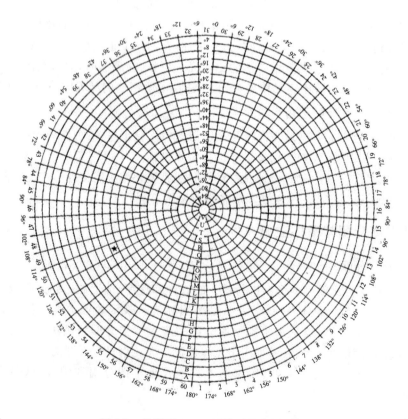

图 9-3　北半球 1∶100 万地形图分幅、编号

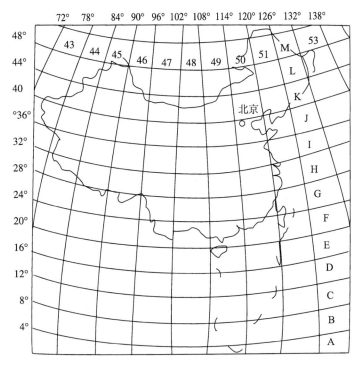

图 9-4 我国 1:100 万地形图分幅、编号

②1:50 万至 1:5000 比例尺图的分幅和编号。均以 1:100 万的地形图编号为基础，采用行列式编号法。将 1:100 万比例尺图按所含各比例尺地形图的经纬差划分为相应的行和列，横行自上而下，纵列由左到右，按顺序均用阿拉伯数字编号，皆用三位数字表示。凡不足三位数的，则在其前面补 0。

各大中比例尺地形图的图号均由 5 个元素 10 位码组成，自左向右各位码的含义如图 9-5 所示，各元素均连写；比例尺代码见表 9-3。新的分幅编号系统的主要优点是，编码系统统一于一个根部，编码长度相同，便于计算机处理。

表 9-3 比例尺代码

比例尺	1:50万	1:25万	1:10万	1:5万	1:2.5万	1:1万	1:5000
代码	B	C	D	E	F	G	H

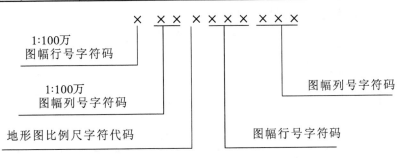

图 9-5 1:50 万~1:5000 地形图图号构成

(2) 矩形（正方形）分幅。矩形分幅按图幅西南角点的坐标公里数编号，适用于大比例尺地形图的图幅编号。编号时,比例尺为 1:500 地形图,坐标值取至 0.01km,而 1:1000、1:2000 地形图取至 0.1km,如图 9-6 所示。

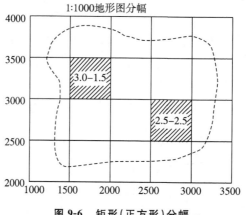

图 9-6 矩形(正方形)分幅

正方形分幅是以 1:5000 图幅为基础的按坐标格网进行的分幅,是目前各种工程建设中地形图测绘最常用的分幅方法。对于 1:5000 比例尺的地形图,图幅大小为 40cm×40cm,其他比例尺 1:2000、1:1000、1:500 等均采用 50cm×50cm 图幅。它们之间的关系见表 9-4。

表 9-4 矩形(正方形)分幅不同比例尺图幅之间的关系

比例尺	50×40 分幅		50×50 分幅		1:5000 图所含幅数
	图幅大小 cm×cm	实地面积 km²	图幅大小 cm×cm	实地面积 km²	
1:5000	50×40	5	40×40	4	1
1:2000	50×40	0.8	50×50	1	4
1:1000	50×40	0.2	50×50	0.25	16
1:500	50×40	0.05	50×50	0.625	64

(3)任意分幅。在较小测区内,根据工程建设的需要,为使用方便或减少破幅数,可采用任意分幅,如自然数或行列号等见表 9-5、表 9-6。

表 9-5 自然数分幅

1	2	3	4	
5	6	7	8	9	10
11	12	13	14	15	16

表 9-6 行列号分幅

A-1	A-2	A-3	A-4	A-5	A-6
B-1	B-2	B-3	B-4		
	C-2	C-3	C-4	C-5	C-6

(二)地形图图外注记

标准地形图在图外注有图名、图号、接图表、比例尺、经纬度及坐标格网、三北方向线、坐标系统、高程系统、图式、测图日期、测图者等内容。

1.图名、图号和接图表

(1)图名。一幅地形图的名称一般用图幅中最具有代表性的地名、景点名、居民地或企事业单位名称命名,图名标在图的上方正中位置。如图9-7所示,其图名为"热电厂"。

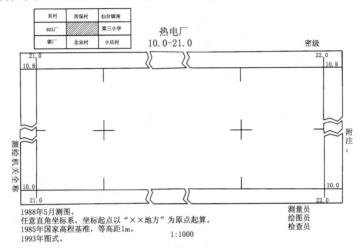

图 9-7 地形图图名、图号和接图表

(2)图号。为便于储存、检索和使用系列地形图,每张地形图除有图名外,还编有一定的图号。图号是该图幅相应分幅方法的编号,图号标在图名和上图廓线之间。如图9-7所示,其图号为10.0—21.0。

(3)接图表。接图表是表示本图幅与相邻图幅关系的图表,表上注有相邻图幅的图名或图号,接线表绘在本幅图的上图廓的左上方,如图9-7所示。

2.图廓和坐标格网

(1)图廓。地形图都有内、外图廓,内图廓线较细,是图幅的范围线,绘图时必须控制在该范围线以内;外图廓线较粗,主要是对图幅起装饰作用。

(2)坐标格网。矩形图幅的内廓线亦是坐标格网线,在内外图廓之间和图内绘有坐标格网交点短线,图廓的四角注记有该角点的坐标值。梯形图幅的内廓线是经纬线,图廓的四角注有经纬度,内外图廓间还有分图廓,分图廓绘有经差和纬差,用 1′ 间隔的黑白分度带表示,只要把分图廓对边相应的分度线连接,就构成了经、纬差各为 1′ 的地理坐标格网。梯形图幅内还有 1km 的直角坐标格网,称为"公里坐标格网"。内图廓和分图廓之间注有公里格网坐标值,另外,图幅下边图廓外还有坡度比例尺和三北方向线等,如图9-8、图9-9所示。

154　工程测量技术

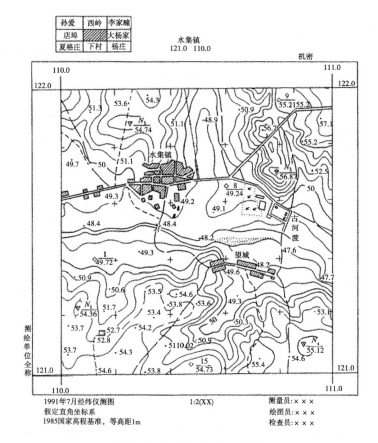

图 9-8　地形图的图廓和图外注记

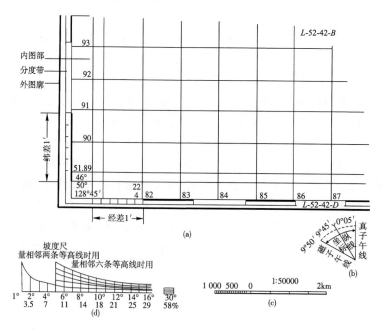

图 9-9　地形图图外注记

第二节 地物、地貌的表示方法

为了便于测图和用图,用各种简明、准确、易于判断实物的图形或符号,将实地的地物和地貌在图上表示出来,这些符号统称为"地形图图式"(Topographic Map Symbols)。地形图图式由国家测绘机关统一制定并颁布,是测绘和使用地形图的重要依据。表 9-7 是常用的地形图图式。地形图图式制定原则:简明、象形、易于判读地物。地形图图式符号有 3 种:地物符号(Feature Symbols)、地貌符号(Geomorphy Symbols)和注记符号(Lettering Symbols)。

一、地物符号

地物在地形图中是用地物符号来表示的。地物符号按其特点又分为比例符号、半比例符号和非比例符号。

(一)比例符号

有些占地面积较大(以比例尺精度衡量)的地物,如地面上的房屋、桥、水田、旱地、湖泊、植被等地物,可以按测图比例尺缩小,用地形图图式中的规定符号绘出,称为"比例符号",又称"轮廓符号",如图 9-10 所示。

表 9-7 地形图图例(式)

编号	符号名称	图例	编号	符号名称	图例
1	三角点 张湾岭——点名 156.713——高程	3.0 △ $\frac{张湾岭}{156.713}$	6	一般房屋 混——房屋结构 3——房屋层数	混3 $\frac{1.6}{}$
2	导线点 Ⅰ16——等级、点号 294.91——高程	3.0 ▣ $\frac{I16}{294.91}$	7	地面上窑洞 a.依比例尺的 b.不依比例尺的 c.房屋式窑洞	a ⌒ b ⌒ c ▭
3	图根点 1. 埋石的 2. 不埋石的	2.6 ◇ $\frac{16}{294.91}$ 1.6 ⊙ $\frac{25}{62.74}$	8	地面下窑洞 a.依比例尺的 b.不依比例尺的	a ▭ b ▭
4	水准点 Ⅱ京石5——等级、点名、点号 32.804——高程	2.0 ⊗ $\frac{Ⅱ京石5}{32.804}$	9	台阶	0.6 1.0 1.0
5	GPS控制点 D21——等级、点号 156.71——高程	△ $\frac{D21}{156.71}$	10	室外楼梯 a.上楼方向	砼8 a

续表

编号	符号名称	图例	编号	符号名称	图例
11	门墩 a.依比例尺的 b.不依比例尺的		20	果园	
12	围墙 a.依比例尺的 b.不依比例尺的		21	有林地	
13	栅栏、栏杆		22	苗圃	
14	篱笆		23	草地	
15	活树篱笆		24	高速公路 a.收费站 0——技术等级代码	
16	铁丝网		25	等级公路 2——技术等级代码(G301)： 国道路线编号	
17	稻田		26	大车路、机耕路	
18	旱地		27	乡村路 a.依比例尺的 b.不依比例尺的	
19	菜地		28	内部道路	

续表

编号	符号名称	图例	编号	符号名称	图例
29	高架路		36	铁路平交路口 a.有栏木的 b.无栏木的	
30	涵洞 a.依比例尺的 b.不依比例尺的		37	铁路桥	
31	隧道及入口 a.依比例尺的 b.不依比例尺的		38	铁索桥	
32	路堑 a.已加固的 b.未加固的		39	电线杆上变压器	
33	路堤 a.已加固的 b.未加固的		40	电线(铁塔) a.依比例尺的 b.不依比例尺的	
34	道路标志 a.里程碑 b.坡度表 c.路标 d.汽车停车站		41	电线架	
			42	输电线 a.地面上的 b.地面下的 c.电缆标	
35	挡土墙		43	配电线 a.地面上的 b.地面下的 c.电缆标	

续表

编号	符号名称	图例	编号	符号名称	图例
44	池塘		47	省、自治区、直辖市界 a.已定界和界标 b.未定界	a 0.6 4.0 6.0 0.8 b 1.6 4.0 6.0
45	一般的 a.单线的 b.双线的	a ———— 0.3 b ≡≡≡≡	48	自然保护区界	4.0 2.0 1.0 0.2
46	国界 a.已定界、界桩、界碑和编号 b.未定界	6.0 2号界碑 0.8 · • a 4.0 1.0 b ▬ ▬ ▬ 1.6			

(二)半比例符号

对于有些呈线状延伸的地物，如铁路、公路、管线、河流、渠道、围墙、篱笆等，其长度能按测图比例尺缩绘，但其宽度则不能，这样的符号称为"半比例符号"，又称"线状符号"，如图 9-11 所示。这种符号的中心线一般表示其实地地物的中心位置，但是城墙和垣栅等地物的中心位置在其符号的底线上。

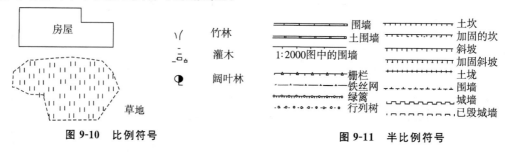

图 9-10　比例符号　　　　　　图 9-11　半比例符号

(三)非比例符号

有些地物由于占地面积很小，如三角点、导线点、水准点、水井、旗杆等，无法将其形状和大小按比例缩绘到图上，只能用特定的、统一尺寸的符号表示其中心位置，这样的符号称为"非比例符号"，又称"形象符号"，如图 9-12 所示。

非比例符号均按直立方向描绘，即与南图廓垂直。非比例符号的中心位置与该地物实地的中心位置关系，因不同的地物而异。在测图和用图时应注意下列几点：

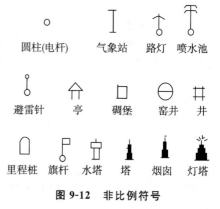

图 9-12　非比例符号

(1)规则的几何图形符号，如圆形、正方形、三角形等，以图形几何中心点为实地地物的中心位置。

(2)底部为直角形的符号，如独立树、路标等，以符号的直角顶点为实地地物的中心位置。

(3)宽底符号,如烟囱、岗亭等,以符号底部中心为实地地物的中心位置。

(4)几种图形组合符号,如路灯、消防栓等,以符号下方图形的几何中心为实地地物的中心位置。

(5)下方无底线的符号,如山洞、窑洞等,以符号下方两端点连线的中心为实地地物的中心位置。

在不同比例尺的地形图上表示地面上同一地物,由于测图比例尺有变化,所使用的符号也会变化。某一地物在大比例尺地形图上用比例符号表示,而在中、小比例尺地形图上则可能用非比例符号或半比例符号表示。

二、地貌符号

地貌是指地球表面高低起伏、凹凸不平的自然形态,如图 9-13 所示。在地形图上表示地貌的方法有多种。目前表示地貌最常用的方法是等高线法,所以等高线是常见的地貌符号。但对梯田、峭壁、冲沟等特殊的地貌,不便用等高线表示,可根据《地形图图式》绘制相应的符号。

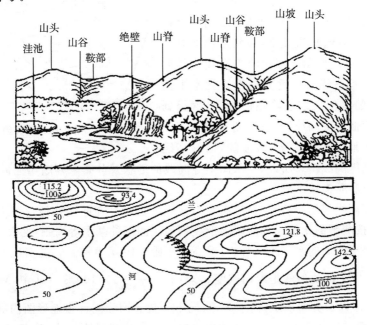

图 9-13　地貌与等高线

(一)地貌的 5 种基本形状

1. 山

较四周显著凸起的高地称为"山",如山岳、山丘。山的最高点称为"山顶",尖的山顶称为"山峰"。山的侧面称为"山坡(斜坡)"。山坡的倾斜在 20°～45°的称为"陡坡",几乎成竖直形态的称为"峭壁(陡壁)",下部凹入的峭壁称为"悬崖",山坡与平地相交处称为"山脚"。

2. 山脊

山的凸棱由山顶延伸至山脚者称为"山脊",山脊最高的棱线称为"分水线(山脊线)"。

3. 山谷

两山脊之间的凹部称为"山谷",山谷两侧称为"谷坡",山谷坡相交部分称为"谷底"。谷底最低点连线称为"山谷线"(又称"合水线")。谷地与平地相交处称为"谷口"。

4. 鞍部(垭口)

两个山顶之间的低洼山脊处,形状像马鞍,称为"鞍部"。

5. 盆地(洼地)

四周高中间低的地形称为"盆地",最低处称为"盆底"。

(二)等高线

地面上高程相等的相邻各点连接成的闭合曲线,称为"等高线"。如图 9-14 所示,设想有一座小岛在湖泊中,开始时水面高程为 40m,则水面与山体的交线即为 40m 的等高线;若湖泊水位不断升高,达到 60m 时,则山体与水面的交线即为 60m 的等高线;依次类推,直到水位上升到 100m 时,淹没山顶而得 100m 的等高线。然后把这些实地的等高线沿铅垂方向投影到水平面上,并按规定的比例尺缩小绘在图纸上,就得到与实地形状相似的等高线。显然,图上的等高线形态取决于实地山头的形态,坡度陡,则等高线密,坡度缓,则等高线疏。所以,可从图上等高线的形状及分布来判断实地地貌的形态。

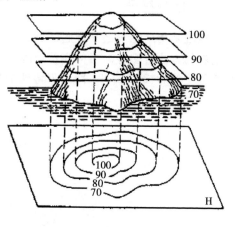

图 9-14 等高线

1. 等高距和等高线平距

相邻两等高线间的高差称为"等高距",常以 h 表示。在同一幅地形图上只能有一个等高距,通常按测图的比例尺和测区地形类别确定测图的基本等高距,见表 9-8。

相邻两等高线间的水平距离称为"等高线平距",用 d 表示。它随实地地面坡度的变化而改变。h 与 d 的比值就是地面坡度 i,即:$i = \frac{h}{d \cdot M} \times 100\%$。式中,$M$ 为比例尺分母。坡度 i 一般以百分率表示,向上为正,向下为负。因为同一张地形图内等高距 h 是相同的,所以地面坡度与等高线平距 d 的大小有关。等高线平距越小,地面坡度就越大;等高线平距越大,则坡度越小;等高线平距相等,则坡度相同。因此,可以根据地形图上等高线的疏、密来判断地面坡度的缓、陡。

2. 等高线的种类

为了充分表示出地貌的特征以及用图的方便,等高线按其用途分为 4 类,如图 9-15 所示(图中只画出一部分)。

表 9-8　地形图基本等高距

地形类别	地面坡度	不同比例尺的基本等高距(m)			
		1:500	1:1000	1:2000	1:5000
平原(平地)	2°以下	0.5	0.5	1.0	1.0
微丘(丘陵)	2°～6°	0.5	1.0	2.0	2.0
重丘(山地)	6°～25°	1.0	1.0	2.0	5.0
山岭(高山)	25°以上	1.0	2.0	2.0	5.0

(1)基本等高线,又称"首曲线",是按基本等高距测绘的等高线,是宽度为 0.15mm 的细实线。

(2)加粗等高线,又称"计曲线"。为易于识图,逢五逢十(指基本等高距的整五或整十倍),即每隔 4 条或 9 条首曲线加粗一条等高线,并在其上注记高程值(线宽 0.3mm)。

(3)半距等高线,又称"间曲线"。在个别地方的地面坡度很小,用基本等高距的等高线不足以显示局部的地貌特征时,可按 1/2 基本等高距用长虚线加绘半距等高线。

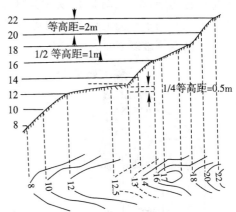

图 9-15　等高线类型

(4)1/4 等高线,又称"助曲线",是指在半距等高线与基本等高线之间,以 1/4 基本等高距再进行加密,且用短虚线绘制的等高线。

3.典型地貌的等高线

地貌的类型复杂多样,就其形态而言,可归纳为以下几种典型的类型。

(1)山头与洼地。凸出而高于四周的高地称为"山",大的称为"山岳",小的称为"山丘"。山的最高点称为"山顶"。四周高、中间低的地形称为"洼地"。如图 9-16、图 9-17所示,分别为山头与洼地的等高线,二者的等高线形状完全相同,其特征为一簇闭合曲线。为了区分起见,可在其等高线上加绘示坡线或标出各等高线处的高程。示坡线是垂直于等高线指向低处的短线。高程注记一般由低向高注记。

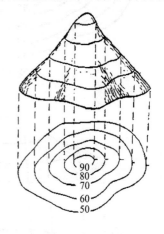

图 9-16　山头等高线

(2)山脊与山谷。山的凸棱由山顶延伸到山脚,称为"山脊",两山脊之间的凹部称为"山谷"。如图 9-18、图 9-19 所示,它们的等高线形状呈"U"字形,其中山脊的等高线的"U"字凸向低处,山谷的等高线的"U"字凸向高处。山脊最高点连成的棱线称为"山脊线",又称为"分水线";山谷最低点连成的棱线称为"山谷线",又称为"集水线"。山脊线和山谷线统称为"地性线",不论是山脊线还是山谷线,它们都要与等高线垂直正交。在一般工程设计中,要考虑地面水流方向、分水、集水等问题,因此,山脊线和山谷线在地形图测绘和应用中具有重要的意义。

(3)鞍部。相对的两个山脊和山谷的会聚处的马鞍形地形,称为"鞍部",又称为"垭口"。图9-20所示为两个山顶之间的马鞍形地貌,用两簇相对的山脊和山谷的等高线表示。鞍部在山区道路的选用中是一个关键点,越岭道路常需经过鞍部。

(4)悬崖。山的侧面称为"山坡",上部凸出、下部凹入的山坡称为"悬崖"。图9-21所示为悬崖的等高线,其凹入部分投影到水平面上后与其他等高线相交,俯视时隐蔽的等高线用虚线表示。

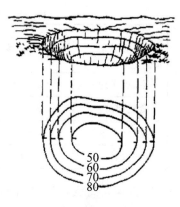

图 9-17　洼地等高线

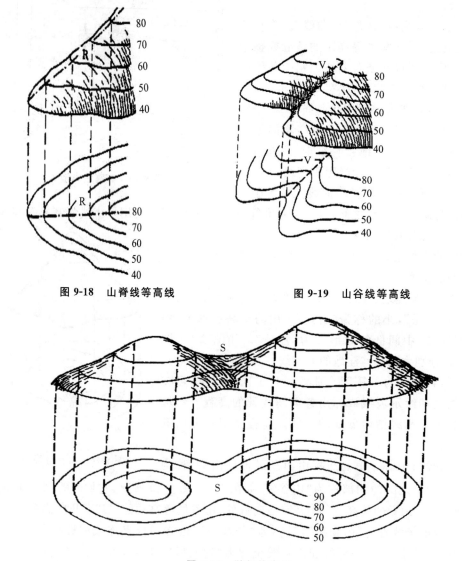

图 9-18　山脊线等高线　　　　图 9-19　山谷线等高线

图 9-20　鞍部等高线

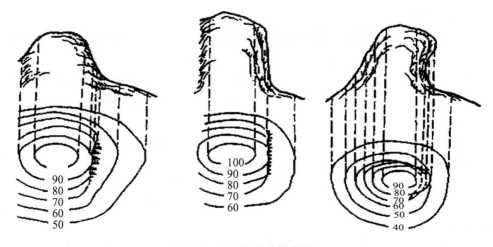

图 9-21 悬崖和峭壁等高线

(5)峭壁。近于垂直的山坡称为"峭壁"或"绝壁"、"陡崖"等。图 9-21 所示为峭壁的等高线,这种地形的等高线一般用特定的符号(如该图的锯齿形断崖符号)来表示。

(6)其他。地面上由于各种自然和人为原因而形成的多种新形态,如冲沟、陡坎、崩崖、滑坡、雨裂、梯田坎等,这些形态用等高线难以表示,绘图时可参照《地形图图式》规定的符号配合使用。

识别上述典型地貌的等高线表示方法以后,就能够初步认识地形图上用等高线表示的复杂地貌。图 9-22 所示为某一地区综合地貌及其等高线地形图,读者可以对照识别。

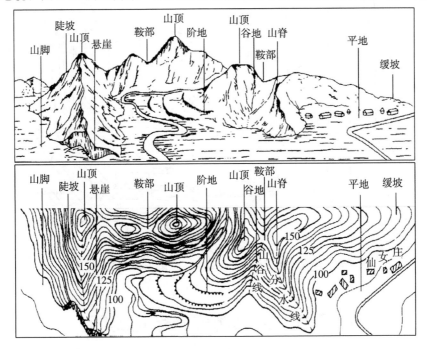

图 9-22 综合地貌及其等高线

4.等高线的特征

为了掌握用等高线表示地貌的规律,便于测绘等高线,必须了解等高线的以下特征。

(1)等高性。在同一等高线上,所有点的高程都相等。

(2)闭合性。每条等高线都必须形成一闭合曲线,若本图不闭合,必定在相邻图幅中闭合。因图幅大小限制或遇到地物符号时可以中断,但要绘画到图幅或地物边,否则不能在图中中断。

(3)密疏性。在同一幅地形图上,等高距是相等的,因此,等高线密表示坡陡,等高线疏表示坡缓,等高线密度相同表示地面坡度均匀。

(4)垂直性。山脊线和山谷线都和等高线垂直相交。

(5)上折性。等高线跨河流时,不能直穿而过,要渐渐折向上游,过河后渐折向下游,如图9-23所示。

(6)相叠性。等高线通常不能重叠或相交,只有在峭壁和悬崖处才会重叠和相交,如图9-21所示。

三、注记符号

为了表明地物的种类和特征,除相应的符号外,还要配合一定的文字、数字加以说明,称为"注记",注记所使用的符号称为"注记符号",如城镇、学校、河流、单位名称、楼房层数、道路的名称等。桥梁的长宽及载重量,江河的流向、流速及深度,道路的去向,森林、果树的类别,等高线高程等,都以文字或特定符号加以说明,如图9-24所示。

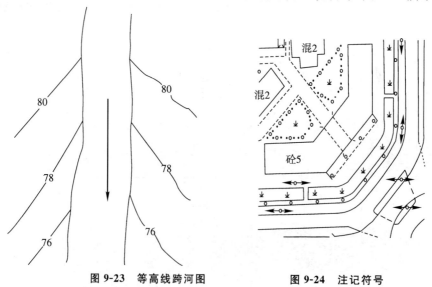

图 9-23　等高线跨河图　　图 9-24　注记符号

第三节　大比例尺数字化测图

地形测图分为白纸测图(模拟测图)与数字测图。在地形测量中,根据所使用仪器的不同,地形测量(又称为"碎部测量")的传统方法有经纬仪测绘(测记)法、大平板仪(光电测距照准仪)测图法及小平板仪与经纬仪联合测图法等。目前,大比例尺地形图的测绘主要采用数字化测图。所以,本节对传统的测图方法不再做系统讲解,只对与测图有关的知识进行简单介绍。

平板仪测图的原理如图 9-25 所示,图上 △abc 与地面上 △ABC 的水平投影 △A′bC′ 相似。应用视距测量的方法测出 A、C 两点对 B 点的高差,并根据 B 点的高程,计算出 A、C 两点的高程。平板仪测图又称"模拟测图"。

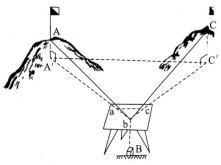

图 9-25　平板仪测图的原理

一、数字化测图的概述

广义的数字化测图又称为"计算机成图",主要包括地面数字测图、地图数字化成图、航测数字测图和计算机地图制图。

在实际工作中,大比例尺数字化测图主要指野外实地测量,即地面数字测图,也称"野外数字化测图"。大比例尺数字化测图是近几年随着电子计算机、地面测量仪器、数字测图软件和 GIS 技术的应用而迅速发展起来的全新内容,现已广泛用于测绘生产、土地管理、城市规划等部门,并成为测绘技术变革的重要标志。

大比例尺数字化测图技术逐渐替代了传统的白纸测图,促进了测绘行业的自动化、现代化和智能化。测量的成果不仅有绘制在纸上的地形图,还有方便传输、处理和共享的数字信息,即数字地形图。数字化测图将对信息时代地理信息的发展产生积极的意义。

数字化测图作为一种全解析机助测图方法,与模拟测图相比具有显著的优势和良好的发展前景,是测绘发展的前沿技术。

传统的地形测图(白纸测图)是将测得的观测值用图解的方法转化为图形,这一转化过程几乎都是在野外实现的,即使原图的室内整饰,一般也要在测区驻地完成。另外,白纸测图一纸难载诸多图形信息,变更修改也极不方便,实在难以适应当前经济建设的发展。数字化测图则不同,它可以尽可能缩短野外作业时间,减轻野外劳动强度,将大量的手工操作转化为计算机控制下的机械操作,不仅减轻了劳动强度,而且不会损失应有的观测精度。

(一)数字化测图基本原理

数字化测图就是将采集的各种有关的地物和地貌信息转化为数字形式,通过数据接口传输给计算机进行处理,得到内容丰富的电子地图,需要时由计算机的图形输出设备(如显示器、绘图仪等)绘出地形图或各种专题图图形。图 9-26 所示为数字化测图的运行示意框图。

大比例尺数字测图(Digital Surveying and Mapping)系统,简称"DSM",是以计算机为核心,连接测量仪器的输入、输出设备,在硬、软件的支持下,对地面地形空间数据进行采集、输入、编辑、成图和管理的测绘系统。大比例尺数字地图是将各种方法采集的数据储存在数据载体上的数字形式的大比例尺地形图。

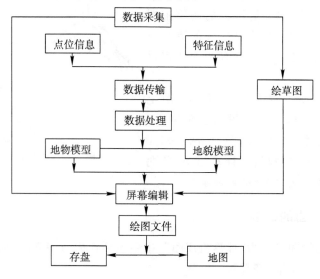

图 9-26　广义数字化测图系统框图

大比例尺数字地图的建立分为 3 个阶段：数据采集、数据处理和地图数据输出。

1. 数据采集

在野外或室内，利用电子测量与记录仪器获取数据，这些数据按照计算机能够接受的和应用程序所规定的格式记录。

2. 数据处理

把采集的数据借助计算机程序在人机交互的方式下进行复杂的处理（如坐标变换、地图符号的生成和注记的配置等），转化为地图数据。

3. 地图数据输出

地图数据输出以图解和数字方式进行。图解方式是用自动绘图仪绘图；数字方式是指储存数据，建立数据库。三个阶段可以用图 9-27 表示。

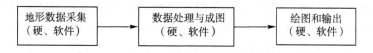

图 9-27　数字化测图系统

(二) 大比例尺数字地图的特点

大比例尺数字地图以数字形式表示地图的内容，地图的内容由地图图形和文字注记两部分组成。地图图形可以分解为点、线、面 3 种图形元素，而点是最基本的图形元素。数字地图以数字坐标表示地物、地貌点的空间位置，以数字代码表示地形符号、说明注记和地理名称注记。

数字地图的内容包括地表全部空间位置信息。根据需要和用途，其内容是分层储存的，可以输出各种分层叠合的专用地图。数字地图的比例尺和图幅的大小都不是固定的，它是以数字形式储存的 1∶1 的地图，根据需要可以按不同比例尺和图幅输出。

数字地图的测量和绘图由于采用电子速测仪和自动绘图仪,所以具有较高的测图精度,具有高自动化、全数字化、高精度等特点。

1. 点位精度高

传统的经纬仪配合平板、量角器的图解测图方法,其地物点的平面位置误差主要受展绘误差和测定误差、测定地物点的视距误差和方向误差、地形图上地物点的刺点误差等影响。实际上,图上点位误差可控制在±0.47mm 以内。如在 1:500 的地籍测量中测绘房屋时,视距的读数精度就不够,要用皮尺或钢尺量距,用坐标法展点。红外测距仪和电子速测仪普及后,虽然测距和测角的精度大大提高,但是若配合经纬仪测绘法绘制的地形图,却体现不出仪器的高精度。也就是说,无论怎样提高测距和测角的精度,由于图解地形图的精度不高,反而浪费了应有的精度。这就是白纸测图的致命弱点。数字化测图则不同,若距离在 300m 以内,测定地物点误差约为±15mm,测定地形点高程误差约为±18mm。电子速测仪的测量数据作为电子信息可以自动传输、记录、存储、处理和成图。在这一过程中,原始测量数据的精度毫无损失,从而获得高精度(与仪器测量同精度)的测量成果。

2. 改进作业方式

传统的作业方式主要是通过手工操作进行外业人工记录、人工绘制地形图,并且在图上人工量算坐标、距离和面积等。数字测图则使野外测量能够自动记录、自动解算处理、自动成图,并且提供了方便使用的数字地图软盘。数字测图的自动化程度高,出错(读错、记错或展错)的概率小,能自动提取坐标、距离、方位和面积等,绘制的地形图精确、规范、美观。

3. 便于图件的更新

城镇的发展加速了城镇建筑物和结构的变化,采用地面数字测图能克服大比例尺白纸测图连续更新的困难。当对实地房屋进行改建、扩建、变更地籍或房产时,只需输入有关的信息,经过数据处理就能方便地更新和修改,始终保持图面整体的可靠性和现势性。

4. 增加地图的表现力

计算机与显示器、打印机联机,可以显示或打印各种资料信息;与绘图机联机时,可以绘制各种比例尺的地形图,也可以分层输出各类专题地图,满足不同用户的需要。

5. 方便成果的深加工利用

数字化测图的成果是分层存放,不受图面负载量的限制,从而便于成果的加工利用。比如 EPSW 软件可以定义 11 层(用户还可以根据需要定义新层),将房屋、电力线、铁路、道路、水系、地貌等存于不同的层中,通过打开或关闭不同的层得到所需的各类专题图,如管线图、水系图、道路图和房屋图等;能综合相关的内容,补充加工成城市规划图、城市建设图、房地产图以及各类管理用图;还可以在数字图上进行各类工程设计(CAD 计算机辅助设计)。

6. 可作为 GIS 的重要信息源

地理信息系统(GIS)具有方便的信息查询检索功能、空间分析功能以及辅助决策功能,在国民经济、办公自动化及人们日常生活中都有广泛的应用。要建立起地理信息系统,数据采集的工作是重要的一环。数字化测图作为 GIS 的信息源,能及时准确地提供各类基础数据,更新 GIS 的数据库,保证地理信息的可靠性和现势性,为 GIS 的辅助决策和空间分析提供帮助。

(三)数字化测图的发展

随着全站型电子速测仪(简称"全站仪")的问世和电子计算机技术的迅猛发展,大比例尺数字测图的研究取得了可喜的成果,并且在生产中发挥着越来越重要的作用。

20世纪80年代初,北京市测绘院、武汉测绘科技大学、上海市测绘院、解放军测绘学院和清华大学等几十家单位相继开展了数字测图的应用研究工作。纵观国内外地面数字测图技术的发展,大体可分为下列几种模式。

1. 数字测记模式:野外测记与室内成图

第一阶段:用全站仪或测距仪配合经纬仪测量、电子手簿记录,同时配有人工草图。在室内将测量数据直接由记录器传输到计算机,再由人工按草图编辑图形文件,用绘图机绘制数字地形图。通常使用的电子手簿可以是全站仪原配套的电子手簿(如 GRE3/4、FC5 等),也可以是 PC-1500 或 PC-E500 改造的电子手簿。由于后两者价格低、操作简单,大部分单位都使用过这类记录器。在初级阶段,外业电子记录仍然模拟白纸测图的单点测量记录,需要在野外大量绘制人工草图,便于在室内对照编辑图形文件,因此,整体工作量比白纸测图还要大。由于数字测图达到了绘制数字地形图的目标,因此人们看到了其应用的美好前景。

第二阶段:测记模式不变,成图软件向实用化发展。智能化的外业采集软件被开发出来,它不仅可以用于单点点位记录,而且能记录成图所需的全部信息,且有一些记录内容可由软件自动记录,减少了键入数据的工作量。计算机也初步具备了自动检索编辑图形文件的功能,减少了人工画草图的工作。如果再配置一个(A3 或 A4)小型绘图仪,就可以现场按坐标实时展点绘图,及时检查和纠正绘图错误。

2. 电子平板测绘模式:内外业一体化、实时成图优化应用推广阶段

从 20 世纪 90 年代起,人们在数字化测图的生产实践中不断地改进测量方法和作业手段,研制开发出不少受用户欢迎的数字化测图系统,主要有南方 CASS 内外业一体化成图系统、武汉瑞得 RDMS 数字测图系统、清华三维 EPSW 电子平板测图系统、广州开思 SCS 成图系统等。便携式计算机的应用给数字测图提供了新的发展机遇。1994 年,清华大学与山维开发公司联合研制出电子平板测绘模式——全站仪+便携机+测图软件,并将安装了平板测绘软件的便携机命名为"电子平板"。电子平板测图软件既有与全站仪通信和数据记录的功能,又在测量方法、解算建模、现场实时成图和图形编辑、修正等方面超越了传统平板测图的功能。从硬件意义上讲,它完全替代了图板、图纸等绘图工具。便携式计算机用高分辨率的显示屏显示画面,显示屏上所显即所测。数字测图真正实现了内、外业一体化,现场可以及时地纠正测量出现的错误,从而使数字测图的质量与效率全面超过了白纸测图。

3. 全站仪自动跟踪测量模式

在测站架设自动跟踪式全站仪,如选择瑞典捷创力(Geotronic)、日本拓普康(Topcon)等相应型号的测量仪器。全站仪能自动跟踪照准立在测点上的棱镜,通过无线数字通信将测量数据自动传输给棱镜站的电子平板并记录成图。最近徕卡公司(Leica)又推出 TCA 全站仪+RCS1000 遥控器的测量模式,实现了测站无人值守的遥控测量,可

以在棱镜站遥控开机测量,全站仪自动跟踪、自动照准、自动记录。TCA 遥控测量系统与电子平板连接,可实现自动跟踪模式的电子平板数字测图。

4. GPS 测量模式

20 世纪 80 年代,GPS 技术推广到民用。GPS 定位技术灵活方便、精度高,目前其应用前景非常广阔。随着科技的发展,GPS 技术将在普通测量与工程测量中得到进一步的普及应用。近些年推出的 GPS 实时动态定位技术(RTK),能够实时提供测点在指定坐标系的三维坐标成果。在 RTK 作业模式下,测程为 $10\sim30km$。通常基准站的 GPS 接收机安置于测区的高点,以保证数字通信的畅通。通过数据链将基准站的观测值及站点坐标信息一起发给流动站的 GPS 接收机。此时,流动站的 GPS 不仅接收来自基准站的数据,还接收卫星发射的数据,这些数据组成相位差分观测值,经处理后可随时得到厘米级的定位结果。若现场连接电子平板测图系统,就可以实时成图,及时解决测图中的问题,实现一步测图,这将极大地提高开阔地区野外测图的准确性和劳动效率。

二、数字化测图的数据采集

大比例尺数字地图的数据采集可采用摄影测量、地图数字化测量和野外地面测量等方法。由于空间数据的来源不同,大比例尺数字地图的数据采集所采用的仪器和方法也不同。

(一)数据采集主要方式

1. 野外地面测量

野外地面测量利用全站仪坐标测量的功能采集数据,精度最高,是目前城市大比例尺数字测图采用的最主要方法。

2. 地图数字化测量

地图数字化测量是指利用数字化仪或扫描仪在原图采集数据,比较简单方便,精度相对较低,而且要补测新增地物点和地貌变化点。

3. 数字摄影测量

数字摄影测量是指采用航空摄影获取的图像作为数据来源,在立体量测仪采集数据,经过软件处理生成数字地形图,是目前城市地形测量的重要手段和方法。

(二)成图方法

全站仪野外数据采集成图方法可采用编码法、草图法或内外业一体化的实时成图法等。编码法一般要对地形要素进行分类和编码。

地形要素的分类:测量控制点;居民点;独立地物;道路及附属设施;管线;水系及附属设施;垣栅和境界;植被;地貌和土质;工矿企业建筑物和公共设施。

编码时有三位和四位数字进行编码(如一般房屋编码 101 或 1010,具体略)。

目前大多数工程单位在测图时,多采用草图法或内外业一体化的实时成图法。

三、大比例尺数字化测图方法与步骤

数字地图比常规的白纸地图具有无可比拟的优越性,随着社会的不断进步,数字地图的优势将更加突出。掌握数字化测图技术对于工程专业的学生更显重要。通过数字化测图全过程的实习,可使学生掌握数字化测图和成图的方法和技能。下面就对全站仪大比例尺数字化测图的方法和步骤进行详细介绍。

(一)测图前的准备工作

1. 资料、仪器的准备

(1)仪器、设备的准备。工作前应准备好全站仪、三脚架、棱镜、对讲机、温度气压计、记录板、内业使用电脑、CASS7.1成图软件等。

(2)资料的准备。主要是准备好测量所需要的控制点资料、点之记、技术设计书以及图式规范等资料。

(3)测图前的准备。

①对全站仪、对讲机的电源进行充电,保证野外作业有充足的电源。

②在全站仪中输入并保存已有测区内已知控制点坐标的数据文件。

③测区踏勘。根据测区踏勘所了解的地形地物的分布情况,在室内拟定施测计划和方案,安排每天的具体工作任务。

2. 数字地形图测绘技术要求

(1)全站仪测图所使用的仪器和应用程序应符合下列规定:

①宜使用6″级全站仪,其测距标称精度固定误差不应大于10mm,比例误差不应大于5ppm。

②测图的应用程序应满足内业数据处理和图形编辑的基本要求。

③数据通讯宜采用通用数据格式。

(2)全站仪测图的方法可采用编码法、草图法或内外业一体化的实时成图法等。

(3)当布设的图根点不能满足测图需要时,可用极坐标法增设少量测站点。

(4)全站仪测图的仪器安置及测站检核应符合下列要求:

①仪器的对中偏差不应大于5mm,仪器高和反光镜高应量至1mm。

②应选择较远的图根点作为测站定向点,并施测另一图根点的坐标和高程作为测站检核。检核点的平面位置较差不应大于图上0.2mm,高程较差不应大于1/5等高距。

③作业过程中和作业结束前,应对定向方位进行检查。

(5)全站仪测图的测距长度不应超过表9-9中的规定。

表9-9 全站仪测图的最大测距长度

比例尺	最大测距长度(m)	
	地物点	地形点
1:500	160	300
1:1000	300	500
1:2000	450	700
1:5000	700	1000

(6)数字地形图测绘应符合下列要求:

①当采用草图法作业时,应按测站绘制草图,并对测点进行编号。测点编号应与仪器的记录点号相一致。绘制草图时宜简化标示地形要素的位置、属性和相互关系等。

②当采用编码法作业时,宜采用通用编码格式,也可使用软件的自定义功能和扩展功能建立用户的编码系统进行作业。

③当采用内外业一体化的实时成图法作业时,应实时确立测点的属性、连接关系和逻辑关系等。

(二)野外数据采集

利用全站仪的坐标测量功能进行野外数据采集的精度最高,是目前工程或城市大比例尺数字测图所采用的主要方法。下面对全站仪数据采集采用草图法作业的程序进行介绍。

1. 设站

在一个已知控制点上安置全站仪(对中、整平),开机后按菜单键,再选择坐标测量菜单,进入采集程序。选择(输入)一个用来保存采集数据的文件,如第一组为 FG1,第二组为 FG2 等。

2. 设置(输入)测站点坐标

在测站的菜单下直接输入或调用已有坐标文件的测站点坐标,同时输入仪器高(用小钢尺量取)。

3. 设置(输入)后视点的方位角

有 3 种方法可供选择(通过方向键改变输入方法):

①直接输入已有坐标文件中的后视点点号。

②直接输入后视点的坐标。

③直接输入后视边的方位角。

上述操作完成后还需输入反射镜高,照准后视点,然后按测量键,选择一种测量模式(如坐标),这样后视边的方位角即被计算并保存在文件中。

4. 碎部点数据采集

(1)碎部点选择。在地形测量中,无论是传统测图,还是数字化测图,碎部点的选择都直接影响着测图的质量和进度,因此,测图中必须对碎部点进行合理地选择。

碎部点又称"地形点",是指地物和地貌的特征点。碎部点的选择直接关系到测图的速度和质量。选择碎部点的依据主要是测图比例尺及测区内地物和地貌的状况。碎部点应该选在能反映地物和地貌特征的点上。地物的特征点主要为地物的轮廓线和边界线的转折点、交叉点、曲线上的弯曲点和独立地物的中心点等。例如,建筑物、农田等面状地物的棱角点和转角点;道路、河流、围墙等线形地物的交叉点;电线杆、独立树、井盖等点状地物的几何中心等。由于实测中有些地物形状极不规则,一般规定,主要地物凸凹部分在图上大于 $0.4mm$ (在实地应为 $0.4Mmm$,M 为比例尺分母)时均应表示出来;若小于 $0.4mm$,则可用直线连接。

地貌的特征点主要为山顶点、山脚点、谷口点、鞍部最低点、盆(洼)地最低点和坡度变化点等。地性线主要有山脊线(分水线)、山谷线(集水线)、坡缘线(山腰线)、坡麓线(山脚线)及最大坡度线(流水线)等。尽管地貌形态各不相同,但地貌的表面都要能近似地看成由各种坡面组成。只要选择这些地性线和轮廓线上的转折点和棱角点(包括坡度转折点、方向转折点、最高点、最低点及连接相邻等坡段的点),就能把不同走向、不同坡度随地貌变化的地性线用等坡度线段测绘出来,以这样的等坡线段勾绘等高线,就能形象地把地貌描绘在地形图上。为了保证测图质量,即使在地面坡度无明显变化处,也应测绘一定数量的碎部点,图纸上碎部点间的最大间距不应超过规范的规定。碎部点到测站点距离的测量可采用视距法或光电测距法;最大测距长度不应超过表9-9中的规定。

提高地形测量的精度和速度的关键就是正确选择地物和地貌的特征点,充分利用原则进行适当的取舍,采用合理的跑尺顺序(如山区以测地貌为主,顺便补测地物;平坦地区以测地物为主,顺便补测地貌),绘制详细的草图,及时地与测站联系,相互配合,完成数据采集任务。

(2)碎部点数据采集。按坐标测量键,输入点号(第一组从 1 开始),确认后输入棱镜高,再确认。按测量键,照准目标(棱镜),选择一种测量模式(如坐标),则开始测量,并显示该点坐标,确认后数据即被自动存储到文件中,显示屏变换到下一个棱镜点(点号自动增加1个)。照准下一棱镜点,并按同前,即可完成下一个点的数据采集,如此继续进行。每测一个点,都要在草图上记下来。一个站所有点都测完后,按 ESC 键,直到退回正常测量状态,即可结束采集并关机。施测过程中如遇到不便观测的点,可采用偏心测量的方法进行。

5. 临时测站点(支站)的测量

在数据采集过程中,有些碎部点用已有的控制点无法测到,这时需临时增加一个测站点。临时测设点的测量是根据前述的碎部点测量中的菜单进行的,只是在测量之前要输入临时测站点的测站名,测量方法不变,所得到的坐标数据同样被保存在文件中。

6. 其他测站的测量

其他测站的测量方法同前,直到测量区内所有碎部点测完为止。

7. 注意事项

野外数据采集结束后,要按 ESC 键,退回到正常测量模式,才能正常关机,否则可能造成数据丢失,前功尽弃。

(三)数据传输与编辑

通过数据线将全站仪与电脑相连,将野外采集的数据文件利用 CASS7.1 软件传输到计算机中。数据编辑采用草图法的点号定位作业流程,数据编辑必须按照规格要求进行。

1. 数字地形图数据编辑的要求

(1)数字地形图编辑处理软件的应用应符合下列规定:

①首次使用前,应对软件的功能、图形输出的精度进行全面测试。满足规范要求和工程需要后,方能投入使用。

②使用时,应严格按照软件的操作要求作业。

(2)观测数据的处理应符合下列规定:

①观测数据应采用与计算机联机通讯的方式,转存至计算机并生成原始数据文件;数据量较少时,也可采用键盘输入,但应加强检查工作。

②应采用数据处理软件将原始数据文件中的控制测量数据、地形测量数据和检测数据进行分离(类),并分别进行处理。

③对于地形测量数据的处理,可增删和修改测点的编码、属性和信息排序等,但不得修改测量数据。

④生成等高线时,应确定地性线的走向和断裂线的封闭。

(3)地形图要素应分层表示。分层和图层的命名宜采用通用格式,也可根据工程需要对图层结构进行修改,但同一图层的实体宜具有相同的颜色和属性结构。

(4)对于使用数据文件自动生成的图形或使用批处理软件生成的图形,应进行人机交互式图形编辑。数字地形图中各种地物、地貌的符号、注记等的绘制和编辑,可按规范的要求进行。当不同属性的线段重合时,可同时绘出,并采用不同的颜色分层表示。

(5)数字地形图的分幅除满足规范的规定外,还应满足下列要求:

①分区施测的地形图应进行图幅裁剪,并对图幅边缘的数据进行检查、编辑。

②按图幅施测的地形图,应进行接图检查和图边数据编辑。图幅接边误差应符合规定。

③图廓及坐标格网绘制应采用成图软件自动生成。

2. 数字地形图数据编辑的步骤

(1)打开 CASS7.1 软件,进入主界面。

(2)展点。选择"绘图处理"下的"展野外测点点号",输入采集文件后,按"确认"键,即完成展点工作。

(3)选择"测点点号"定位,使用屏幕右侧菜单区内的"测点点号"项,按提示输入采集文件,并确认。

(4)绘平面图。根据野外所绘草图,利用屏幕右侧菜单逐点绘制(在绘第一点之前,根据提示输入绘图比例尺(如 1:500)后按"回车"键),如有操作失误,可按"回退"继续操作。

(5)加注记。利用屏幕右侧菜单的"文字注记",依照提示完成有关文字的注记。

(6)编辑和修改。利用"编辑"菜单下的"删除"菜单,删除实体所在图层,从而删除所展点的注记,还可利用"编辑"和"地物编辑"菜单进行有关地物的编辑和修改。

(7)绘等高线。主要步骤如下:

①展高程点。选择"绘图处理"菜单下的"展高程点",根据提示输入采集文件,展出全部高程点。

②建立数据地面模型(DTM)。根据"等高线"菜单下"数据文件生成 DTM",根据提示输入采集文件,建立 DTM。

③绘制等高线。根据"等高线"菜单下的"绘等高线",输入适当的等高距,并选择"三次 B 样条拟合",即可绘制等高线。

(8)等高线修剪。根据"等高线"菜单下的"等高线修剪",对等高线进行必要修剪,同时注记计曲线。

(9)数字地形图的编辑检查应包括下列内容:

①图形的连接关系是否正确,是否与草图一致,有无错漏等。

②各种注记的位置是否适当,是否避开地物符号等。

③各种线段的连接、相交或重叠是否恰当、准确。

④等高线的绘制是否与地性线协调、注记是否适宜、断开部分是否合理等。

⑤对图上间距小于 0.2mm 的不同属性线段的处理是否恰当。

(10) 绘图框。利用"绘图处理"菜单下的"标准图幅",依据提示填入图名、测量员、绘图员、检查员的姓名以及图廓西南角点坐标并回车,在"删除图框外实体"前打钩,确认后即可完成一幅图形的绘制。

(11) 图形文件保存。根据文件菜单下的图形保存菜单对图形进行保存。

(12) 数字地形图编辑处理完成后,应按相应比例尺打印地形图样图,并按规范进行内外业全面检查、拼接和整饰。外业检查可采用 GPS-RTK 法,也可采用全站仪测图法。

①地形图的检查。地形图的检查包括图面检查、野外巡视和设站检查。

a. 图面检查。图面检查主要是检查控制点的分布、展绘是否符合规范;地物、地貌的位置和形状绘制是否正确;图式符号使用是否符合规定;等高线的高程和地形点的高程是否存在矛盾;名称注记是否有遗漏或错误。一旦发现问题,先检查记录、计算和展绘有无错误;如果不是由于记录、计算和展绘所造成的错误,不得随意修改,待野外检查后再确定。

b. 野外巡视。野外巡查就是将地形图带到现场与实际地形对照,核对地物和地貌的表示是否清晰合理,检查是否存在遗漏、错误等。对图面检查发现的疑问必须重点检查。如果等高线的表示与实际地貌略有差异,可立即修改;重大错误必须用仪器检查后再修改。

c. 设站检查。设站检查即对在图面和野外检查时发现的重大疑问进行检查,找出问题后再进行修改。对漏测、漏绘的,补测后填入图中。另外,为评判测图的质量,还应重新设站,挑选一定数量的点进行观测,其精度应符合规范的规定,仪器检查的数量不应少于测图总量的 10%。

②地形图的拼接。当测区面积超过一定范围时,必须分幅测图,对于道路带状地形图而言,每千米一幅图,在相邻两图幅的连接处都存在拼接问题。由于测量和绘图的误差,使相邻两图幅边的地物轮廓线和等高线不完全吻合,在拼接处的地物、等高线都有偏差,当偏差在规定的范围内时,可进行修正。拼接时用宽 5cm 的透明纸作为接边纸,先蒙在相邻的某图幅上,将要拼接图边的坐标格网线、图边的地物轮廓线、表示地貌的等高线等用铅笔透绘在透明纸上。再将透明纸蒙在要拼的另一幅图边上,使透明纸与底图的坐标格网线对齐,透绘地物轮廓、地貌的等高线。若接边差不超限,则在透明纸上用彩色笔平均分配,纠正接边差,并将接图边上纠正后的地物、地貌位置用针刺于相邻接边图上,以此修正图内的地物和地貌,如图 9-28 所示。数字化测图一般不需要拼接。

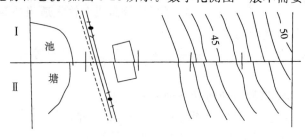

图 9-28 地形图拼接

③地形图的整饰。拼接后的原图需要进行清绘和整饰，使图面清晰、整洁、美观，以便验收和原图保存。整饰的顺序是：先图内后图外，先地物后地貌，先注记后符号。

地形图整饰的具体做法是：擦去多余的线条，如坐标格网线，只保留交点处纵横1.0cm的"＋"号；靠近内图廓保留0.5cm的短线，擦去用实线和虚线表示的地性线，擦去多余的碎部点，只保留制高点、河岸重要的转折点、道路交叉点等重要的碎部点。加深地物轮廓线和等高线，加粗计曲线，并在计曲线上注记高程，注记高程的数字应成列，字头朝向高处。按照图式规范要求填注符号和注记。各种文字注记（如地名、山名、河流名、道路名等）标在适当位置，一般要求字头朝北，字体端正。在等高线通过注记和符号时必须断开。最后应按照图式要求绘制图廓，填写图名、图号、比例尺等。数字化测图图框外内容由计算机软件自动填写。

（四）图形输出

当地形图检查、整饰结束后，应按照工程单位的要求，用图纸或数字的形式进行图形输出。

1. 打印图纸

在"文件/图形输出"菜单下，根据图纸大小对页面进行设置，打印具有适当比例尺的地形图。

2. 提交成果

提交原始控制点数据、数据采集坐标文件、图形文件、打印平面图或数字地图等。

第四节 地形图的应用

由于地形图全面、客观地反映了地面的地形情况，因此它是工程建设中不可缺少的重要资料。地形图被广泛地应用于各种工程建设中，在地形图上可以获取下列资料信息。

一、求点的坐标

如图9-29所示，欲求A点的坐标，可利用图廓坐标格网的坐标值来求出。首先找出A点所在方格的西南角坐标 $x_0=600$m，$y_0=400$m；然后通过A点作出坐标格网的平行线mn、op，再量取mA、oA的长度，根据已知的测图比例尺（1:1000），则

$$x_A = x_0 + oA \times 1000$$
$$y_A = y_0 + mA \times 1000 \quad (9-1)$$

式中：x_0、y_0——A点所在坐标格网的坐标。

若精度要求较高，应考虑到图纸伸缩的影响，则需量出mn、op的长度。从理论上讲，mn＝op＝10cm（坐标格网的理论值），对应的实地距离为100m，由于图纸伸缩以及量测长度有一定误差，上式一般不成立，则A点的坐标应按下式计算：

$$x_A = x_0 + \frac{oA}{op} \times 100$$
$$y_A = y_0 + \frac{mA}{mn} \times 100 \qquad (9-2)$$

例 9-1 在图 9-29 中,根据比例尺量出 oA=8.42cm,mA=2.64cm,mn=10.01cm,op=10.02cm。则根据式(9-2)可得 A 点坐标:

$$x_A = 600 + \frac{8.42}{10.02} \times 100 = 684.03 \text{ (m)}$$

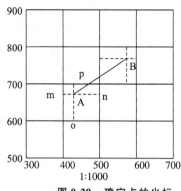
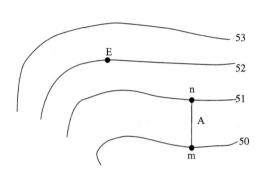

图 9-29　确定点的坐标　　　　图 9-30　确定点的高程

二、在图上确定点的高程

在地形图上求任何一点的高程,可根据等高线和高程注记来完成。如果所求点恰好位于某一条等高线上,则该点的高程就等于该等高线的高程。如图 9-30 所示,E 点的高程为 52m。A 点位于两等高线之间(50m 和 51m),则可通过 A 点画一条垂直于相邻两等高线的线段 mn,则 A 点的高程为

$$H_A = H_m + \frac{mA}{mn} h$$

式中:H_m——通过 m 点的等高线上的高程;

　　　h——等高距(图中为 1m)。

由此可见,在地形图上很容易确定 A 点的空间坐标(x_A, y_A, H_A)。如图 9-30 所示,如果量得 mn=1.56cm,mA=1.25cm,则 A 点高程为

$$H_A = 50 + \frac{1.25}{1.56} \times 1 = 50.8 \text{ (m)}$$

三、在图上确定直线的距离、方向和坡度

(一)确定两点间的水平距离

在图上求两点间的水平距离有解析法和图解法 2 种方法。先求出两点的坐标,则两点间的距离为

$$D_{AB} = \sqrt{(x_B - x_A)^2 + (y_B - y_A)^2} \qquad (9-3)$$

1. 解析法

在图 9-29 中,欲求 A、B 两点间的水平距离,先按式(9-1)或式(9-2)分别求出 A、B

两点的坐标值(x_A, y_A)和(x_B, y_B),然后用式(9-3)计算 A、B 两点间的水平距离。由此算得的水平距离不受图纸伸缩的影响。

2. 图解法

图解法即在图上直接量取 A、B 两点间的长度,或用卡规量出 AB 线段的长度,再与图示比例尺比量,即可得出 A、B 间的水平距离。数字地形图可用软件自带的功能直接求坐标、距离等。

(二)确定直线的方位角

1. 解析法

如图 9-29 所示,欲求 AB 直线的坐标方位角,先按式(9-1)或式(9-2)分别求出 A、B 两点的坐标值(x_A, y_A)和(x_B, y_B),再利用坐标反算求得坐标方位角,两点间直线的方位角为

$$\alpha_{AB} = \arctan \frac{\Delta y_{AB}}{\Delta x_{AB}} \tag{9-4}$$

2. 图解法

图解法即在图上直接量取角度。其方法是:分别过 A、B 两点作坐标纵轴的平行线,然后用量角器分别量取 AB、BA 的坐标方位角α_{AB}和α_{BA},此时若两角相差 180°,可取此结果为最终结果,否则取两者平均值作为最终结果。

三、求 A、B 两点间直线的坡度

地面上两点的高差与其水平距离的比值称为"坡度",通常用 i 表示。欲求图上直线的坡度,可按前述的方法求出直线段的水平距离 D_{AB} 与两点的高程 H_A 和 H_B,再由下式计算其坡度:

$$i = \frac{H_B - H_A}{D_{AB}} \tag{9-5}$$

式中:D_{AB}——两点间的实地水平距离。坡度常用百分率(%)或千分率(‰)表示,通常直线段所通过的地形有高低起伏,是不规则的,因而所求的直线坡度实际为平均坡度。

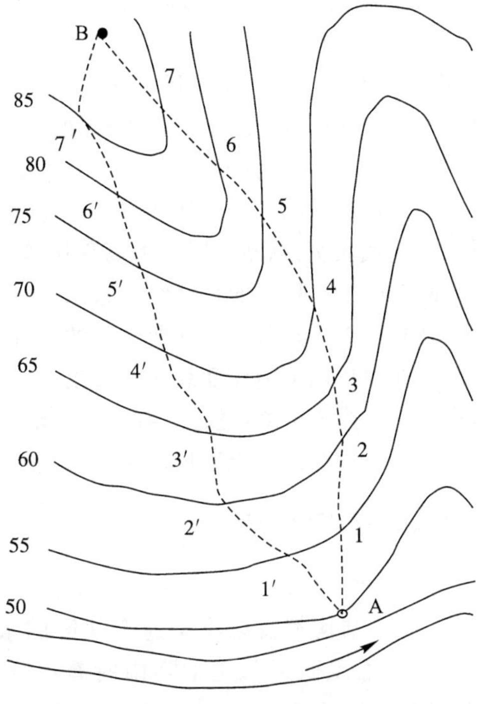

图 9-31 按给定的坡度选线

四、按坡度限值选定最短路线

在山地或丘陵地区进行道路、管线等工程设计时,常遇到坡度限值的问题,为了减小工程量、降低施工费用,要求在不超过某一坡度限值 i 的条件下选择一条最短线路。如图 9-31 所示,在比例尺为 1:1000 的地形图上,等高线的等高距为 1m,需从 A 点到高地 B 点选出一条最短路线,要求坡度限制为 4%。为了满足坡度限值的要求,先按式(9-6)求出

符合该坡度限值的两等高线间的最短平距为

$$d = \frac{h}{i \cdot M} \quad (9-6)$$

即：$d=0.025$m$=2.5$cm。再按此距离从起点 A 开始，用 $d=2.5$cm 为半径画弧，找出与下一个等高线相交的点，依次类推，直至终点。如图 9-31 所示为 A→1→3 … 7→B。

五、按一定的方向绘制纵断面图

所谓"路线纵断面图"，是指过一指定方向（路线方向）的竖直面与地面的交线，它反映了在这一指定方向上地面的高低起伏形态。

在进行道路等工程设计时，为了合理地设计竖向曲线和坡度，或为了对工程的填挖土石方进行概算，需要了解线路上地面的起伏情况，这时可根据地形图中的等高线来绘制沿任一方向的纵断面图。

如图 9-32 所示，要了解 A、B 之间的起伏情况，在地形图上作 A、B 两点的连线，与各等高线相交，各交点的高程即各等高线的高程，而各交点的平距可在图上用比例尺量得。作地形纵断面图时，先在毫米方格纸上画出两条相互垂直的轴线，以横轴 Ad 表示平距，以纵轴 AH 表示高程；在地形图上量取 A 点至各交点或地形特征点的平距，并把它们分别转绘在横轴上，以相应的高程作为纵坐标，得到各交点在断面上的位置。连接这些点，即得到 AB 方向上的地形断面图。具体步骤如下：

（1）确定断面图的距离比例尺和高程比例尺。为了使断面图与地面的高低起伏情况更接近，实践表明，纵断面图上的高程比例尺一般比距离比例尺大 10 倍。

（2）按图上 AB 线的长度绘一条水平线，如图中的 ab 线，作为横轴，过 a 点作一垂线作为纵轴，确定纵轴起始点 a 所代表的高程，高程一般略低于图上最低高程。

（3）在地形图上沿断面线 AB 量出 A→1、1→2 等段的距离，并把它们标注在横轴 ab 上，得 1′2′等段的距离，通过这些点作横轴的垂线，垂线端点按各点高程决定。

（4）将各垂线的端点连接起来，即得到表示实地断面方向的断面图。

六、确定汇水面积

当修筑铁路、公路要跨越河流或山谷时，就必须建造桥梁或涵洞。桥梁、涵洞的大小与形式结构都要取决于这个地区的水流量，而水流量又是根据汇水面积来计算的。所谓"汇水面积"，是指降雨时有多大面积的雨水汇集起来，且通过设计的桥涵排泄出去。由于雨水是在山脊线（又称"分水线"）处向其两侧山坡分流的，所以汇水面积边界线是由一系列的用虚线表示的山脊线连接而成的。如图 9-33 所示，一条公路经过一山区，拟在 A 处架桥或修涵洞，要确定汇水面积。从图中可以看到，山脊线 AB、BC、CD、DE、EF、FG、GH、HA（图中虚线连接）所围成的区域，就是通过桥涵 A 的汇水区，此区域的面积为汇水面积。先求出汇水面积，再依据当地的水文气象资料，便可求出流经 A 点处的水流量。汇水面积的计算方法有以下几种。

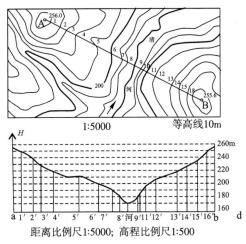

图 9-32 纵断面图的绘制

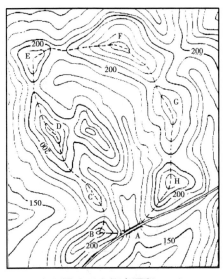

图 9-33 汇水面积

(一)求积仪法

如图所示,通过机械求积仪(图 9-34)或电子求积仪(图 9-35)可以量测出汇水面积,一般适用于较大区域的汇水面积的计算。其特点是:速度快、精度高、操作简便、适合复杂形状。测量方法:沿边线滚动一圈。

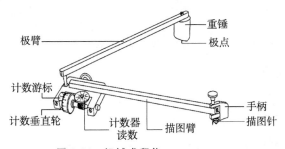

图 9-34 机械求积仪

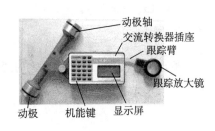

图 9-35 电子求积仪

(二)方格纸法

将透明厘米方格网蒙在图纸上(图 9-36),然后数方格的个数,根据测图比例尺和汇水面积范围内方格总数计算面积。此方法简单方便,但误差大,适用于较小区域的汇水面积的测量。

(三)平行线法

将不规则的汇水面积范围用间距相等的平行线分解成许多梯形,然后量取每个梯形的中位线,相加得到总长,由梯形的高(平行线的间距)计算总的面积,如图 9-37 所示。此方法实用方便,在工程上广泛应用。

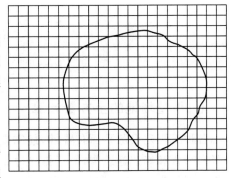

图 9-36 方格纸法

(四)解析法

可以在地形图上测量汇水面积范围的各转折点的坐标(或者直接在野外用全站仪测量坐标),然后通过公式进行计算。这种方法精度较高,适合计算机程序计算。如图 9-38 所示,先用细折线把汇水面积范围的明显转折点连接起来,形成不规则的多边形,按顺时针方向编号,再按式(9-7)进行计算。面积公式为相邻顶点与坐标轴(X 或 Y)所围成的各梯形面积的代数和。

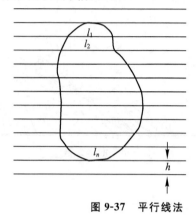

图 9-37　平行线法

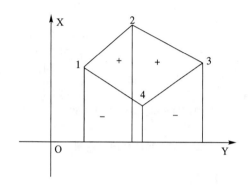

图 9-38　解析法

$$P = \frac{1}{2}[(x_1+x_2)(y_2-y_1)+(x_2+x_3)(y_3-y_2)-(x_3+x_4)(y_3-y_4)-$$
$$(x_4+x_1)(y_4-y_1)] \tag{9-7}$$
$$P = \frac{1}{2}[x_1(y_2-y_4)+x_2(y_3-y_1)+x_3(y_4-y_2)+x_4(y_1-y_3)]$$

整理后,写成以下 4 种形式的通用公式:

$$P = \frac{1}{2}\sum_{i=1}^{n}x_i(y_{i+1}-y_{i-1})$$
$$P = \frac{1}{2}\sum_{i=1}^{n}y_i(x_{i+1}-x_{i-1})$$
$$P = \frac{1}{2}\sum_{i=1}^{n}(x_i+x_{i+1})(y_{i+1}-y_i)$$
$$P = \frac{1}{2}\sum_{i=1}^{n}(x_iy_{i+1}-x_{i+1}y_i)$$
$$\tag{9-8}$$

七、平整场地的土方量计算

各种工程建设除平面布置外,还需要对建筑用地的高程进行规划设计和改造,以适合竖向布置和修建建筑物,便于排除地面水,满足交通运输和敷设地下管线的要求,这种立面规划称为"竖向规划"。竖向规划有平面、等倾斜面和不等倾斜面 3 种形式,它们都需要进行场地平整工作,而平整场地的土石方量对工程量的计算非常重要。平整场地的土石方量的计算方法主要有等高线法、断面法和方格网法。下面简单介绍常用的方法——方格网法。这种方法在施工范围较大而地形起伏不大、坡度变化均匀时使用最好。

1. 方格网法平整成水平面时的步骤

(1) 打方格图 9-39。按精度要求和地形的不同,一般取 10m×10m、20m×20m、50m×50m。

(2) 根据等高线确定各方格顶点的高程(用内插法)。

(3) 计算设计高程。

① 若设计高程由设计单位定出,则无需计算。

② 填挖方格基本平衡时的设计高程。把每一个方格四个顶点的高程相加,除以 4,得每一个方格的平均高程;再把 n 个方格的平均高程加起来,除以方格数 n,得设计高程。即有:

$$H_{设} = \frac{\sum H_{角} \times 1 + \sum H_{边} \times 2 + \sum H_{拐} \times 3 + \sum H_{中} \times 4}{4n} \qquad (9-9)$$

(4) 计算填挖高度。填挖高度的计算公式为 $h = H_{地} - H_{设}$,h 为正数表示挖,h 为负数表示填。

(5) 计算填挖方量。

① 方法一(用公式 $V = S \times h$)。

a. 根据填挖界线,计算 4 个顶点均为正的各个方格的挖方量。

b. 计算 4 个顶点均为负的各个方格的填方量。

c. 分别计算填挖界线上 4 个顶点有正有负的方格的挖方量和填方量。

d. 将挖方量和填方量分别相加,得总挖方量和总填方量。

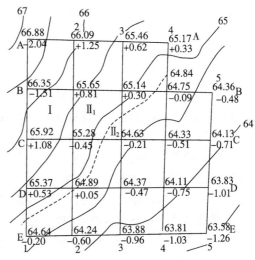

图 9-39 方格网法平整场地

② 方法二。

角点: $V = h \times A/4$(即角点权的取值为:0.25)

边点: $V = h \times 2A/4$(即边点权的取值为:0.5)

拐点: $V = h \times 3A/4$(即拐点权的取值为:0.75)

中点: $V = h \times 4A/4$(即中点权的取值为:1)

A 为一方格的面积,再将填方量和挖方量分开求和 $\sum V$,得总填方量和总挖方量。

2. 整理成一定坡度的倾斜面

在场地区域以 2cm 作平行线,各线上的设计高程一致,在各平行线上确定填挖分界点,连接成填挖分界线,绘制各平行线的填挖断面图,求出各平行线上的填挖面积,求出总填挖量,如图 9-40 所示。

八、公路勘测中地形图的应用

道路的路线以平、直较为理想,实际上,由于受到地形条件和其他原因的限制,要想达到这种理想状态是很困难的。为了选择一条经济合理的路线,设计前必须进行路线勘测,一般分为初测和定测 2 个阶段(地形条件和技术复杂或特殊工程的路段还要增加技术设计阶段)。

路线勘测是一个涉及面广、影响因素多、政策性和技术性都很强的工作。在路线勘测之前,要做好各种准备工作。首先要搜集与路线有关的规划设计资料以及地形、地质、水文和气象等资料;然后进行分析研究,在地形图上初步选择路线走向,利用地形图对山区和地形复杂、外界干扰多、牵涉面大的路段进行重点研究。例如:路线可能沿哪些溪流,路线可能越哪些垭口;

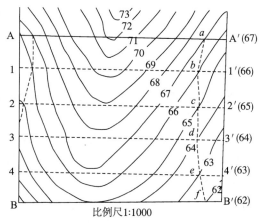

图 9-40 倾斜面场地的整理

路线通过城镇或工矿区时,是穿过、靠近、还是避开而以支线连接,等等。研究时,应进行多种方案的比较。

初测是根据上级批准的计划和基本确定的路线走向、控制点和路线等级标准而进行的外业调查勘测工作。通过初测,要求对路线的基本走向和方案作进一步的论证比较,初步拟定中线位置,提出切合实际的初步设计方案和修建方案,确定主要工程的概略数量,为编制初步设计和设计概算提供所需的全部资料。因此,在指定的范围内若有大比例尺地形图和测量控制点,初测时就可直接利用,利用该地形图编制路线各方案的带状地形图和纵断面图;若没有大比例尺地形图,应先沿路线方向布设控制点,测量路线各方案的带状地形图和纵断面图。收集沿线水文、地质等有关资料,为纸上定线、编制比较方案的初步设计提供依据。根据初步设计,选定某一方案,即可转入路线的定测工作。

定测是具体核定路线方案,实地标定路线,进行路线详细测量,实地布设桥涵等构造物,并为编制施工图搜集资料。在选定设计方案的路线上进行中线测量、纵断面和横断面测量,以便在实地定出路线中线位置和绘制路线的纵横断面图;对布设桥涵等构造物的局部地区,还应提供或测绘大比例尺地形图。这些图纸和资料为路线纵坡设计、工程量计算等道路的技术设计提供了详细的测量资料。由此可见,地形图在道路勘测中起到很重要的作用。

思考题

1. 什么是地形图?什么是平面图?二者有何区别?
2. 什么是比例尺?什么是比例尺精度?二者有何关系?比例尺精度有何应用?
3. 什么是等高线?等高线有哪几种类型?如何区别?
4. 如何有效合理地选择地物和地貌的特征点?碎部点的密度是如何确定的?
5. 何谓"地物"?地物一般分为哪两大类?什么是比例符号、非比例符号、半比例(线型)符号和注记符号?它们分别在什么情况下应用?
6. 什么是大比例尺数字化测图?简述大比例尺数字化测图的特点。

7. 地形图能给道路、桥梁和隧道工程提供哪些资料和信息?

8. 如何在地形图上确定地面点的坐标和高程以及直线的距离、方向和坡度?

9. 简述大比例尺数字化测图的方法与步骤。

10. 图 9-41 所示为某一地区的部分地形图(等高线表示),请根据图中的已知数据回答下列问题(图中数据的单位均为 m):

(1) 求 A、B 两点的坐标及 A、B 两点所在直线的方位角。

(2) 求 C 点的高程及 A、C 两点间的地面平均坡度。

(3) 在 A、B 两点间按给定的 $i=5\%$ 的坡度选择一条线路。

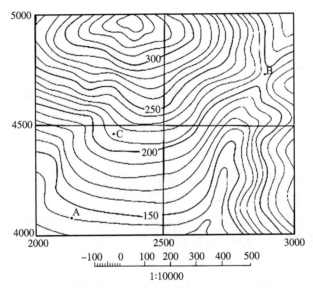

图 9-41 部分地形图

第十章　地面点位的测设

> **学习目标**

　　1. 熟悉测设的基本工作,地面点位测设的内容,全站仪坐标放样、高程放样和 GPS-RTK 放样的基本原理。
　　2. 了解施工放样的基本工作,全站仪坐标放样、水准仪高程放样和 GPS-RTK 放样的步骤。
　　3. 能够分析地面点位不同测设方法的特点、定位精度、影响精度的因素以及工作中应注意的事项。
　　4. 能够根据《公路勘测规范》(JTG C10-2007)的规定,掌握水准仪、经纬仪、全站仪、GPS-RTK 等测量仪器放样点位(X,Y,H)的方法和步骤。
　　5. 能够正确使用水准仪、经纬仪、全站仪、GPS-RTK 等测量仪器,完成工程建设中地面点的平面位置(X,Y)和高程(H)的施工放样等工作。

第一节　测设的基本工作

　　在公路工程建设中,测量工作必须先行。施工测量就是将设计图纸中的各项元素按规定的精度要求准确无误地测设于实地,作为施工的依据,并在施工过程中进行一系列的测量工作,以保证施工按设计要求进行。施工测量俗称"施工放样"。
　　各种工程在施工阶段所进行的测量工作,通常称为"施工测量",主要包括施工控制网的建立、工程放样、竣工测量及建筑物沉降和变形测量等。
　　施工测量工作很大程度上是通过将设计的已知点坐标和高程放到实地上来完成的。根据施工现场的特点以及采用手段的不同,点的平面位置的测设方法可分为直角坐标法、极坐标法、角度交会法(方向线法)、距离交会法等。放样时,应根据控制网的形式、控制点的分布情况、地形条件及放样精度,合理选用适当的测设方法。
　　随着测量新仪器和新技术的快速发展,一些更先进的测设方法也得到广泛的应用。施工放样时,往往是根据工程设计图纸上待建的建筑物或构筑物的位置、尺寸及其高程,算出待放点位和控制点位(或原有建筑物的特征点)之间的距离、角度、高程等测设数据,然后以控制点位为依据,将待放样点在实地标定出来,以便施工。施工放样既是施工的先导,同时又贯穿于整个施工过程中。放样和测图的不同点:一是测量程序正好相反,放样是将设计图纸上的建筑物测设到实地上,而测图是将地面上的地物、地貌测绘到图纸上;二是放样的精度要求较高,必须严格按设计要求进行,因为放样的误差直接影响到工程施工的质量。

不论采用哪种放样方法,施工放样实质上都是通过测设水平角、水平距离和高程来实现的。因此,我们把水平角放样、水平距离放样和高程放样称为"施工放样的基本工作"。

一、已知距离的放样

距离放样是在量距起点和量距方向确定的条件下,自量距起点沿量距方向丈量已知距离定出直线另一端点的过程。根据地形条件和精度要求的不同,距离放样可采用不同的丈量工具和方法,通常精度要求不高时可用钢尺或皮尺量距放样,精度要求高时可用全站仪或测距仪放样。

(一)尺量法距离放样

当距离值不超过一尺段时,由量距起点沿已知方向拉平尺子,按已知距离值在实地标定点位。如果距离较长,则按钢尺量距的方法,自量距起点沿已知方向定线,依次丈量各尺段长度并累加,至总长度等于已知距离时标定点位。为避免出错,通常需丈量 2 次,其较差的相对误差应满足精度要求,并取中间位置为放样点位。这种方法只能在精度要求不高的情况下使用,当精度要求较高时,应使用测距仪或全站仪放样,如图 10-1 所示。

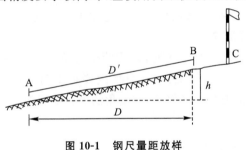

图 10-1 钢尺量距放样

已知图纸上直线 AB,水平距离 D,地面上 A 点位,要求在地面上测设 B 点位。对水平距离 D 进行尺长、倾斜与温度改正,计算出在地面上直线长度 D'。

$$D' = D - D\frac{\Delta l}{l} - D\alpha(t-t_0) + \frac{h^2}{2D} \qquad (10-1)$$

(二)全站仪(测距仪)距离放样

如图 10-2 所示,A 为已知点,欲在 AB 方向上定一点 B,使 A、B 间的水平距离等于 D。具体放样方法如下。

(1)在已知点 A 安置全站仪,照准 AB 方向,沿 AB 方向在 B 点的大致位置安置棱镜,测定水平距离,根据测得的水平距离与已知水平距离 D 的差值沿 AB 方向移动棱镜,至测得的水平距离与已知水平距离 D 很接近或相等时钉设标桩(若精度要求不高,此时钉设的标桩位置即可作为 B 点)。

(2)由仪器指挥在桩顶画出 AB 方向线,并在桩顶中心位置画垂直于 AB 方向的短线,交点为 B'。在 B'置棱镜,测定 AB'间的水平距离 D'。

(3)计算差值 $\Delta D = D - D'$,根据 ΔD 用钢卷尺在桩顶修正点位。

二、已知水平角的放样

角度放样(这里指水平角)也称"拨角",是在已知点上安置经纬仪或全站仪,以通过该点的某一固定方向为起始方向,按已知角值把该角的另一个方向测设到地面上。通常可采用正倒镜分中法进行角度放样,当精度要求高时,可在正倒镜分中法的基础上用多测回修正法进行角度放样。

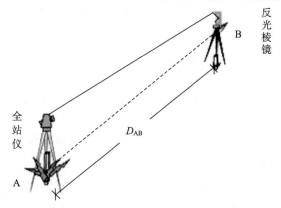

图 10-2 全站仪距离放样

(一)正倒镜分中法

如图 10-3 所示,A、B 为现场已定点,欲定出 AC 方向,使∠BAC=β,具体步骤如下:将经纬仪安置在 A 点,盘左瞄准 B 点并读取水平度盘的读数 a(或将水平度盘读数设置为零),逆时针方向转动照准部,使水平度盘读数为 $b=a-\beta$(当顺时针方向拨角 β 时,水平度盘读数应为 $b=a+\beta$),在视线方向上适当位置定出 C_1 点;然后盘右瞄准 B 点,用上述方法再次拨角并在视线上定出 C_2 点,定出 C_1、C_2 的中点后,则∠BAC 就是要放样的 β 角。

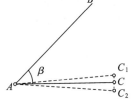

图 10-3 正倒镜分中法

用正倒镜分中法放样已知水平角时,采用两个盘位拨角主要是为了校核和提高精度。在实际工作中,当精度要求不高时,也常用盘左或盘右一个盘位进行角度放样,如偏角法测设曲线等。

(二)垂线改正法

当角值的放样精度要求较高时,可先按上述正倒镜分中法在实地定出 B' 点,如图 10-4 所示。以 B' 为过渡点,根据放样精度选用必要的测回数实测角度∠AOB',取各测回平均角值为 β_1,则角度修正值 $\Delta\beta=\beta-\beta_1$。将 $\Delta\beta$ 转换为 B' 点的垂距来修正角值,垂距计算公式为

$$B'B = OB' \times \tan\Delta\beta = \frac{\Delta\beta}{\rho} \times OB' \quad (10-2)$$

图 10-4 垂线改正法

式中:$\rho=206265''$。将 B' 垂直于 OB' 方向偏移 B'B,定出 B 点,则∠AOB 即为放样的 β 角。实际放样时应注意点位的改正方向。

说明:ρ 是角度与弧度之间的转换参数,大小为 $\frac{180°}{\pi}\times 3600''=206265''$。

三、已知高程的放样

已知高程的放样是根据施工现场已有的水准点,用水准测量或三角高程测量的方法,将设计的高程测设到地面上。全站仪和 GPS-RTK 在放样平面点坐标时都可以同时

进行高程放样,但目前工程上应用最广泛、精度最高的方法还是水准仪放样高程。

(一)一般地面点高程的放样

如图 10-5 所示,设已知水准点 BMA 的高程为:$H_A=140.359$m,今欲放样 B 点的高程,使其为 $H_B=141.000$m。在 A 点与 B 点间安置水准仪,后视立在 A 点的水准尺得读数 $a=2.468$m,视线高为:$H_i=H_A+a=140.359+2.468=142.827$(m)。要使 B 点测设得高

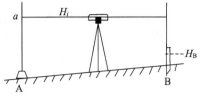

图 10-5 已知高程的放样

程为 H_B,则 B 点水准尺上读数应为:$b=H_i-H_B=142.827-141.000=1.827$(m)。

放样时,在 B 点徐徐打入木桩(或先打下木桩,靠近木桩侧面上下移动水准尺),直至前视 B 点上所立水准尺的读数 b 恰好为 1.827m 时为止(或在先打下的木桩上沿尺底在木桩侧面画一水平标志线),即可得到放样的高程。

(二)高程传递的放样

如图 10-6(a)所示,为了测量高层楼面上 B 点的高程,在地面已知水准点 A 和待测高程点 B 上分别竖立水准尺,在地面上和相应的楼面上分别安置水准仪,同时用木杆悬挂一根检定过的钢尺(钢尺零点在下,且下端挂在重量等于钢尺检定时所用拉力的重锤上,重锤置于油桶中,以防尺身摆动),读出 a、b、c、d 四个尺读数后,即可算出 B 点的高程:

$$H_B=H_A+a+(c-d)-b \tag{10-3}$$

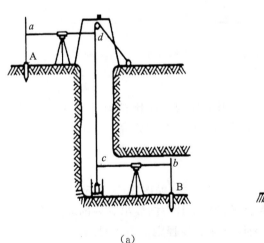
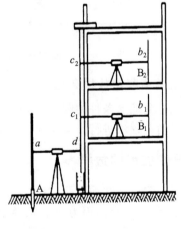

(a) (b)

图 10-6 高程传递的放样

如图 10-6(b)所示,亦可用同样的方法测量地下工程(如水平巷道等)中的 B 点的高程。测量精度要求较高时,式 $H_B=H_A+a+(c-d)-b$ 中的 $(c-d)$ 应加上尺长和温度改正数。为了校核,还应改变钢尺悬挂的位置重测一次,当所观测的同一点的高程互差不超过 3mm 时,取平均值作为结果。在有竖直面(如柱面、楼梯间、墙面等)可利用的情况下,亦可用钢尺沿竖直面量取高度,来完成高程的上下传递工作。楼面上或水平巷道里 B 点的高程测出以后,便可将 B 点作为已知高程点,按照"地面点的高程放样"的方法和步骤去测设 B 点周围设计高程点的高程位置。

(三)坑道顶部点高程放样

在地下坑道(或隧道)施工中,高程点位通常设置在坑道顶部。通常规定,当高程点位于坑道顶部时,在进行水准测量时,水准尺均应倒立在高程点上。如图10-7所示,A为已知高程H_A的水准点,B为待测设高程为H_B的位置,由于$H_B=H_A+a+b$,则在B点应有的标尺读数$b=H_B-(H_A+a)$。因此,将水准尺倒立并紧靠B点木桩上下移动,直到尺上读数为b时,在尺底画出设计高程H_B的位置。

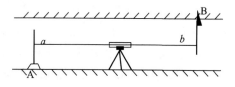

图 10-7 顶部点高程放样

同样,对于多个测站的情况,也可以采用类似分析和解决方法。如图10-8所示,A为已知高程H_A的水准点,C为待测设高程为H_C的点位,由于$H_C=H_A-a-b_1+b_2+c$,则在C点应有的标尺读数$c=H_C-(H_A-a-b_1+b_2)$。

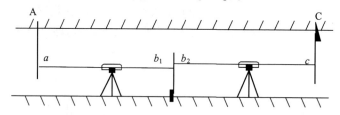

图 10-8 多个测站高程点的放样

(四)三角高程法放样高程

有的地方受地形条件的限制,高程放样用常规的方法比较困难或者无法进行时,也可以采用三角高程法进行。全站仪高程放样的原理就是三角高程法放样,参见前述。

四、已知坡度的放样

在地面上测设已知坡度线,其实就是高程的放样,如图10-9所示。根据已知AB直线的水平距离D,A点高程为H_A,从A处开始沿AB方向放出$m‰$的坡度线。B点的高程$H_B=H_A+D×m‰$,根据在地面上测设已知点高程定出B点桩高。在A点安置经纬

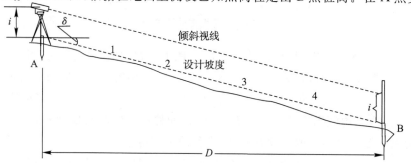

图 10-9 已知坡度的放样

仪,量出仪高 i,将望远镜瞄准 B 点上水准尺,使中丝读数为 i,固定望远镜的制动螺丝,定 P_1、P_2、P_3 等点。

第二节　点的平面位置测设

任何工程建筑物的位置、形状和大小都是通过其特征点在实地表示出来的,因此,放样建筑物归根结底是放样点位。测设点的平面位置的基本方法有直角坐标法、极坐标法、角度交会法和距离交会法等。

(一)直角坐标法

直角坐标法是根据直角坐标原理,利用纵、横坐标之差,测设点的平面位置。直角坐标法适用于施工控制网为建筑方格网或建筑基线的形式,且量距方便的建筑施工场地。

1. 计算测设数据

如图 10-10 所示,根据已知 I、a 点坐标计算坐标差值,Ⅰm＝30.00m,ma＝20.00m。

2. 点位测设方法

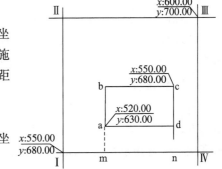

图 10-10　直角坐标法

(1)如图 10-10 所示,在 I 点安置经纬仪,瞄准 Ⅳ 点,沿视线方向测设距离 30.00m,定出 m 点,继续向前测设 50.00m,定出 N 点。

(2)在 m 点安置经纬仪,瞄准 Ⅳ 点,按逆时针方向测设 90°角,由 m 点沿视线方向测设距离 20.00m,定出 a 点,作出标志,再向前测设距离 30.00m,定出 b 点,作出标志。

(3)在 n 点安置经纬仪,瞄准 I 点,按顺时针方向测设 90°角,由 n 点沿视线方向测设距离 20.00m,定出 d 点,作出标志,再向前测设距离 30.00m,定出 c 点,作出标志。

(4)检查建筑物四角是否等于 90°,各边长是否等于设计长度,其误差均应在限差以内。

测设上述距离和角度时,可根据精度要求分别采用一般方法或精密方法。在直角坐标法中,一般用经纬仪测设直角,但在精度要求不高、支距不大、地面较平坦时,可采用钢尺根据勾股定理进行测设。

(二)极坐标法

极坐标法是根据一个水平角和一段距离测设点的平面位置。极坐标法适用于量距方便且待测设点距离控制点较近的建筑施工场地,如图 10-11 所示。

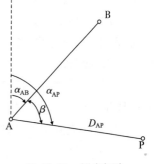

图 10-11　极坐标法

1. 计算测设数据

(1)计算 AB 边的坐标方位角。

(2)计算 AP 与 AB 之间的夹角。

(3)计算 A、P 两点间的水平距离。

例 10-1 已知 $X_A=348.758\text{m}, Y_A=433.570\text{m}, X_P=370.000\text{m}, Y_P=458.000\text{m}, \alpha_{AB}=103°48'48''$，试计算测设数据 β 和 D_{AP}。

解 $\alpha_{AP} = \arctan\dfrac{\Delta Y_{AP}}{\Delta X_{AP}}$

$= \arctan\dfrac{458.000-433.570}{370.000-348.758} = 48°59'34''$

$\beta = \alpha_{AB} - \alpha_{AP} = 103°48'48'' - 48°59'34'' = 54°49'14''$

$D_{AP} = \sqrt{(370.000-348.758)^2+(458.000-433.570)^2} = 32.374(\text{m})$

2. 点位的测设方法

(1)在 A 点安置经纬仪，瞄准 B 点，按逆时针方向测设 β 角，定出 AP 方向。

(2)沿 AP 方向测设水平距离 D_{AP}，定出 P 点，作出标志。

(3)用同样的方法测设建筑物的另外三个角点。全部测设完毕后，检查建筑物四角是否等于 90°，各边长是否等于设计长度，其误差均应在限差以内。

(三)角度交会法

角度交会法是指在两个或多个控制点上安置经纬仪，通过测设两个或多个已知水平角角度，交会出待定点的平面位置。这种方法又称为"方向交会法"，如图 10-12(a)所示。角度交会法适用于待定点离控制点较远且量距较困难的施工场地。

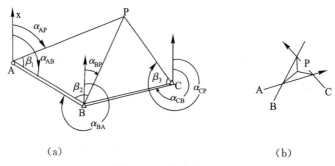

图 10-12 角度交会法

1. 计算测设数据

(1)按坐标反算公式计算方位角 α。

(2)根据方位角计算水平角 β。

2. 点位测设方法

(1)在 A、B 两点同时安置经纬仪，同时测设水平角 β_1 和 β_2，定出两条方向线，在两条方向线相交处钉一个木桩，并在木桩上沿 AP、BP 绘出方向线及其交点。

(2)在 C 点安置经纬仪，测设水平角 β_3，同样在木桩上沿 CP 绘出方向线。

(3)如果交会没有误差，则此方向线应通过前两条方向线的交点，此交点即为待测点 P。由于测设有误差，往往三个方向不交于一点，而形成一个误差三角形，如图 10-12(b)所示。如果此三角形最长边不超过允许范围，则取三角形的重心作为 P 点的最终位置。

(四)距离交会法

距离交会法是指根据两个控制点测设两段已知水平距离，交会定出待测点的平面位置。距离交会法适用于场地平坦、量距方便且控制点离测设点不超过一尺段长的施工场地,如图 10-13 所示。

1. 计算测设数据

根据 A、B、P 各点坐标,按式(10-1)分别计算 AP、BP 的距离 D_{AP}、D_{BP}。

2. 点位测设方法

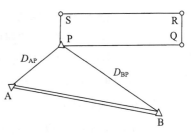

图 10-13 距离交会法

(1)将钢尺的零点对准 A 点,以 D_{AP} 为半径在地上画一圆弧。

(2)将钢尺的零点对准 B 点,以 D_{BP} 为半径在地上再画一圆弧,两圆弧的交点即为 P 点的平面位置。

(3)用同样方法测设出 Q、R、S 点的平面位置。

(4)测量各条边的水平距离,与设计长度进行比较,其误差应在限差以内。

测设时如有两根钢尺,可将钢尺的零点同时对准 A、B 点,由一人同时拉紧两根钢尺,使两根钢尺读数分别为 D_{AP}、D_{BP},则这两个读数相交处即为待测设的 P 点。

第三节 全站仪点位放样

一、全站仪点位放样的原理

放样测量用于实地上测设出所要求的点。在放样过程中,通过对照准点角度、距离或者坐标的测量,仪器将显示出预先输入的放样数据与实测值之差,以指导放样工作。显示的差值由下式计算:

水平角差值=水平角实测值－水平角放样值

斜距差值=斜距实测值－斜距放样值

平距差值=平距实测值－平距放样值

高差差值=高差实测值－高差放样值

全站仪均有按角度和距离放样及按坐标放样的功能,下面进行简要介绍。

(一)角度和距离放样测量

角度和距离放样测量又称为"极坐标放样测量",角度和距离放样是根据相对于某参考方向转过的角度和至测站点的距离测设出所需要的放样测量点位,如图 10-14 所示。其放样步骤如下:

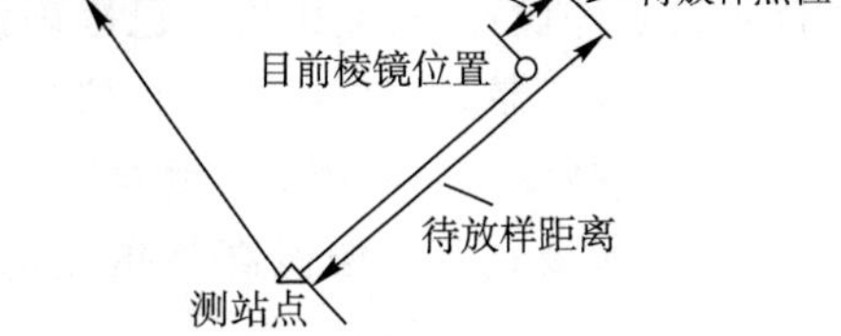

(1)将全站仪安置于测站,精确照准选定的参考方向,并将水平度盘读数设置为 00°00′00″。

图 10-14 角度和距离放样测量

(2)选择放样模式,依次输入距离和水平角的放样数值。

(3)进行水平角放样。在水平角放样模式下,转动照准部,当转过的角度值与放样角度值的差值显示为零时,固定照准部。此时仪器的视线方向即角度放样值的方向。

(4)进行距离放样。在望远镜的视线方向上安置棱镜,并移动棱镜,使其被望远镜照准,选取距离放样测量模式,按照屏幕显示的距离放样引导,朝向或背离仪器方向移动棱镜,直至距离实测值与放样值的差值为零时,定出待放样的点位。一般全站仪距离放样测量模式有斜距放样测量、平距放样测量和高差放样测量3种可供选择。

(二)坐标放样测量

如图10-15所示,O为测站点,已知测站点坐标(N0,E0,Z0),1点为放样点,坐标(N1,E1,Z1)也已给定。根据坐标反算公式计算出O1直线的坐标方位角和O、1两点的水平距离:

$$\alpha_{O1} = \arctan \frac{E1-E0}{N1-N0} \tag{10-4}$$

$$D_{O1} = \sqrt{(N1-N0)^2 + (E1-E0)^2} = \frac{N1-N0}{\cos\alpha_{O1}} = \frac{E1-E0}{\sin\alpha_{O1}} \tag{10-5}$$

α_{O1}和D_{O1}计算出后,即可定出放样点1的位置。实际上,上述计算是通过仪器内软件完成的,无需测量者计算。

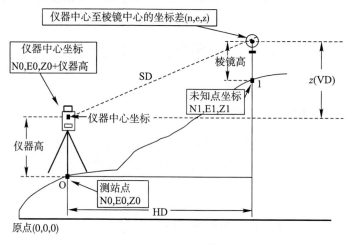

图10-15 全站仪坐标测量、放样原理图

按坐标进行放样测量的步骤为:

(1)坐标测量前的准备工作。仪器已正确地安置在测点上,电池电量充足,仪器参数已按观测条件设置好,测距模式已准确设置,返回信号检验已完成,并适宜测量。

(2)输入仪器高。仪器高是指仪器的横轴中心(一般仪器上设有标志标明位置)至测站点的垂直高度。一般用2m钢卷尺量出,在测前通过操作键盘输入。

(3)输入棱镜高。棱镜高是指棱镜中心至测站点的垂直高度。测前通过操作键盘输入。

(4)输入测站点数据。在进行坐标测量前,需将测站点坐标N、E、Z通过操作键盘依次输入。

(5)输入后视点坐标。在进行坐标测量前,需将后视点坐标N、E、Z通过操作键盘依次输入。

(6)设置气象改正数。在进行坐标测量前,应输入当时的大气温度和气压。

(7) 设置后视方向坐标方位角。照准后视点,输入测站点和后视点坐标,通过键盘操作确定后,水平度盘读数所显示的数值就是后视方向坐标方位角。如果后视方向坐标方位角已知(可以通过测站点坐标和后视点坐标反算得到),此时仪器可先照准后视点,然后直接输入后视方向坐标方位角数值。在此情况下,就无需输入后视点坐标。

(8) 输入放样点坐标。将放样点坐标 N1、E1、Z1 通过操作键盘依次输入。

(9) 参照按水平角和距离进行放样的步骤,将放样点 1 的平面位置定出。

(10) 高程放样。将棱镜置于放样点 1 上,在坐标放样模式下,测量 1 点的坐标 Z,根据其与已知 Z 的差值,上下移动棱镜,直至差值显示为零时,放样点 1 的位置即确定。

全站仪除了能进行上述测量外,一般还具有许多程序测量功能。例如后方交会测量、对边测量、偏心测量、悬高测量和面积测量等,由于这些操作在公路工程中应用较少,因此在此不再做详细介绍。

二、全站仪点位放样仪器操作实例

下面以科力达全站仪 KTS440 系列介绍全站仪坐标放样的具体操作步骤。开始坐标测量之前,首先在测站点建站,即对中、整平,然后输入测站点坐标、温度、气压、仪器高和目标高,如图 10-16 所示。仪器高和目标高可使用卷尺量取,一般量 2 次取平均数,量至毫米。测站坐标数据可预先输入仪器。

图 10-16 坐标测量建站示意图

操作步骤如下框图。

操作过程	操作键	显示
1. 照准参考方向,在测量模式第 2 页菜单下按 2 次 置零,将参考方向设置为零。	置零 + 置零	测量. PC −30 ⊥ PPM 0 ▇ 3 ZA 89° 59′ 54″ HAR 0° 00′ 00″ P2 置零 坐标 放样 记录
2. 在测量模式第 2 页菜单下按 放样,屏幕显示如右图所示。	放样	放样 1. 观测 2. 放样 3. 设置测站 4. 设置后视角 5. 测距参数

续表

操作过程	操作键	显示
3.选取"2.放样"后按 ENT，显示如右图所示。将光标移到输入下列数据项： 1.放样距离。 2.放样角度。 每输入完一数据项后按 ENT。	选取 "2.放样" + 数据 + ENT	放样值(1) Np: 1223.455 Ep: 2445.670 Zp: 29.747 目标高: 1.620 m ↓ 记录　取值　确认 放样值(2)　↑ 放样距离: 23.450m 放样角度: 45.1205 确认
4.按 确认，显示如右图所示。其中： SO.H：至待放样点的距离值差值。 dHA：至待放样点的水平角差值。 • 中断输入按 ESC。	确认	SO.H　　−22.977 m H　　　　0.473 m ZA　　　89°45′23″　3 HAR　　　0°00′00″ dHA　　　45°12′05″ 记录　切换　<--> 　平距
5.按 <-->，屏幕显示如右图所示。在第1行中所显示的角度值为角度实测值与放样值的差值，而箭头方向为仪器照准部应转动的方向。	<-->	→　　　　45°12′05″ ↑　　　　22.977 H　　　　0.473 m　3 ZA　　　89°45′23″ HAR　　　0°00′00″ 记录　切换　<--> 　平距
6.转动仪器照准部至使第1行所显示的角度值为0°。当角度实测值与放样值的差值在±30″范围内时，屏幕上显示2个箭头。 • 箭头含义： ←：从测站上看去，向左移动棱镜。 →：从测站上看去，向右移动棱镜。 • 恢复放样观测屏幕：<-->		←　→　　　0°00′00″ ↑　　　−22.977 H　　　　0.473 m　3 ZA　　　89°45′23″ HAR　　　45°12′05″ 记录　切换　<--> 　平距
7.在望远镜照准方向上安置棱镜并照准。 按 平距 开始距离放样测量。屏幕显示如右图所示。 • 按 切换 可以选取放样测量模式。	平距	放样 放样　镜常数 = −30 　　　PPM = 0 　　　单次精测 　　　停止

续表

操作过程	操作键	显示
8.距离测量进行后,屏幕显示如右图所示。在第2行中所显示的距离值为距离放样值与实测值的差值,而箭头方向为棱镜应移动的方向。		← →　　　0° 00′ 00″ ↑　　　　　－22.977 H　　　　　0.473 m　■3 ZA　　89° 45′ 23″ HAR　　45° 12′ 05″ 记录　切换　<-->　平距
9.按箭头方向前后移动棱镜至使第2行显示的距离值为0m,再按 切换 选取 斜距 、 高差 进行测量。当距离放样值与实测值的差值在±1cm范围内时,屏幕上显示双头箭头"↕"(选用重复测量或者跟踪测量进行放样时,无需任何按键操作,照准移动的棱镜便可显示测量结果)。 ↓:向测站方向移动棱镜。 ↑:向远离测站方向移动棱镜。	切换	← →　　　0° 00′ 00″ ↕　　　　　　0.000 H　　　　23.450 m　■3 ZA　　89° 45′ 23″ HAR　　45° 12′ 05″ 记录　切换　<-->　平距
10.使距离放样值与实测值的差值为0m,定出待放样点位。		← →　　　0° 00′ 00″ ↕　　　　　　0.000 H　　　　23.450 m　■3 ZA　　89° 45′ 23″ HAR　　150° 16′ 54″ 记录　切换　<-->　平距
11. 按 ESC 返回放样测量菜单屏幕。	ESC	放样 1. 观测 2. 放样 3. 设置测站 4. 设置后视角 5. 测距参数

第四节　GPS-RTK 点位放样

一、GPS-RTK 放样的原理

GPS-RTK 放样的原理参见第六章 GPS 定位测量相关部分的内容。

二、GPS-RTK 放样的仪器操作实例

(一)资料、仪器的准备

(1)根据测量任务收集测区控制点资料,包括控制点坐标、等级、类型、中央子午线经纬度、坐标系统、控制点周围的地形和位置环境。

(2)准备 RTK-GPS 接收机、天线、电台、电源、脚架、手持控制器、对中杆等。

(二)求定测区转换参数

选择在测区四周及中心均匀分布的、能有效地控制测区的几个(3 个以上)已知控制点安置 GPS-RTK 接收机,实时获得控制点的 WGS-1984 坐标,实时求解测区坐标转换参数。

(三)参考站的选定和建立

在已有控制点中,选择地势高、交通方便、空间开阔、周围无高度角大于 10°的障碍物、有利于卫星信号的接收和数据链发射、土质坚实、不易破坏的点作为参考站。

(四)实施步骤

以加拿大诺瓦泰 POINT GPS Smart 6100IS 为例。在参考站上安置 GPS 接收机,打开接收机,在流动站的手持控制器上进行下列操作。

1. 选定"坐标系统"

确立坐标系,一般为"WGS-1984 坐标系";设置投影参数(中央子午线经度、$X=0$、$Y=500000$、投影比例尺为 1);关闭"七参数"和"转换参数"。

2. 设置"基准站"

(1)获取基准站坐标。联机,进入"基准站"菜单——→"基准站坐标"菜单——→按"Tab"键获取坐标(必须为大地坐标 B、L)——→输入"仪器高"——→"Enter"。

(2)设置"发射间隔"。一般为"1"或"默认设置"。

(3)设置"差分模式"。选择"RTK mode"。

(4)设置"基准站"。按"Enter"键确认后,系统弹出设置成功对话框,发出蜂鸣声表示设置成功。

3. 直接"碎部测量"

"基准站"设置后,进入"流动站"操作,选择"碎部测量",屏幕显示碎部点坐标。屏幕中相关参数含义如下:

X、Y、H:流动站三维直角坐标。

STA:流动站当前初始化状态。"RTK fixed"表示初始化成功;"RTK Float"表示未初始化,处于浮动解状态。

ΔS、δH:分别为平面精度和高程精度。

SV's:用于求解的卫星数。

Lag:最后收到差分的时刻到现在所经历的时间。

UHFQ:代表无线数据链质量。

TIME:时间。

DATU:当前坐标系统。

Pname:当前缺省点名。

按"Tab"键保存当前坐标。在 Point,Name 后输入"点名";在 Code 后输入"属性代码";在 AntHeight 后输入"天线高",按"Enter"键确认。

4. 坐标库

(1)放样点坐标(已知点坐标)——→"点放样"进入。

(2)已测点坐标(碎部测量点)——"坐标浏览"进入。

(3) 调出坐标库坐标,按"Menu"键。

Ⓐ:输入坐标。按"Menu"键选择"Add"——→输入坐标 X、Y、H、点名 Pn ——→按"Tab"键保存当前坐标("Menu"——→"Point"——→"Add"——→输入 X、Y、H、点名 Pn ——→按"Tab"键)。

Ⓑ:编辑坐标("Menu"——→"Point"——→"Edit")。

Ⓒ:删除坐标("Menu"——→"Point"——→"Delete")。

Ⓓ:查询坐标("Menu"——→"View")。

Ⓔ:特殊功能("Menu"——→"Special")。

5. 点放样

首先进入放样点坐标库,选择放样点,执行"Menu"的"Stak out",提取放样点坐标到屏幕,图示含义为:实心点——放样点;空心点——GPS 位置;顶端角度——放样点到当前点方位角;下端距离——放样点到当前点距离;屏幕右边:DevX——两点 X 方向差值;DevY——两点 Y 方向差值;DevH——高程方向差值;NSVS——卫星数;Mode——当前解状态;Point——当前放样点点名;当 DevX、DevY 在容许范围内,即找到了放样点的平面位置。接受机可将实时位置与设计值相比较,并在上面实时显示移动方向,指导放样直至准确放样出待定点位置。

6. 内业数据处理

由于 RTK GPS 可以实时得到流动站的坐标,因此,内业工作主要是下载记录的实测坐标,显示坐标点位、轨迹,并对点位图形进行放大、缩小及漫游等操作。

最后,在工作中要注意:为防止数据链丢失以及多路径效应的影响,参考站周围应无GPS 信号反射物(大面积水域、大型建筑物等),无高压线、电视台、无线电发射站、微波站等干扰源。

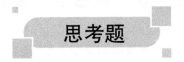

思考题

1. 放样的基本工作有哪些?
2. 点的平面位置放样的方法有哪些?
3. 简述全站仪坐标放样的原理与步骤。
4. 简述 GPS-RTK 点位放样的原理与步骤。
5. 简述水准仪放样地面点高程的操作步骤。
6. 在校内完成全站仪坐标放样、GPS-RTK 点位放样、水准仪高程放样等工作。

第十一章　道路工程测量

> **学习目标**

1. 熟悉道路中线测设各阶段的内容，圆曲线、缓和曲线、竖曲线、基平测量和中平测量的基本概念、测设步骤与技术要求；熟悉纵、横断面测量的方法和步骤以及外业测设的技术要求等。

2. 掌握用常规仪器进行路线的交点与转点测设、里程桩的设置、圆曲线、缓和曲线和纵、横断面测设的方法和实施步骤，熟悉全站仪测设道路中线的方法和步骤以及测设数据的计算方法等。

3. 分析用常规仪器与全站仪测设道路中线的特点、常规仪器测设曲线时遇到障碍的处理方法。

4. 能够根据《公路勘测规范》(JTG C10-2007)和《公路勘测细则》(JTG/T C10-2007)的规定，完成道路中线测设(交点与转点测设、里程桩的设置、圆曲线和缓和曲线测设等)外业具体测量工作；完成路线纵、横断面的测量和断面图的绘制；完成施工控制桩的测设、路基边桩的测设和竖曲线的测设等工作。

5. 能够正确完成道路中线测设的内业计算、成果检核和精度评定。

第一节　道路中线测量

无论是公路还是城市道路，平面线形都要受地形、地物、水文、地质及其他因素的限制而改变路线方向。在直线转向处要用曲线连接起来，这种曲线称为"平曲线"。平曲线包括圆曲线和缓和曲线2种，如图11-1所示。圆曲线是具有一定曲率半径的圆弧。缓和曲线是连接直线与圆曲线(或圆曲线与圆曲线)之间的曲率逐渐变化的曲线，其曲率半径由无穷大(直线半径)逐渐变为圆曲线半径 R，或由圆曲线半径逐渐变为无穷大。道路中线测量的任务就是通过直线和曲线的测设，将道

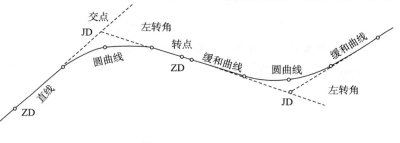

图 11-1　平面线形

路的中线具体地测设到地面上,并测出其里程。

一、路线交点和转点的测设

(一)路线交点的测设

路线测设的传统方法是先标定出路线的转折点,这些转折点称为"交点"(通常以 JD_i 表示),是中线测量的控制点。交点测设可采用现场标定的方法,根据规定的技术标准,结合地形、地质条件,在现场反复比较,直接定出路线交点的位置。这种方法不需要测地形图,比较直观,但只适用于较低等级公路。对于高等级公路或地形复杂、现场标定困难的地段,应采用纸上定线的方法,先进行控制测量,测绘大比例尺带状地形图(通常比例尺为 1:1000 或 1:2000),在图上定出路线,再到实地放线,将交点在实地标定。一般可用以下 2 种方法。

1. 放点穿线法

放点穿线法是利用地形图上的测图导线点与图上定出的线路之间的角度和距离的关系,在实地将路线的直线段测设出来,然后将相邻直线延长相交,定出交点桩的位置。

2. 拨角放线法

拨角放线法是先在地形图上量出纸上定线的交点坐标,反算相邻交点间的直线长度、坐标方位角及转角。在野外将仪器架设于路线中线起点或已确定的交点上,拨出转角,测设直线长度,依次定出各交点位置。

随着测量仪器和测量技术的发展,传统的测设方法已经被全站仪坐标放样方法所代替。全站仪坐标放样方法是利用全站仪坐标放样功能,根据路线控制测量沿线布设的控制点和中线设计的逐桩坐标直接放样中桩。

(二)转点 ZD(或 TP)的测设

在路线测量中,当相邻两交点间距离较远或互不通视时,需要在其连线上测设一些供放线、交点、测角、量距时照准用的点,这样的点称为"转点"(通常以 ZD_i 表示)。其测设方法分为在两交点间测设转点和在两交点延长线上测设转点。

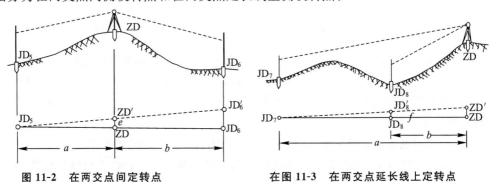

图 11-2 在两交点间定转点　　在图 11-3 在两交点延长线上定转点

1. 在两交点间测设转点

(1)如图 11-2 所示,在 JD_5、JD_6 的大致中间位置 ZD 架设仪器,瞄准 JD_5,用正倒镜分中法定出 $JD_6{}'$。

(2)测量出 a、b 距离。

(3)计算 e 值,在实地量取 e 值,得 ZD 点,有

$$e=\frac{a}{a+b}f \quad (11-1)$$

(4)在 ZD 点架设仪器,检查三点是否在一条直线上。

2.在两交点延长线上测设转点

如图 11-3 所示,步骤和在两交点间测设的步骤相同,不同之处在于 e 值的计算。

$$\frac{f}{e}=\frac{a-b}{a} \Rightarrow e=\frac{a}{a-b}f \quad (11-2)$$

二、路线转角的测定和里程桩的设置

(一)转角计算和分角线的测设

(1)定义。转角是指路线由一个方向偏向另一个方向时,偏转后的方向与原方向之间的夹角。当偏转后的方向在原方向的左侧,称为"左转角";反之称为"右转角",如图 11-4 所示。

(2)转角的计算。按线路的前进方向,以道路中线为界测量路线的转折角 β,一般是测量右角。通常用全站仪观测一个测回,上、下半测回差值规定:高速公路、一级公路限差≤±20″;二级及以下公路限差≤±60″。满足要求后,角度取上、下半测回的平均值,然后按下式计算转角。

当 $\beta_左>180°$ 时,为右转角,有:$\alpha_y=\beta_左-180°$;

当 $\beta_左<180°$ 时,为左转角,有:$\alpha_z=180°-\beta_左$;

当 $\beta_右<180°$ 时,为右转角,有:$\alpha_y=180°-\beta_右$;

当 $\beta_右>180°$ 时,为左转角,有:$\alpha_z=\beta_右-180°$。

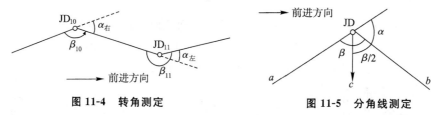

图 11-4 转角测定　　图 11-5 分角线测定

(3)若角度的两个方向值为 a 和 b,如图 11-5 所示,则分角线方向值为

$$c=(a+b)/2 \quad (11-3)$$

(4)分角线方向的标定。为圆曲线测设曲中点提供已知的方向,但应注意左转角与右转角的区别。

(5)测定后视方向的视距。主要用于在中桩测设时对桩距进行检核。

(6)磁方位角的观测与推算。低等级公路用罗盘仪对测定的转角进行精度检核,偏差≤2°。即:$A_i=A_0+\sum\alpha_右-\sum\alpha_左$;$|A_i'(测量)-A_i|\leq2°$。

(7)为便于以后施工时路线的恢复和放样,对线路上重要的控制桩,如路线起点、终点、交点、转点、桥梁两端桥位及隧道进出口的控制桩等,都要妥善固定和保护,以防止丢失或破坏。桩位固定应因地制宜,一般用 3 个护桩加以保护,在"路线固定桩一览表"上绘制点位草图,同时填写相关数据和说明等,将其作为资料上交。

(二)里程桩的设置

里程桩又称"中桩",如图 11-6 所示,桩号表示该桩至路线起点的水平距离。如 K7+814.19 表示该桩距路线起点的里程为 7814.19m。里程桩分为整桩和加桩。

(1)整桩。桩号是桩距 l_0 的整倍数,一般每隔 20m(山区)或 50m(平原)设一个,具体设置参照规范要求。

(2)加桩。根据《公路勘测规范》(JTG C10-2007)的规定,凡需加桩的地方都应设加桩。

①路线纵、横向地形变化处(在地形起伏突变处、横向坡度变化处、天然河沟处设置地形加桩)。

②路线交叉处。

③拆迁建筑物处。

④桥梁、涵洞、隧道等构筑物处。

⑤土质变化及不良地质段起、终点处。

⑥省、地(市)、县级行政区划分界处。

⑦土地种类变化处(地质不良地段和土壤地质变化处)。

⑧改建公路变坡点、构造物和路面类型变化处。

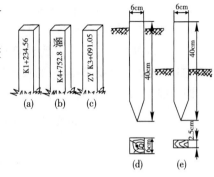

图 11-6 中 桩

⑨断链加桩。当路线有比较方案、分段施测、局部改线或事后发现距离计算错误等情况,使路线里程不连续,即桩号与路线长度不一致的现象,称为"断链"。断链有长链和短链之分,一般用断链等式表示。断链桩应标明换算里程及增减长度(如:K1+100=K1+080,长链 20m)。断链桩位宜设于直线段,不得设在桥梁、隧道、立交等构造物范围内。加桩应取位至米,特殊情况下可取位至 0.1m。

第二节 圆曲线测设

一、圆曲线主点测设

在地面上表示一段圆弧一般需要 3 个点,这些点称为"圆曲线主点"。为了测设圆曲线主点,要先计算出圆曲线的测设要素。如图 11-7 所示,JD(交点)即两直线相交的点。圆曲线主点包括:

ZY——直圆点,按线路前进方向由直线进入曲线的分界点。

QZ——曲中点,为圆曲线的中点。

YZ——圆直点,按线路前进方向由圆曲线进入直线的分界点。

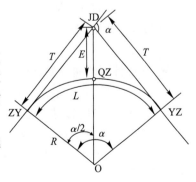

图 11-7 圆曲线

(一)圆曲线要素的计算

T——切线长,为交点至直圆点或圆直点的长度。

L——曲线长,即圆曲线的长度(自 ZY 经 QZ 至 YZ 的弧线长度)。

E——外距,为 JD 至 QZ 的距离。

D——切线长与曲线长的差值,用于里程计算的检核。

T、L、E、D 称为"圆曲线要素"。

α——转角。沿线路前进方向,下一条直线段向左转为左偏,向右转为右偏。

R——圆曲线的半径。R 为计算曲线要素的必要数据,是已知值。R 可由外业直接测出,亦可在纸上定线求得;R 为设计时采用的数据。

圆曲线要素的计算公式为

$$切线长:T=R\text{tg}\frac{\alpha}{2}$$

$$曲线长:L=\frac{\pi}{180°}R\alpha$$

$$外(矢)距:E=R\left(\frac{1}{\cos\frac{\alpha}{2}}-1\right)=R\left(\sec\frac{\alpha}{2}-1\right)$$

$$切曲差(超距):D=2T-L$$

(11—4)

(二)圆曲线主点里程计算

主点里程计算是根据计算出的曲线要素,由一已知点里程来推算,一般已知交点 JD 的里程,则需计算出 ZY 或 YZ 的里程,由此推算其他主点的里程。公式如下:

ZY 里程=JD 里程−T;

YZ 里程=ZY 里程+L;

QZ 里程=YZ 里程−$L/2$;

JD 里程=QZ 里程+$D/2$(用于校核)

(三)圆曲线主点测设

圆曲线主点的具体测设方法见例 11-1。

例 11-1 如图 11-7 所示,已知转角 $\alpha=25°48'$,圆曲线半径 $R=300\text{m}$,JD 点的里程为 K3+182.76。

解 (1)计算圆曲线要素的。按式(11—4)计算可得:

$T=68.71$;$L=135.09$;$E=7.77$;$D=2.33$

(2)计算主点里程。按上式计算如下:

```
     JD    K3+182.76              YZ    K3+249.14
  −)  T        68.71           −)L/2        67.54
     ─────────────              ─────────────
     ZY    K3+114.05              QZ    K3+181.60
  +)  L       135.09           +)D/2         1.16
     ─────────────              ─────────────
                                   JD    K3+182.76
                                    (计算正确)
```

(3)主点的测设。在交点(JD)上安置经纬仪,瞄准直线Ⅰ方向上的一个转点,在视线方向上量取切线长 $T=68.71\text{m}$,得 ZY 点,瞄准直线Ⅱ方向上的一个转点,量 $T=68.71\text{m}$,得 YZ 点;将视线转至内角平分线上,量取 $E=7.77\text{m}$,用盘左、盘右分中得 QZ 点。在 ZY、QZ、YZ 点均要打方形木桩,在桩上钉小钉以示点位。为保证主点的测设精度,以利于曲线详细测设,切线长度应往返丈量,其较差的相对误差不大于 1/2000 时,取其平均位置。

二、圆曲线详细测设

仅将曲线主点测设于地面上,还不能满足设计和施工的需要,为此,应在两主点之间加测一些中桩点,这种工作称为"圆曲线详细测设"。曲线上中桩间距宜为 20m;若地形平坦且曲线半径大于 800m 时,圆曲线内的中桩间距可为 40m;圆曲线的中桩里程宜为 20m 的整倍数。在地形变化处或按设计需要另设加桩时,则加桩宜设在整米处。中桩桩距必须满足勘测设计规范的规定。

表 11-1 中桩桩距

直线(m)		曲线(m)			
平原微丘区	山岭重丘区	不设超高的曲线	$R>60$	$30<R<60$	$R<30$
≤50	≤25	25	20	10	5

中桩量距精度及限差必须符合《公路勘测规范》(JTG C10-2007)和《公路勘测细则》(JTG/T C10-2007)的规定要求。按桩距 l_0 在曲线上设桩通常有 2 种方法。

1. 整桩距法

从圆曲线的起点 ZY 或终点 YZ 开始,以整桩距 l_0 向圆曲线的 QZ 点加桩,整桩距的曲线段为整弧段(加测百米桩和公里桩)。

2. 整桩号法

从 ZY 或 YZ 点开始,把第一个加桩点 P_1 桩号凑成为桩距 l_0 的整倍数,以后按整桩距 l_0 向圆曲线的 QZ 点加桩。圆曲线测设一般采用整桩号法。

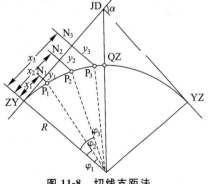

图 11-8 切线支距法

圆曲线上中桩点桩号推导出以后,就可按下列几种方法进行圆曲线的详细测设。

(一)切线支距法

切线支距法又称为"直角坐标法",以曲线的起点或终点为坐标原点,取切线方向为 X 轴,垂直切线的半径方向为 Y 轴,如图 11-8 所示,根据横坐标 x、纵坐标 y 设置圆曲线上各点的位置。如图 11-8 所示,设 P 点为圆曲线上要求的点,P 点与曲线的起点或终点的弧长为 l,弧长 l 所对的圆心角为 φ,则 P 点的坐标 (x,y) 可以按式(11-5)计算出来。

(1)圆曲线详细测设时,按照曲线上各点的坐标,用皮尺自曲线的起点或终点沿切线方向分别量取 x_i 值,相应得各垂点 N_i,在垂点 N_i 上用方向架作垂线,量取 y_i 值,相应得曲线上各点 P_i。

$$x = R\sin\varphi$$
$$y = R(1-\cos\varphi)$$
$$\varphi = \frac{l}{R} \times \frac{180°}{\pi} = \frac{l}{R}\rho \quad (11-5)$$
$$\rho = 206265''$$

(2)圆曲线详细测设的校核。丈量所定各点间的弦长作为详细测设的校核(弦长＜曲线长)。

(3)若校核无误,在点 P_i 钉上里程桩。

(4)前半个曲线(ZY→QZ)是以曲线的起点 ZY 为坐标原点,取切线方向(ZY→JD)为 X 轴,垂直切线的方向为 Y 轴,根据横距 x、纵距 y 设置前半个曲线(ZY→QZ)上各点的位置。

(5)后半个曲线(YZ→QZ)是以曲线的终点 YZ 为坐标原点,取切线方向(YZ→JD)为 X 轴,垂直切线的方向为 Y 轴,根据横距 x、纵距 y 设置后半个曲线(YZ→QZ)上各点的位置。

例 11-2 上例中若采用切线支距法并按整桩号法加桩,桩距 $l_0 = 20\text{m}$,分别计算以 ZY、YZ 为原点测设两半曲线上各桩的 x, y。

解 具体计算结果见表 11-2。

表 11-2 切线支距法测设计算结果

桩号	各桩至 ZY 或 YZ 点曲线长	圆心角 (φ)	x	y
ZY K3+114.05	0	0°00′00″	0	0
+120	5.95	1°08′11″	5.95	0.06
+140	25.95	4°57′22″	25.92	1.12
+160	45.95	8°46′33″	45.77	3.51
+180	65.95	12°35′44″	65.42	7.22
QZ K3+181.60	67.55	12°54′04″	66.98	7.57
+200	49.14	9°23′06″	48.92	4.02
+220	29.14	5°33′55″	29.09	1.41
+240	9.14	1°44′44″	9.14	0.14
YZ K3+249.14	0	0°00′00″	0	0

(二)偏角法

偏角法又称为"极坐标法",分为长弦偏角法和短弦偏角法。

1. 长弦偏角法

(1)如图 11-9 所示,计算曲线上各桩点至 ZY 或 YZ 的弦线长 c_i 及其与切线的偏

角 Δi。

(2)分别架设仪器于 ZY 或 YZ 点,拨角、量边。

$$\Delta_i = \frac{\varphi_i}{2} = \frac{l_i}{R}\frac{90°}{\pi}$$

$$c_i = 2R\sin\Delta_i \text{ 或展开为 } c_i = l_i - \frac{l_i^3}{24R^2} + \cdots$$

(11-6)

特点:测点误差不积累;宜以 QZ 为界,将曲线分两部分进行测设。

2.短弦偏角法

与长弦偏角法相比,短弦偏角法计算简单,测设方便,但测点误差容易积累。

(1)偏角 Δi 相同。

(2)计算曲线上各桩点间弦线长 c_i。

(3)架设仪器于 ZY 或 YZ 点,拨角,依次在各桩点上量边,相交后得中桩点。

具体过程:如图 11-9 所示,偏角法是以曲线起点或终点至任一点 P 的弦切角(偏角)和弦长 C 来确定点的位置。偏角法设置曲线时一般采用整桩号法设桩。

由于曲线起点或终点的桩号不是整桩号,需要计算曲线首尾分弧长 l_A 与 l_B 和偏角 Δ_A 与 Δ_B,然后计算整弧长 l_0 和偏角 Δ_0。

①圆曲线详细测设时,按照曲线上各点的极坐标,置经纬仪于曲线的起点或终点处,对中并整平,盘左瞄准 JD 点,水平度盘归零($0°00'00''$),顺

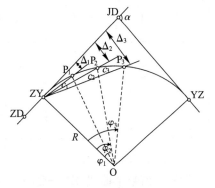

图 11-9 偏角法

时针转动,使水平度盘读数依次为 Δ_1、Δ_2、$\Delta_3\cdots$ 依次量弦长 C_A、C_0,得 P_1、P_2、$P_3\cdots$YZ(ZY)。

②圆曲线详细测设的校核。以曲线起点(ZY)至终点(YZ)的总偏角等于转角的 1/2 来校核。

③若校核无误,在点 P_1、P_2、$P_3\cdots$钉上里程桩。

$$\Delta_1 = \Delta_A = \frac{\varphi_A}{2}$$

$$\Delta_2 = \frac{\varphi_A + \varphi_0}{2} = \Delta_A + \Delta_0$$

$$\Delta_3 = \Delta_A + 2\Delta_0$$

$$\Delta_{YZ} = \Delta_A + n\Delta_0 + \Delta_B$$

$$\Delta_{ZY} = 0$$

$$\varphi_0 = \frac{l}{R}\rho$$

$$\varphi_A = \frac{l_A}{R}\rho$$

$$\varphi_B = \frac{l_B}{R}\rho$$

(11-7)

例 11-3 上例中若采用偏角法并按整桩号法加桩,计算各桩的偏角和弦长。

解 计算结果见表 11-3。

表 11-3 偏角法测设计算结果

桩号	各桩至 ZY 或 YZ 点曲线长	偏角值 (° ′ ″)	偏角读数 (° ′ ″)	相邻桩间弧长(m)	相邻桩间弦长(m)
ZY K3+114.05	0	0°00′00″	0°00′00″	0	0
+120	5.95	0°34′05″	0°34′05″	5.95	5.95
+140	25.95	2°28′41″	2°28′41″	20	20.00
+160	45.95	4°23′16″	4°23′16″	20	20.00
+180	65.95	6°17′52″	6°17′52″	20	20.00
QZ K3+181.60	67.55	6°27′00″	6°27′00″	1.60	1.60
			353°33′00″	18.4	18.40
+200	49.14	4°41′33″	355°18′27″	20	20.00
+220	29.14	2°46′58″	357°13′02″	20	20.00
+240	9.14	0°52′22″	359°07′38″	9.14	9.14
YZ K3+249.14	0	0°00′00″	0°00′00″	0	0

(4)注意事项。

①测设前半个曲线(ZY→QZ)是以曲线的中点 QZ 为极坐标原点,以盘左位置使水平度盘读数为 90°,瞄准 JD 点,逆时针转动照准部,使水平度盘读数为 0°,此视线方向为 QZ 点的切线方向,根据反拨水平度盘读数,量相应的弦长 C。

②测设后半个曲线(YZ→QZ)是以曲线的中点 QZ 为极坐标原点,以盘左位置使水平度盘读数为 270°,瞄准 JD 点,顺时针转动照准部,使水平度盘读数为 0°,此视线方向为 QZ 点的切线方向,根据顺拨水平度盘读数,量相应的弦长 C。

③圆曲线详细测设的校核。以起点(ZY)或终点(YZ)至中点(QZ)的偏角 Δ 等于转角 α 的 1/4 来校核。

④若校核无误,在点 P_1、P_2、P_3…钉上里程桩。

切线支距法适用于地形简单的平原微丘区;偏角法适用于地形复杂的山区。

(三)(全站仪)坐标法

目前,公路工程上中线放样大部分都是利用全站仪坐标放样的功能,直接由已知控制点的坐标(统一的大地坐标)和控制点实地的测量标志,根据道路中线上中桩点的坐标直接实地放出中桩位置。这种方法的关键是要会计算道路中线上各点的大地坐标。而现在大部分道路勘测设计都是用计算机软件完成的,中桩点的坐标很容易算出。中桩点坐标计算主要是把前面学习的方位角推算、坐标正算、坐标反算等知识进行综合运用。具体放样方法详见全站仪坐标放样。下面介绍中桩点坐标的计算方法。

1. 圆曲线主点坐标计算

如图 11-10 所示,XOY 是统一的大地坐标系,交点 JD 的大地坐标(X_{JD},Y_{JD})在路线设计时已经求出，前后切线方位角 A_1、A_2 可以根据 JD 点坐标反算，由坐标正算公式可以计算圆曲线各主点 ZY、QZ、YZ 的坐标。

$$X_{ZY} = X_{JD} + T \times \cos(A_1 + 180°) = X_{JD} - T \times \cos A_1$$
$$Y_{ZY} = Y_{JD} + T \times \sin(A_1 + 180°) = Y_{JD} - T \times \sin A_1 \tag{11-8}$$

$$X_{QZ} = X_{JD} + E \times \cos(A_2 + 90° - \alpha/2)$$
$$Y_{QZ} = Y_{JD} + E \times \sin(A_2 + 90° - \alpha/2) \tag{11-9}$$

$$X_{YZ} = X_{JD} + T \times \cos A_2$$
$$Y_{YZ} = Y_{JD} + T \times \sin A_2 \tag{11-10}$$

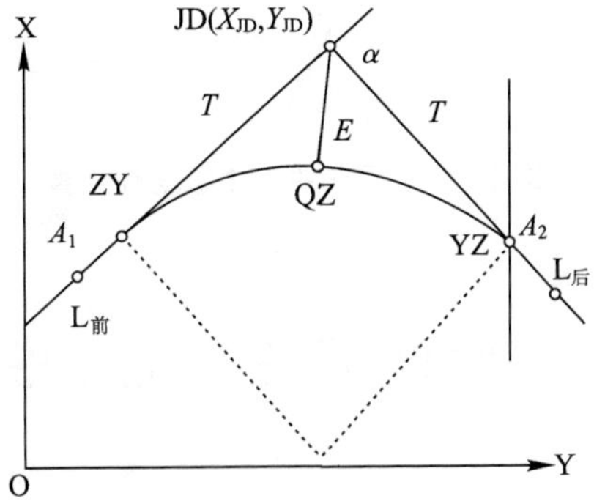

图 11-10　主点坐标计算

2. 前、后切线上直线段各中桩点坐标的计算

(1) 前切线上直线段任意中桩点的坐标：

$$X = X_{JD} + (T + ZY - L_{前}) \times \cos(A_1 + 180°)$$
$$Y = Y_{JD} + (T + ZY - L_{前}) \times \sin(A_1 + 180°) \tag{11-11}$$

其中 ZY、$L_{前}$ 分别表示 ZY 点和任意点 $L_{前}$ 的里程桩号（$L_{前} \leqslant ZY$）。

(2) 后切线上直线段任意中桩点的坐标：

$$X = X_{JD} + (T + L_{后} - YZ) \times \cos A_2$$
$$Y = Y_{JD} + (T + L_{后} - YZ) \times \sin A_2 \tag{11-12}$$

其中 YZ、$L_{后}$ 分别表示 YZ 点和任意点 $L_{后}$ 的里程桩号（$L_{后} \geqslant YZ$）。

3. 圆曲线上任意点坐标计算（图 11-11）

$$X = X_{ZY} + 2R\sin(\Phi/2) \times \cos(A_1 \pm \Phi/2)$$
$$Y = Y_{ZY} + 2R\sin(\Phi/2) \times \sin(A_1 \pm \Phi/2) \tag{11-13}$$

式中：R——圆曲线半径；

Φ——弧长 l 对应的圆心角，$\Phi = (l/R) \times (180°/\pi)$；

l——圆曲线上任意点至 ZY 点的弧长；

$\pm$——转角符号，左偏取"$-$"，右偏取"$+$"。

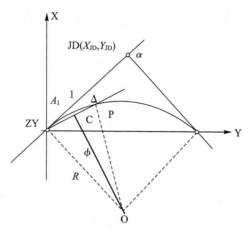

图 11-11 圆曲线上中桩坐标计算

第三节 带有缓和曲线的平曲线测设

一、缓和曲线的概念

车辆在弯道上行驶,会产生离心力。由于离心力的作用,车辆将向弯道外侧倾斜,影响车辆的安全行驶和舒适。在弯道上,为了减小离心力的影响,把路面做成内侧低外侧高,形成单一横坡,称为"超高";当平曲线半径小于不设超高的最小半径时,应设置超高。另外,行驶中车辆的内侧后轮从直线运行到曲线时有可能悬空,当圆曲线半径 R 小于 250m 时,内侧需要加宽。在直线上超高和加宽均为 0,在曲线上超高和加宽分别为 h 和 b。这就需要在直线与曲线之间插入一段曲率半径由无穷大逐渐变化至圆曲线半径 R 的曲线,使超高由 0 逐渐增加到 h,加宽由 0 逐渐增加到 b,同时实现曲率半径的过渡,这段曲线称为"缓和曲线",如图 11-12 所示。《公路工程技术标准》(JTG B01-2003)规定,如果平曲线需要设置超高和加宽,必须设缓和曲线;四级公路可不设缓和曲线,只设圆曲线。缓和曲线可采用回旋线(亦称"辐射螺旋线")、三次抛物线、双纽线等线形。《公路工程技术标准》规定,缓和曲线均采用回旋曲线。

二、回旋型缓和曲线基本公式

(一)定义公式

如图 11-12 所示,回旋线是曲率半径 ρ 随曲线长度 l 的增大而成反比的均匀减小的曲线,即回旋线任意一点的曲率半径 ρ 为(在 HY 点 $\rho=R, l=l_s$)

$$\rho = \frac{c}{l} \tag{11-14}$$

其中 $c = Rl_s$;l_s 为缓和曲线全长。

式中 c 为常数,表示缓和曲线曲率半径 ρ 的变化率,与行车速度有关;目前我国公路

采用 $c=0.035v^3$ (v 为设计速度,以 km/h 为单位)。

缓和曲线长度可根据公式 $l_s=0.035v^3/R$ 计算;《公路工程技术标准》规定,缓和曲线的长度应大于各等级公路缓和曲线最小长度(见表 11-4)。

表 11-4 各等级公路缓和曲线最小长度

公路等级	高速公路				一		二		三		四	
设计速度(km/h)	120	100	80	60	100	60	80	40	60	30	40	20
缓和曲线最小长度(m)	100	85	70	50	85	50	70	35	50	25	35	20

(二)切线角公式

缓和曲线上任一点 P 处的切线与曲线的起点(ZH)或终点(HZ)切线的交角 β 与缓和曲线上该点至曲线起点或终点的曲线长所对应的中心角相等,即

$$\beta = \frac{l^2}{2c} = \frac{l^2}{2Rl_s} \qquad (11-15)$$

式中:β——缓和曲线长 l 所对应的中心角。

缓和曲线角为

$$\beta_0 = \frac{l_s}{2R} \cdot \frac{180°}{\pi} \qquad (11-16)$$

式中:β_0——缓和曲线全长 l_s 所对应的中心角,亦称"缓和曲线角"。

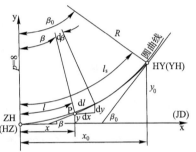

图 11-12 缓和曲线测设

(三)缓和曲线的参数方程

如图 11-12 所示,可知:

$$dx = dl\cos\beta$$
$$dy = dl\sin\beta$$

根据泰勒级数展开 $\cos\beta = 1 - \beta^2/2! + \beta^4/4! - \beta^6/6! + \cdots$、$\sin\beta = \beta/1! - \beta^3/3! + \beta^5/5! - \beta^7/7! + \cdots$,代入式(11-15),略去高次项即得下式:

$$\begin{cases} x = l - \dfrac{l^5}{40R^2 l_s^2} \\ y = \dfrac{l^3}{6Rl_s} - \dfrac{l^7}{336R^3 l_s^3} \end{cases} \qquad (11-17)$$

(四)圆曲线终点(HY 或 YH)的坐标

将 $l = l_s$ 代入上式得:

$$\begin{cases} x_0 = l_s - \dfrac{l_s^3}{40R^2} \\ y_0 = \dfrac{l_s^2}{6R} \end{cases} \qquad (11-18)$$

三、带有缓和曲线的平曲线主点测设

(一)测设元素的计算

1. 内移距 p 和切线增长 q 的计算

如图 11-13 所示,公式推导过程略。

$$p = \frac{l_s^2}{24R}$$
$$q = \frac{l_s}{2} - \frac{l_s^3}{240R^2}$$
(11-19)

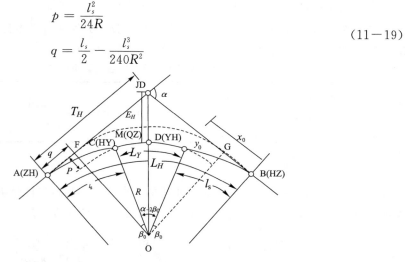

图 11-13 带有缓和曲线的平曲线

2. 主点元素计算

(1)切线长：$T_H = (R+p)\text{tg}\frac{\alpha}{2} + q$；

(2)曲线长：$L_H = R(\alpha - 2\beta_0)\frac{\pi}{180°} + 2l_s$， (11-20)

其中圆曲线长：$L_Y = R(\alpha - 2\beta_0)\frac{\pi}{180°}$；

(3)外距：$E_H = (R+p)\sec\frac{\alpha}{2} - R$；

(4)切曲差：$D_H = 2T_H - L_H$。

(二)主点的测设

1. 主点里程的计算

ZH=JD−TH；

HY=ZH+l_s；

QZ=ZH+LH/2；

HZ=ZH+LH；

YH=HZ−l_s。

2. 主点测设方法

例 11-4 如图 11-13 所示，设某公路的交点桩号为 K0+518.66，右转角 $\alpha_y = 180°18'36''$，圆曲线半径 $R=100$m，缓和曲线长 $l_s = 10$m，试测设主点各桩。

解 (1)计算测设元素。

$\beta_0 = \frac{l_s}{2R}\frac{180°}{\pi} = 2°51'53''$；$p = 0.04$m；$q = 5.00$m

$$\begin{cases} x_0 = l_s - \dfrac{l_s^3}{40R^2} = 10.00\text{m} \\ y_0 = \dfrac{l_s^2}{6R} = 0.17\text{m} \end{cases}$$

$$L_H = R(\alpha - 2\beta_0)\frac{\pi}{180°} + 2l_s = 41.96 \text{m}$$

$$T_H = (R+p)\text{tg}\frac{\alpha}{2} + q = 21.12 \text{m}$$

$$E_H = (R+p)\sec\frac{\alpha}{2} - R = 1.33 \text{m}$$

(2)计算里程。

ZH=K0+497.54；
HY=K0+507.54；
QZ=K0+518.52；
HZ=K0+539.50；
YH=K0+529.50。

(3)主点测设。主点 ZH、HZ、QZ 的测设方法与圆曲线主点测设方法相同。HY、YH 点是根据缓和曲线终点坐标(X_0, Y_0)用切线支距法测设的。

①架设仪器 JD_i，后视 JD_{i-1}，量取 T_H，得 ZH 点；后视 JD_{i+1}，量取 T_H，得 HZ 点；在分角线方向量取 E_H，得 QZ 点。

②分别在 ZH、HZ 点架设仪器，后视 JD_i 方向，量取 X_0，再在此方向垂直方向上量取 Y_0，得 HY 和 YH 点。

四、带有缓和曲线的圆曲线详细测设

(一)切线支距法

如图 11-14 所示。

(1)当点位于缓和曲线上，有：

$$\begin{cases} x = l - \dfrac{l^5}{40R^2 l_s^2} \\ y = \dfrac{l^3}{6Rl_s} - \dfrac{l^7}{336R^3 l_s^3} \end{cases} \quad (11-21)$$

(2)当点位于圆曲线上，有：

$$\begin{cases} x = R\sin\varphi + q \\ y = R(1 - \cos\varphi) + p \end{cases} \quad (11-22)$$

其中，$\varphi = \dfrac{l-l_s}{R} \cdot \dfrac{180°}{\pi} + \beta_0$，$l$ 为点到坐标原点的曲线长。

在计算出缓和曲线和圆曲线上各点坐标后，可按圆曲线切线支距法进行测设。另外，由于圆曲线用 ZH 点切线测设时距离较远，不方便量距，也可以在 HY 或 YH 点进行，这时需要定出该点的切线方向，如图 11-15 所示。只要计算出 T_d 就可以定出切线方向，T_d 按下式进行计算：

$$T_d = x_0 - \frac{y_0}{\tan\beta_0} = \frac{2}{3}l_s + \frac{l_s^3}{360R^2} \quad (11-23)$$

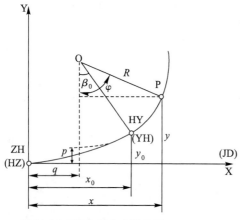

图 11-14 圆曲线上点的坐标

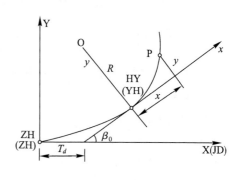

图 11-15 HY 或 YH 点切线方向

(二)偏角法(整桩距、短弦偏角法)

(1)当点位于缓和曲线上(图 11-16),有

总偏角(常量)$\delta_0 = \dfrac{l_s}{6R}$ (11—24)

偏角 $\delta = \dfrac{l^2}{l_s^2}\delta_0$ (11—25)

由于缓和曲线弦长与曲线长接近,所以测设时可以用 l 来代替弦长 C。放样出第 1 点后,在放样第 2 点时,用偏角和距离 l 交会得到。

(2)当点位于圆曲线上,架设仪器于 HY (或 YH)点,后视 ZH(或 HZ)点,拨角 b_0,即找到切线方向,再按单圆曲线偏角法进行测设。b_0 可按式(11—26)计算得出。

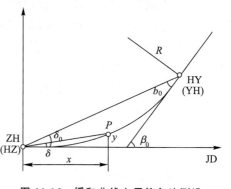

图 11-16 缓和曲线上用偏角法测设

$$b_0 = 2\delta_0 = \dfrac{l_s}{3R} \quad (11-26)$$

(三)极坐标法

由于全站仪的广泛应用,极坐标法已经成为曲线测设的一种简便、迅速、精确的常用方法。其主要原理是:根据控制点的坐标及中桩点坐标,通过坐标反算公式计算曲线测设的放样数据,然后由实地的已知控制点把中桩点位置测设出来。计算公式如下:

已知两点的坐标,计算两点之间的距离及该边的方位角。

由 $(X_A, Y_A), (X_B, Y_B) \longrightarrow D_{AB}, \alpha_{AB}$。

$$\text{tg}\alpha_{AB} = \Delta Y_{AB}/\Delta X_{AB} = (Y_B - Y_A)/(X_B - X_A)$$
$$\text{tg}\alpha_{AP} = \Delta Y_{AP}/\Delta X_{AP} = (Y_P - Y_A)/(X_P - X_A) \quad (11-27)$$

由 α_{AB}、α_{AP} 计算的象限角必须根据 ΔX_{AB},ΔY_{AB} 和 ΔX_{AP},ΔY_{AP} 的正负号换算成方位角。

$$\beta = \alpha_{AP} - \alpha_{AB}$$
$$D_{AP} = \Delta Y_{AP}/\sin\alpha_{AP} = \Delta X_{AP}/\cos\alpha_{AP} = (\Delta Y_{AP}^2 + \Delta X_{AP}^2)^{1/2} \quad (11-28)$$

具体坐标的计算公式参见路线中桩点坐标计算。

另外,在传统的曲线测设方法中会遇到虚交、回头曲线、复曲线及曲线测设视线障碍等问题,用全站仪坐标法放样或 GPS-RTK 放样时,这些问题都不存在,所以这些内容在此不再赘述。

第四节 路线纵、横断面测量

一、路线纵断面测量

在完成中线测量以后,路线定测阶段还必须进行路线纵、横断面测量。路线纵断面测量又称为"中线水准测量",其任务是在道路中线测定之后,测定中线上各里程桩(简称"中桩")的地面高程,并绘制路线纵断面图,用以表示沿路线中线位置的地形起伏状态,主要用于路线纵坡和竖曲线设计。为了保证测量精度,根据"从整体到局部、先控制后碎部"的基本原则,纵断面测量一般分 2 步进行:首先沿路线方向设置水准点,并测定其高程,从而建立路线的高程控制,称为"基平测量";然后根据基平测量建立的水准点的高程,分别在相邻的两个水准点之间进行水准测量,测定各里程桩的地面高程,称为"中平测量"。

对于公路高程系统的建立,宜采用"1985 国家高程基准"。同一个公路项目应采用同一个高程系统,并应与相邻项目高程系统相衔接;若不能采用同一系统时,应给定高程系统的转换关系。测量时应尽可能与国家已知水准点进行联测,以获得点的绝对高程。独立工程或三级以下公路联测有困难时,也可采用假定(相对)高程。

(一)基平测量

1. 路线水准点的设置

路线水准点 BM(Bench Mark)是路线高程测量的控制点,在勘测和施工阶段以及竣工时都要使用。在设置水准点时,根据需要和用途,可布设永久性水准点和临时性水准点。一般规定,在路线的起讫点、大桥两岸、隧道两端、垭口以及一些需要长期观测高程的重点工程附近,均应设置永久性水准点。

在一般地区,应每隔一定的长度设置一个永久性水准点。为便于引测,还需沿路线方向布设一定数量的临时性水准点。永久性水准点和临时性水准点的标志方法可参阅高程控制测量的相关内容。临时性水准点的密度应根据地形和工程需要而定。一般情况下,水准点间距宜为 1.0～1.5km,山岭重丘区可根据需要适当加密,一般为 0.5～1.0km;水准点点位应选在稳固、醒目、易于引测以及施工时不易遭受到破坏的地方;水准点距路线中线的距离应为 50～300m。水准点一般用 BM 表示,为了避免混乱和便于寻找,应逐个编号,用红油漆连同符号(BM i)一起写在水准点旁。水准点设置好后,将其距中线上某里程桩的距离、方位(左侧或右侧)以及与周围主要地物的关系等内容记在记录本上(点之记),以供外业结束后编制水准点一览表和绘制路线平面图时使用。

2. 基平测量的方法

进行基平测量时,首先应将起始水准点与附近国家水准点进行联测,以获取水准点的绝对高程,如有可能,应构成附合水准路线。当路线附近没有国家水准点或引测有困难时,可用气压计测得近似高程,或参考地形图,选定一个与实地高程接近的数值作为起始水准点的假定高程。

水准点高程的测定是采用水准测量方法获得的,通常采用一台水准仪在两个相邻的水准点间作往返观测;也可用两台水准仪作同向单程观测。具体观测方法及技术要求可参阅水准测量的相关内容,在此不再赘述。

(1)资料准备与仪器检校。

①资料的准备。准备好实习过程中所需要的资料(收集测区已有的水准点的成果资料和水准点分布图)和用具(H 或 2H 铅笔、记录手簿等)。

②仪器的准备。

a. 按组到测量仪器室领取有关实习用具,如水准仪、水准尺、尺垫和记录板等。

b. 熟悉仪器,并对水准仪、水准尺进行必要的检验与校正。

水准测量所使用的仪器应符合下列规定:水准仪的视准轴与水准管的夹角 i 在作业开始的第一周内应每天测定一次,i 角稳定后每隔 15 天测定一次,其值不得大于 $20''$;水准尺上的米间隔平均长与名义长之差,对于线条式铟瓦标尺不应大于 0.1mm,对于区格式木质标尺不应大于 0.5mm。

(2)踏勘选点。基平测量实施之前,应根据已知测区范围、水准点分布、地形条件以及工程的需要等具体情况,到实地踏勘,合理地选定水准点的位置。水准点的布设应符合上述规定要求。

(3)埋石。水准点位置确定后,应建立标志,一般宜采用水准标石,也可采用木桩、铁钉等。标志的埋设规格应按规范的规定执行;埋设完成后,应绘制"点之记",必要时还应设置指示桩。

(4)基平测量施测。

①路线。附合水准路线或闭合水准路线。

②仪器。

a. 水准仪。低于 DS_3 精度;一台水准仪往返测;两台同测(前后不能用同一水准尺);一台水准仪采用二次仪高法测。

b. 全站仪。竖直角观测精度不大于 $2''$,标称精度不低于 $(5+5\times10^{-6}D)$mm。

③测量要求。

a. 水准测量。一般按三、四等水准测量规范进行。如进行往返测,高差容许闭合差为

$$f_{k容许}=\pm 30\sqrt{L}或\pm 8\sqrt{n}(\text{mm})$$

L 以 km 为单位,n 为测站数。

大桥两端、隧道进出口:

$$f_{k容许}=\pm 20\sqrt{L}或\pm 6\sqrt{n}(\text{mm})$$

L 以 km 为单位,n 为测站数。

若 $f_k \leqslant f_{k容许}$,高差取平均值。

b. 三角高程测量。一般按全站仪电磁波三角高程测量(四等)规范进行。

3. 高程系统

高等级公路一般采用绝对高程;二级以下公路可以采用假定高程。采用假定高程时

注意:一是高程不能出现负值;二是假定高程应尽量与实际相吻合。

(二)中平测量

在完成基平测量以后,便可进行中平测量。根据基平测量建立的水准点的高程,分别在相邻的两个水准点之间进行普通水准测量,测定各里程桩的地面高程,称为"中平测量"。目前,公路工程中广泛采用水准仪和全站仪进行中平测量。中平测量一般采用单程法。

1. 用水准仪进行中平测量

(1)水准仪中平测量的一般方法。中平测量,又称"中桩抄平",一般是以两个相邻水准点为一测段,从一个水准点开始,用视线高法(参阅第二章水准测量的相关内容)逐个测定中桩处的地面高程,直至附合到下一个水准点上。在每一个测站上,应尽量多地观测中桩,另外,还需在一定距离内设置转点。相邻两转点间所观测的中桩称为"中视点"。由于转点起着传递高程的作用,为了减少高程传递的误差,在测站上应先观测转点,后观测中视点。观测转点时,视线长度一般应不大于100m。在转点上,水准尺应立于尺垫稳固的桩顶或坚石上。水准点读取四位读数,中视点读取三位读数,转点读取四位读数,即前、后视读至毫米(四位),中视读至厘米(三位)。观测中视点时,视线也可适当放长,立尺应在紧靠桩边的地面上。

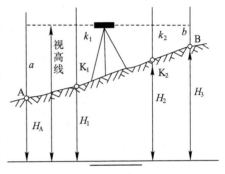

图 11-17 视线高法测高程

如图11-17所示,若以水准点A为后视点(高程H_A为已知),以B点为前视转点,K_i点为中视点。在施测过程中,将水准仪安置在测站上,首先观测立于A点的水准尺读数a,然后观测立于前视转点B点的水准尺读数b,最后观测立于中视点K_i点的水准尺读数k,则可用视线高法求得前视转点B的高程和中桩点的高程。

$$\begin{aligned} &测站视线高 = 后视点高程 H_A + 后视读数 a \\ &前视转点 B 的高程 H_B = 视线高 - 前视读数 b \\ &中桩高程 H_K = 视线高 - 中视读数 k \end{aligned} \quad (11-29)$$

中平测量的实施如图11-18所示,将水准仪安置于Ⅰ站,后视水准点BM1,前视转点ZD1,将两读数分别记入表11-5中相应的后视、前视栏。然后观测BM1与ZD1之间的中视点K0+000、K0+020、K0+040、K0+060,并将读数分别记入相应的中视栏,按式(11-29)分别计算ZD1和各中桩点的高程,至此第一个测站的观测与计算完成。再将仪器搬至Ⅱ站,后视转点ZD1,前视转点ZD2,将读数分别记入相应后视、前视栏。然后观测两转点间的各中视点,将读数分别记入相应的中视栏,并按式(11-29)分别计算ZD2和各中桩点高程,至此第二个测站的观测与计算完成。按上述方法继续向前观测,直至附合到水准点BM2。前视转点高程及各中桩地面点高程均按式(11-29)进行计算,具体记录、计算格式见表11-5。

中平测量只进行单程观测。一测段结束后,应先计算中平测量测得的该段两端水准点之间的高差,并将其与基平所测两水准点高差进行比较,两者之差称为"测段高差闭合差"。高差闭合差的限差见表 11-6。

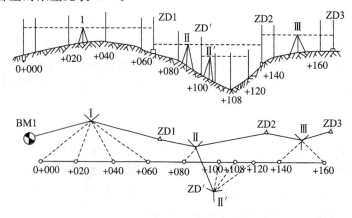

图 11-18 中平测量

表 11-5 中平测量记录计算表

日期：_____年_____月_____日 天气：_____ 仪器型号：_____ 组号：_____

观测者：_____ 记录者：_____ 司尺者：_____

测点及桩号	水准尺读数(m)			视高线(m)	高程(m)	备注
	后视	中视	前视			
BM1	2.317			206.573	204.256	
K0+000		2.26			204.31	
+020		1.86			204.71	
+040		1.21			205.36	
+060		1.43			205.14	基平测得 BM1
ZD1	0.744		1.762	205.555	204.811	
+080		1.91			203.65	
ZD2	2.116		1.405	206.266	204.150	
+140		1.82			204.45	基平测得 BM2 点高程为 204.795
+160		1.78			204.19	
ZD3			1.834		204.432	
…	…	…	…		…	
K1+480		1.26			204.21	
BM2			0.716		204.754	

复核：$\Delta h_{测}=204.754-204.256=0.498(m)$

$\sum a - \sum b = (2.317+0.744+\cdots)-(1.762+\cdots+0.716)=0.498(m)$，说明高程计算无误。

$f_h=204.754-204.795=-41(mm)$

$f_{h容}=\pm 50\sqrt{L}=61(mm)$（按照三级公路要求）。若 $f_h<f_{h容}$，说明中平测量成果满足精度要求。

表 11-6　中桩高程测量精度要求

公路等级	闭合差(mm)	两次测量高程之差(cm)
高速公路，一、二级公路	$\leqslant \pm 30\sqrt{L}$	$\leqslant 5$
三级及三级以下公路	$\leqslant \pm 50\sqrt{L}$	$\leqslant 10$

注：L 为高程测量时的路线长度，以 km 为单位。

(2)跨越沟谷中平测量。中平测量遇到跨越沟谷时，由于沟坡和沟底钉有中桩，且高差较大，采用中平测量的一般方法时，要增加许多测站和转点，会影响测量的速度和精度。为避免这种情况，可采用以下方法进行施测。

①沟内沟外分开测。如图 11-19 所示，当采用一般方法测至沟谷边缘时，仪器置于测站Ⅰ。在此测站，应同时设两个转点，用于沟外测 ZD16 和沟内测 ZDA。施测时后视 ZD15，前视 ZD16 和 ZDA，分别求得 ZD16 和 ZDA 的高程。此后以 ZDA 进行沟内中桩点高程的测量，以 ZD16 继续沟外测量。

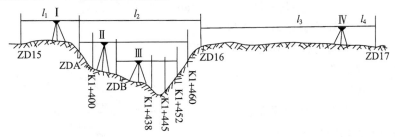

图 11-19　沟内沟外分测法

测量沟内中桩时，将仪器安置于测站Ⅱ，后视 ZDA，观测沟谷内两侧的中桩并设置转点 ZDB。再将仪器迁至测站Ⅲ，后视转点 ZDB，观测沟底各中桩，至此沟内观测结束。然后将仪器置于测站Ⅲ，后视转点 ZD16 继续前测。

这种测法使沟内、沟外的高程传递各自独立，互不影响。沟内的测量不会影响到整个测段的闭合，但由于沟内的测量为支水准路线，缺少检核条件，故施测时应多加注意。另外，为了减少Ⅰ站前、后视距不等所引起的误差，当仪器置于Ⅳ站时，尽可能使 $l_3 = l_2$、$l_4 = l_1$ 或者 $l_3 + l_1 = l_2 + l_4$。

②接尺法。中平测量遇到跨越沟谷时，若沟谷较窄、沟边坡度较大，个别中桩处高程不便测量，可采用接尺法进行测量。如图 11-20 所示，用两根水准尺，一人扶 A 尺，另一人扶 B 尺，从而把水准尺接长使用。必须注意，此时的读数应为望远镜内的读数加上接尺的数值。

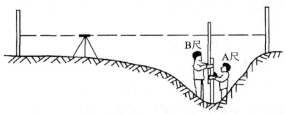

图 11-20　接尺法

利用上述方法测量时,沟内沟外分别测量的数据应该分开记录;接尺时要加以说明,以利于计算和检查,否则容易发生混乱和误会。

2. 用全站仪进行中平测量

(1)用全站仪进行纵、横断面测量的原理。传统的中平测量方法是用水准仪测定中桩处地面高程,施测过程中测站多,特别是在地形起伏较大的山区测量,工作任务相当繁重。全站仪由于具有三维坐标测量的功能,在中线测量中可以同时测量中桩高程(中平测量),其原理同三角高程测量(可参阅控制测量中有关三角高程测量的部分内容)。

用全站仪进行中平测量是在中线测量时进行的。将仪器安置于控制点,利用坐标测设中桩点。在中桩位置定出后,即可测出该桩的地面高程。

如图 11-21 所示,设 A 点为已知控制点,B 点为待测高程的中桩点。将全站仪安置在已知高程点 A 点上,棱镜立于待测高程的中桩点 B 点上,量出仪器高 i 和棱镜高 l,全站仪照准棱镜测出视线倾角 α,则 B 点的高程 H_B 为

$$H_B = H_A + D_{AB} \cdot \tan\alpha + i - l \qquad (11-30)$$

式中:H_A——已知控制点 A 点高程;

H_B——待测高程的中桩点 B 点高程;

i——仪器高;

l——棱镜高;

D_{AB}——仪器至棱镜平距;

α——视线倾角。

在实际测量中,只需将安置仪器的 A 点高程 H_A、仪器高 i、棱镜高 l 及棱镜常数直接输入全站仪,就可测得中桩点 B 点高程 H_B。

该方法的优点是在中桩平面位置测设过程中可直接完成中桩高程测量,而不受地形起伏及高差大小的限制,能进行较远距离的高程测量。

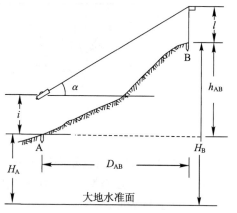

图 11-21 三角高程测量原理

高程测量数据可从仪器中直接读取并存入仪器,在需要时可调入计算机处理。

全站仪也可以任意点设站进行中平测量,施测中的注意事项如下:

①应合理选择全站仪安置点。

②安置全站仪时只需整平,不需对中,不需要量取仪器高。

③对在一个测站上观测不到的中桩点,可适当移动仪器位置。

④转点的设置应尽量使仪器至转点和至后视已知高程控制点的距离大致相等。全站仪除了可以进行中平测量外,还可以进行横断面的测量,两种测量的方法和原理基本相同。

(2)用全站仪进行纵断面测量的实施步骤。

①架设仪器,对中,整平,设置参数(气象常数、棱镜常数等)。

②建站(输入测站点坐标、高程、仪器高、目标高等)。

③设置方位角(即定向,精确照准后视点,输入后视点坐标或方位角等)。

④将棱镜置于中桩地面点,进行坐标测量。

⑤记录对应桩号高程,见表 11-7。

表 11-7 全站仪纵断面测量记录表

桩号或转点名称	高程 H(m)	桩号或转点名称	高程 H(m)

(三)路线纵断面图的绘制

路线纵断面图是表示沿路线中线方向的地面起伏状况和设计纵坡的线状图,它反映出各路段纵坡的大小和中线位置处的填挖尺寸,是道路勘测设计和施工中的重要文件资料。

1.纵断面图的内容

如图 11-22 所示,图的上半部从左至右有两条贯穿全图的折线:一条是细折线,表示中线方向的实际地面线,它是以里程为横坐标、高程为纵坐标,根据中平测量的中桩地面高程绘制的;另一条是粗折线,是包含竖曲线在内的纵坡设计线,是在设计时绘制的。此外,上部还标注有以下资料:水准点编号、高程和位置;竖曲线示意图及其曲线参数;桥梁的类型、孔径跨数、长度、里程桩号和设计水位;涵洞的类型、孔径和里程桩号;与其他线路工程交叉点的位置、里程桩号、断链及长短链关系和有关说明等。

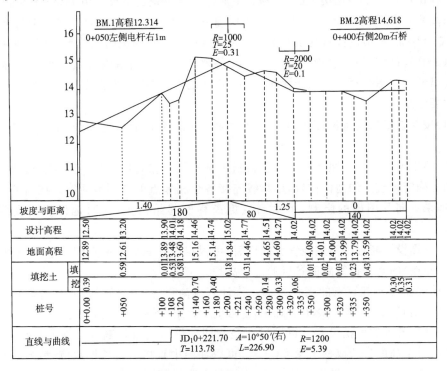

图 11-22 路线纵断面图

图的下半部注有有关测量及纵坡设计的资料,主要包括以下内容。

(1)直线与曲线。根据中线测量资料绘制的中线示意图中,路线的直线部分用直线表示;圆曲线部分用折线表示,上凸表示路线右转,下凹表示路线左转,并注明交点编号和圆曲线半径;带有缓和曲线的平曲线还应注明缓和段的长度,在图中用梯形折线表示;尖三角形一般表示有交点但没有设置曲线的情况。

(2)里程。里程是指根据中线测量资料绘制的里程数。为了使纵断面清晰可见,图上按里程比例尺只标注百米桩里程(以数字1~9注写)和公里桩里程(以Ki注写,如K9、K10)。

(3)地面高程。根据中平测量成果填写相应里程桩的地面高程数值。

(4)设计高程。设计出各里程桩处的对应高程,根据起点或变坡点高程和设计坡度计算而得。

(5)填挖高度。同一桩号的设计高程与地面高程的差值,即该处的填土高度(+)或挖土深度(-),也可以直接在图上标注。

(6)坡度。向上倾斜的直线表示上坡(正坡),向下倾斜的直线表示下坡(负坡),水平的直线表示平坡。斜线或水平线上面的数字是以百分数表示的坡度大小,下面的数字表示坡长(水平距离)。

(7)土壤地质说明。标明不同路段的土壤地质情况,为路基设计等提供资料。

2.纵断面图绘制的方法和步骤

采用直角坐标系,以横坐标为里程,以纵坐标为高程,如图11-22所示。一般情况下所用高程比例尺是里程比例尺的10倍。平原微丘区里程比例尺常用1:5000或1:2000,相应的高程比例尺为1:500或1:200;山岭重丘或有重要构造物的里程比例尺常用1:2000或1:1000,相应的高程比例尺为1:200或1:100。每幅图的纵轴起点可以依据幅内中桩点的高程确定,但一般均为5m或10m的整倍数。每幅图内必须注明纵、横向比例尺及在纵轴上注明整百米或整十米的高程,除此之外,在纵断面图上还必须标注其他相关的主要信息。

(1)按照选定的比例尺打格制表,填写里程、地面高程、直线与曲线、土壤地质说明等资料。

(2)绘出地面线。在厘米格网纸上根据中桩的里程和高程,按选定的纵、横比例尺依次在图上确定中桩点的地面位置,用折线连接各个相邻点就得到地面线。在高差较大的地区,如果纵向受图幅的限制,可适当变更高程的起始位置,此时地面线将变成台阶形式。

(3)计算设计高程。当路线纵坡确定后,可根据设计纵坡和两点间的水平距离,由起点(或已知点)的高程计算路面各点的设计高程。

设计坡度为i,起算点的高程为H_0,待计算点高程为H_P,待计算点到起算点的水平距离为D,则有$H_P=H_0+i\times D$。式中,上坡时i为正,下坡时i为负。

(4)计算各桩的填挖尺寸。填挖尺寸是指同一桩号的设计高程与地面高程的差值,即该处的填土高度(+)或挖土深度(-)。可以在图中直接填写填挖数值,填高写在纵坡设计线上方,挖深写在纵坡设计线下方;也可以在表格相应栏注明填挖尺寸。

(5)在图上注记有关资料,如水准点、桥涵、竖曲线等。根据中线桩号里程与地面高程,点绘出各桩在图上的位置,依次连接各点形成折线,即为地面线。根据设计高程绘出包括竖曲线在内的纵坡设计线。

需要说明的是,目前在工程设计中,路线纵断面图一般都是采用计算机自动绘制的。

二、路线横断面测量

横断面测量的目的是测定线路各中桩处垂直于中线方向上的地面起伏情况,绘制横断面图,为线路路基、边坡、特殊构造物的设计、土石方数量的计算以及边桩放样等提供资料。横断面测量宽度由路基宽度、填挖尺寸、边坡大小、地形情况及特殊工程需要等确定,一般在公路中线两侧各测定 15~50m(一般横断面施测宽度:平原地区中线左右各 15~20m;丘陵地区左右各 20~30m;山岭地区左右各 30~50m)。横断面测量的方法是先确定横断面方向,再测定该方向上地面坡度变化点或特征点之间的水平距离(d)和高差(h)。

(一)横断面方向的测定

由于公路中线是由直线段和曲线段组成的,而直线段和曲线段上横断面方向的测定方法不一样,因此,下面分别叙述不同线段的横断面方向标定方法。

1. 直线段横断面方向的测定

直线段横断面方向与路线中线方向垂直,一般采用方向架测定。如图 11-23 所示,将方向架置于待测定横断面方向的中桩点上,把方向架两个相互垂直的固定杆中的一个瞄准直线段上任意中桩点目标,则另一固定杆所指的方向就是该中桩点的横断面方向。

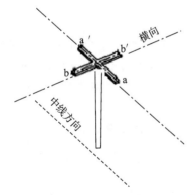

图 11-23　用方向架测定直线段上横断面方向　　图 11-24　有活动片的方向架

2. 圆曲线段上横断面方向的测定

圆曲线段上中桩点的横断面方向为垂直于该中桩点切线的方向。由几何知识可知,圆曲线上一点横断面方向必定沿着该点的半径方向。测定时一般采用求心方向架法,即在方向架上安装一个可以转动的活动杆,并由一固定螺旋将其固定,如图 11-24 所示。

用求心方向架测定横断面方向如图 11-25 所示,欲测定圆曲线上某桩点 1 的横断面方向,可按下述步骤进行:

(1)将求心方向架置于圆曲线的 ZY(或 YZ)点上,用方向架的一固定片 ab 照准交点(JD)。此时 ab 方向即为 ZY(或 YZ)点的切线方向,则另一固定片 cd 所指方向即为 ZY(或 YZ)点横断面方向。

(2) 保持方向架不动,转动活动片 ef,使其照准 1 点,并用螺旋将 ef 固定。

(3) 将方向架搬至 1 点,用固定片 cd 照准圆曲线的 ZY(或 YZ)点,则活动片 ef 所指方向即为 1 点的横断面方向,测定完毕。

在测定 2 点横断面方向时,可在 1 点的横断面方向上插一花杆,以固定片 cd 照准花杆,ab 片的方向即为切线方向,此后的操作与测定 1 点横断面方向的操作完全相同,保持方向架不动,用活动片 ef 瞄准 2 点并固定之。将方向架搬至 2 点,用固定片 cd 瞄准 1 点,活动片 ef 方向即为 2 点的横断面方向。

如果圆曲线上桩距相同,在定出 1 点横断面方向后,保持活动片 ef 原来位置,将其搬至 2 点上,用固定片 cd 瞄准 1 点,活动片 ef 即为 2 点的横断面方向。圆曲线上其他各点的横断面方向亦可按照上述方法进行测定。

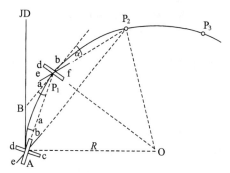

图 11-25　圆曲线段上横断面方向的测定　　图 11-26　缓和曲线段上横断面方向的测定

3. 缓和曲线段上横断面方向的测定

缓和曲线段上一中桩点处的横断面方向是通过该点指向曲率半径的方向,即垂直于该点的切线方向(法线)。可采用下述方法进行测定:利用缓和曲线的弦切角 Δ 和偏角 δ 的关系 $\Delta=2\delta$,定出中桩点处曲率切线的方向,有了切线方向,即可用带度盘的方向架或经纬仪测定出法线(横断面)方向。

如图 11-26 所示,P 点为待标定横断面方向的中桩点,具体步骤如下:

(1) 按公式 $\delta=\left(\dfrac{l}{l_s}\right)^2\delta_0=\dfrac{1}{3}\left(\dfrac{l}{l_s}\right)^2\beta_0$,计算出偏角 δ,并由 $\Delta=2\delta$ 计算弦切角 Δ。

(2) 将带度盘的方向架或经纬仪安置于 P 点。

(3) 操作方向架的定向杆或经纬仪的望远镜,照准缓和曲线 ZH 点,同时使度盘读数为 Δ。

(4) 顺时针转动方向架的定向杆或经纬仪的望远镜,直至度盘的读数为 90°(或 270°)。此时,定向杆或望远镜所指方向即为横断面方向。

(二)横断面的测量方法

横断面测量按前进方向分成左侧和右侧,分别测量横断面方向上各变坡点至中桩的平距及高差。一般平距及高差的读数取至 0.1m,其精度即可满足工程的要求。因此,横断面测量多采用简易的测量工具和方法,以提高工作效率。

横断面测量应逐桩施测,各中桩点、大中桥头、隧道进出口、挡土墙及重点工程等处都需要测设横断面,其方向应与中线垂直,曲线段应与测点的切线垂直。横断面施测宽度应满足路基及排水设计要求。

1. 资料准备与仪器检校

(1)资料的准备。准备好实习过程中所需要的资料(收集测区已有的水准点的成果资料和水准点分布图)和用具(H 或 2H 铅笔、记录手簿等)。

(2)仪器的准备。

①按分组到测量仪器室领取有关实习仪器,如全站仪或水准仪、水准尺、单棱镜、尺垫、测钎和记录板等。

②熟悉仪器,并对水准仪、水准尺进行必要的检验与校正。

2. 横断面测量

(1)横断面方向的测定。参见上述内容。

(2)横断面测量。高速公路、一级公路横断面测量应采用水准仪皮尺法、全站仪或经纬仪视距法;二级和二级以下公路横断面测量应采用标杆皮尺法。下面介绍几种常用方法。

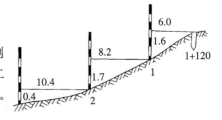

图 11-27 抬杆法测横断面

①标杆皮尺法(抬杆法)。标杆皮尺法是用一根标杆和一卷皮尺测定横断面方向上的两相邻变坡点的水平距离和高差的一种简易方法。标杆皮尺法适用于山区低等级公路,精度低。如图 11-27 所示,一根标杆竖立于变坡点上,另一根标杆水平横放,使横放标杆的一端放在另一变坡点上,横放标杆的另一端靠住竖立标杆。横放标杆读水平距离,竖立标杆读两个变坡点的高差。若要进行横断面测量,根据地面情况选定变坡点 1、2、3、…将标杆竖立于 1 点上,皮尺靠在中桩地面拉平,量出中桩点至 1 点的水平距离,而皮尺截于标杆的红白格数(通常每格为 0.2m)即为两点间的高差。测量员报出测量结果,以便绘图或记录,报数时通常省去"水平距离"4 个字,高差用"低"或"高"报出。例如,图示中桩点与 1 点间,报为"6.0m 低 1.6m",记录见表 11-8。同法可测得 1 点与 2 点、2 点与 3 点等的距离和高差。表中按路线前进方向分左侧和右侧,以分数形式表示各测段的高差和距离,分子表示高差,正号为升高,负号为降低;分母表示距离。从中桩点开始向左右两侧由近及远逐段测量,记录时左、右分开。

相对中桩点:如距离 6.0m,高差低 1.6m,记为 $\dfrac{-1.6}{6.0}$;相对前点:距离 8.2m,高差低 1.7m,记为 $\dfrac{-1.7}{8.2}$。

标杆皮尺法一般在现场边测边绘,采用 1:200 比例尺在厘米格纸上绘制。

表 11-8 抬杆法横断面测量记录表

左侧(单位:m)			桩号	右侧(单位:m)		
… … …	…	$\dfrac{高差}{平距差}$		$\dfrac{高差}{平距差}$	…	… … …
$\dfrac{-0.4}{10.4}$	$\dfrac{-1.7}{8.2}$	$\dfrac{-1.6}{6.0}$	K1+120	$\dfrac{+1.0}{4.8}$	$\dfrac{+1.4}{12.5}$	$\dfrac{-2.2}{8.6}$
…	…	…	…	…	…	…

②水准仪皮尺法。水准仪皮尺法是利用水准仪和皮尺,按水准测量的方法测定各变坡点与中桩点间的高差,用皮尺丈量两点的水平距离的方法。如图 11-28 所示,将水准仪安置好后,以中桩点为后视点,在横断面方向的变坡点上立尺进行前视读数,并用皮尺量出各变坡点至中桩的水平距离。水准尺读数读至厘米,水平距离读数读至分米,记录格式见表 11-9。此法适用于断面较宽的平坦地区,其测量精度较高。

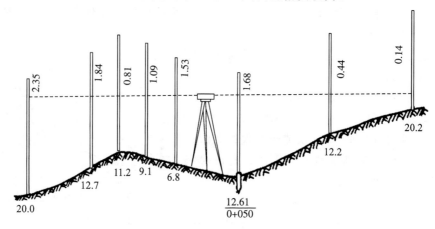

图 11-28 水准仪皮尺法测量横断面

表 11-9 水准仪皮尺法横断面测量记录计算表

桩号		各变坡点至中桩点的水平距离(m)	后视读数(m)	前视读数(m)	各变坡点与中桩点间的高差(m)	备注
K1+420	左侧	0.00	1.68	—	—	
		6.8		1.53	+0.15	
		9.1		1.09	+0.59	
		11.2		0.81	+0.87	
		12.7		1.84	−0.16	
		20.0		2.35	−0.67	
	右侧	12.2		0.44	+1.24	
		20.0		0.14	+1.54	

③全站仪法。在地形复杂、山坡较陡的地段利用全站仪的"对边测量"功能可同时测量两点之间的距离和高差,测量速度快、精度高。全站仪法横断面测量的步骤如下:

a. 架设仪器,对中,整平,设置参数(气象常数、棱镜常数等)。

b. 建站(输入测站点坐标、高程、仪器高、目标高等)。

c. 设置方位角(即定向,精确照准后视点,输入后视点坐标或方位角等)。

d. 执行"对边观测"程序,依次对每一中桩左右两侧横断面变坡点连续观测。

e. 记录对应各变坡点高程及各变坡点到中桩的平距。

全站仪横断面测量外业记录表格见表 11-10。

表 11-10　全站仪横断面测量记录表

左侧(单位:m)			桩号	右侧(单位:m)		
…	…	… $\dfrac{高程}{至桩点平距}$		$\dfrac{高程}{至桩点平距}$ …	…	…

横断面测量的其他要求及检测限差必须符合《公路勘测规范》(JTG C10-2007)的规定要求,见表 11-11。

表 11-11　横断面测量检测限差

公路等级	距离(m)	高程(m)
高速公路、一级公路	$\pm(L/100+0.1)$	$\pm(h/100+L/200+0.1)$
二级及二级以下公路	$\pm(L/50+0.1)$	$\pm(h/50+L/100+0.1)$

注:h 为检查点与路线中桩的高差,单位为 m;L 为检查点与路线中桩的水平距离,单位为 m。

(三)横断面图的绘制

横断面图一般采取在现场边测边绘的方法,这样既可省略记录工作,也能及时在现场核对,减少差错。如遇不便现场绘图的情况,必须做好记录工作,带回室内绘图,再到现场核对。

(1)横断面图的比例尺一般为 1:200 或 1:100,将横断面图绘在厘米方格纸上,图幅为 350mm×500mm,每厘米有一细线条,每 5cm 有一粗线条,细线间一小格是 1mm。绘图时以一条纵向粗线为中线,以纵线和横线的相交点为中桩位置,向左右两侧绘制。

(2)先标注中桩的桩号,根据各桩号左右各变坡点的水平距离与高差点出变坡点,然后用小三角板将这些点连接起来,得横断面的地面线。

(3)一幅图上可绘出多个断面图,一般规定,在横断面图绘图时,必须由下向上、由左至右依次按照桩号顺序点绘。

(4)绘出设计线:俗称"戴帽子",即把设计好的路基设计线在横断面图上绘出。

(5)绘出防护及加固设施的断面图。

(6)根据综合排水设计,给出路基边沟、截水沟、排灌渠等的位置和断面形式。

目前,横断面图大多采用计算机和合适的软件进行绘制,如图 11-29 和图 11-30 所示。

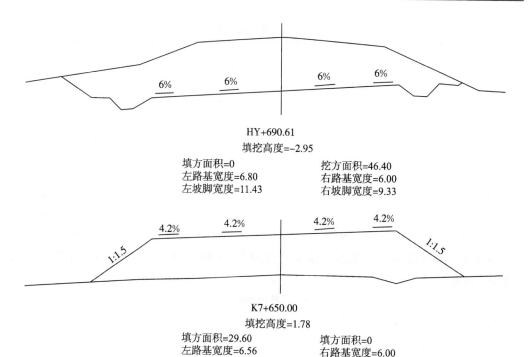

图 11-29 横断面图

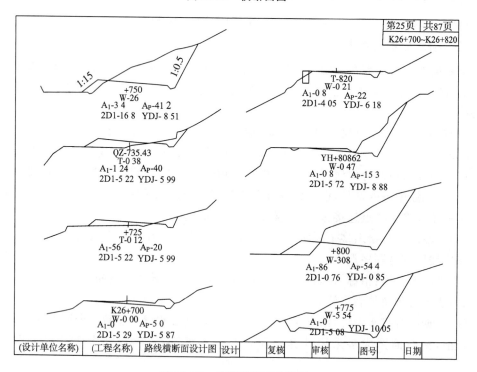

图 11-30 路基横断面设计图

第五节 道路施工测量

施工测量即测设,是测绘的逆过程。道路的施工测量就是利用测量仪器和工具根据待建建筑物、构筑物各特征点与控制点之间的距离、角度、高差等测设数据,以控制点为依据,将各特征点在实地定出来以及在施工过程中进行的一系列测量工作,俗称"施工放样"。

施工测量是保证公路工程施工质量的重要环节。公路工程包括道路、桥梁、隧道及其附属物。公路工程施工主要任务包括:

(1)设计图纸的研究与现场的踏勘。
(2)道路中线的恢复测量。
(3)施工控制桩的测设。
(4)控制点的复测与加密。
(5)路基边坡桩的放样。
(6)路面的放样。
(7)桥梁轴线及桥墩、台中心定位。
(8)隧道的控制测量、贯通测量及竖井联系测量。

另外还包括道路排水工程及附属工程等。

道路施工测量的主要工作包括路线中线的恢复测量、施工控制桩的测设、路基边桩与边坡的测设及竖曲线的测设。

一、路线中线的恢复测量

道路勘测完成到开始施工这一段时间内,有一部分中线桩可能被破坏或丢失,因此,施工前应进行复核和恢复。在恢复中桩时,应将道路附属物如涵洞、检查井和挡土墙的位置一并确定。对于部分改线地段,应重新定线,并绘制相应的纵、横断面图,同时对路线水准点进行复核。恢复中线所采用的测量方法与路线中线测量方法基本相同。

二、施工控制桩的测设

为了能够有效地控制中桩的位置,需要在路基开挖线外 2~5m、不易被施工损坏、便于引测和保存桩位的地方设置施工控制桩。常用的测设方法有以下 2 种。

1. 平行线法

平行线法是指在设计的路基范围以外,测设两排平行于道路中线的施工控制桩,如图 11-31 所示。该法适用于地势平坦、直线段较长的地区。

2. 延长线法

延长线法是指在路线转折处的中线延长线上或者在曲线中点与交点连线的延长线上,测设两个能够控制交点位置的施工控制桩,如图 11-32 所示。该法适用于坡度较大和直线段较短的地区。

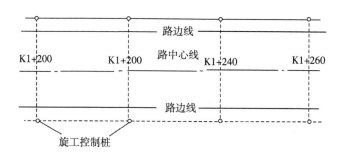

图 11-31 平行线法测设施工控制桩

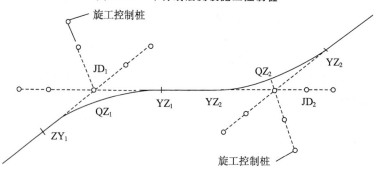

图 11-32 延长线法测设施工控制桩

三、路基边桩与边坡的测设

(一)路基边桩的测设

路基边桩测设是指在地面上将每一个横断面的路基边坡线与地面的交点用木桩标定出来,边桩的位置由两侧边桩至中桩的距离来确定。

常用的边桩测设方法如下:

(1)图解法。图解法是指将地面横断面图和路基设计断面图绘于同一张毫米方格纸上,直接在横断面图上量取中桩的距离,然后在实地用皮尺沿横断面方向测设出边桩的位置。当填挖方不大时,用此法较方便。

(2)解析法。解析法是指根据路基填挖高度、边坡高、路基宽度和横断面地形等情况,先计算出路基中心桩至边桩的距离,然后在实地沿横断面方向按距离将边桩放样出来。具体方法有以下几种。

① 平坦地区的边桩放样。

如图 11-33 所示为填方路堤,坡脚桩至中桩的距离为

$$D = \frac{B}{2} + mH \qquad (11-31)$$

如图 11-34 所示为挖方路堑,路堑中心桩至边桩的距离为

$$D = \frac{B}{2} + S + mH \qquad (11-32)$$

式中:B——路基宽度;

m——边坡率(1:m 为坡度);

H——填挖高度;

S——路堑边沟顶宽。

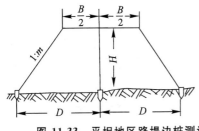
图 11-33 平坦地区路堤边桩测设

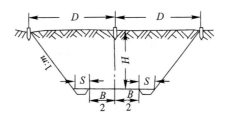
图 11-34 平坦地区路堑边桩测设

②倾斜地区的边坡放样。在倾斜地段,边坡至中桩的平距随着地面坡度的变化而变化,如图 11-35(a)所示,路堤坡脚至中桩的距离 $D_上$ 与 $D_下$ 分别为

$$D_上 = \frac{B}{2} + m(H - h_上)$$
$$D_下 = \frac{B}{2} + m(H + h_下)$$
(11-33)

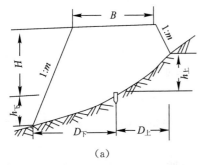

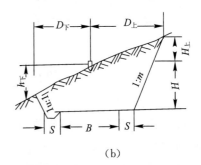

(a)   (b)

图 11-35 倾斜地区的边坡测设

如图 11-35(b)所示,路堑坡顶至中桩的距离 $D_上$ 与 $D_下$ 分别为:

$$D_上 = \frac{B}{2} + S + m(H + h_上)$$
$$D_下 = \frac{B}{2} + S + m(H - h_下)$$
(11-34)

式中 $h_上$、$h_下$ 为上、下侧坡脚(或坡顶)至中桩的高差。其中 B、S 和 m 为已知数,故 $D_上$ 与 $D_下$ 随 $h_上$、$h_下$ 变化而变化。由于边桩未定,所以 $h_上$、$h_下$ 均为未知数。实际工作中,根据地面实际情况,参考路基横断面图,估计边桩的位置,采用逐点趋近法,在现场边测边标定。如果结合图解法,则更为简便。

地形复杂时,这种方法操作起来很不方便,现在的道路设计一般都是由设计人员用软件程序在电脑上完成的。在设计时,通过计算机软件可以直接在横断面图上获取边桩的坐标,然后在实地用经纬仪极坐标法或全站仪坐标法直接测设边桩位置。

(二)路基边坡的测设

有了边桩后,即可确定边坡的位置。传统测设可按下述方法完成。

1. 路堤边坡测设

当路堤填土高度较低(如填土高度小于 3m)时,可用长木桩、木板或竹竿标记填土高度,然后用细绳拉起,即为路堤外廓形,如图 11-36(a)所示。

当路堤填土高度较高时,可采用分层填土、逐层挂线的方法进行边坡测设,如图11-36(b)所示。

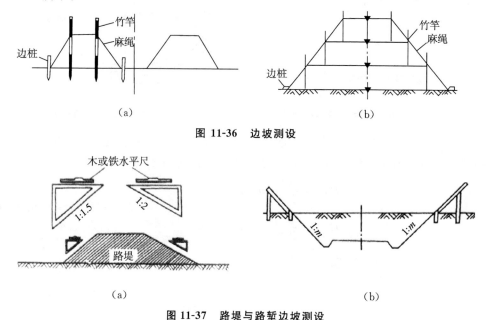

图 11-36　边坡测设

图 11-37　路堤与路堑边坡测设

2．路堑边坡测设

边坡样板可用于边坡测设定位,也可以用于检测已修筑成的路堤、路堑、槽、河渠等边坡坡度是否符合设计要求。

用边坡样板测设边坡时,施工前按照设计边坡作边坡样板,施工时,按照边坡样板进行测设。

(1)用活动边坡尺测设边坡,做法如图 11-37(a)所示。当水准器气泡居中时,边坡尺的斜边所指示的坡度正好为设计坡度,可依此来指示与检验路堤的填筑或检核路堑的开挖。

(2)用固定边坡样板来测设边坡,如图 11-37(b)所示。在开挖路堑时,于坡顶外侧按设计坡度设立固定样板,施工时可随意指示并检核开挖和修整情况。边坡样板一般用木料按边坡制成,除少数情况外,可以适应两种不同的边坡。如 1∶1.5 及 1∶2 坡度,可一板两用,一般只能专用于一种边坡,如图 11-37 所示。

当路基放样结束后,需进行路面放样,可分为路槽放样和路拱放样。当已知设计高程时,可按已知高程放样方法进行,在此不再赘述。

四、竖曲线的测设

在路线纵坡转折处,考虑到行车的视距要求和车辆的平稳行驶,在竖直面内用一段曲线来连接,这种在竖直面内的曲线称为"竖曲线"。竖曲线转坡点在曲线上方时为凸形竖曲线,反之为凹形竖曲线,如图 11-38 所示。竖曲线的形状通常采用圆曲线或二次抛物线。

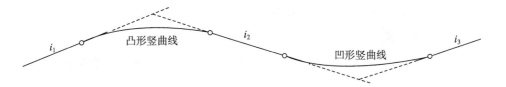

图 11-38 竖曲线

(一)竖曲线测设元素计算

竖曲线的转角：$\alpha = i_1 - i_2$ （11-35）

当 $\alpha > 0$ 时，为凸形竖曲线，当 $\alpha < 0$ 时，为凹形竖曲线。

测设竖曲线时，根据路线纵断面图设计中所设计的竖曲线半径 R 和相邻坡道的坡度 i_1、i_2 计算测设数据。如图 11-39 所示，竖曲线元素的计算用平曲线的计算公式。

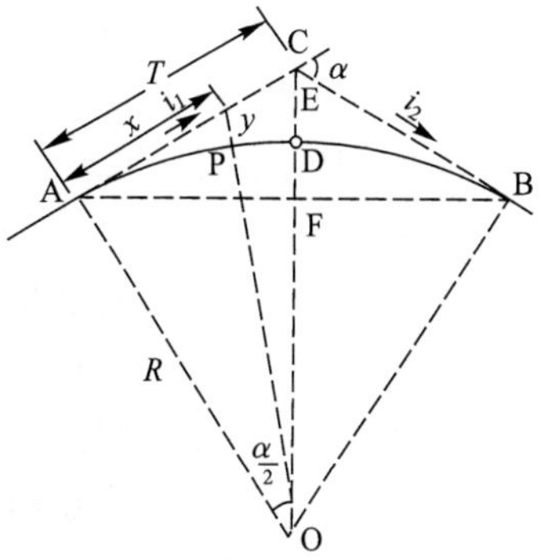

$$T = R\tan\frac{\alpha}{2}$$

$$L = R\frac{\alpha}{\rho} \quad (11-36)$$

$$E = R(\sec\frac{\alpha}{2} - 1)$$

图 11-39 竖曲线的测设元素计算

由于竖曲线的坡度转折角 α 很小，计算公式可简化为

$$\alpha = (i_1 - i_2)/\rho \qquad T = \frac{1}{2}R(i_1 - i_2)$$

$$\tan\frac{\alpha}{2} \approx \frac{\alpha}{2\rho} \qquad L = R(i_1 - i_2)$$

对于 E 值，也可按下面的近似公式计算。

因为 $DF \approx CD = E$，$\triangle AOF \backsim \triangle CAF$，则

$$R : AF = AC : CF = AC : 2E$$

因此

$$E = \frac{AC \cdot AF}{2R}$$

又因为 $AF \approx AC = T$，得

$$E = \frac{T^2}{2R} \quad (11-37)$$

同理，可导出竖曲线中间各点按直角坐标法测设的纵距（即标高改正值）计算式。从图中可知 $(R+y)^2 = R^2 + x^2$，y 与 x 相比可以忽略不计，上式可简化为

$$y_i = \frac{x_i^2}{2R} \quad (11-38)$$

式中：y_i 在凹形竖曲线中为正值，在凸形竖曲线中为负值。

则竖曲线上任一点 P 的高程 H_P 的计算公式为

$$H_P = H' \pm y \quad (11-39)$$

式中：H'——切线上点的高程，即坡道上点的高程。

（二）竖曲线测设

竖曲线测设其实就是竖曲线上中桩点设计高程的测设，计算过程参见例11-5，测设方法参见高程测设。

例 11-5 已知 $i_1=-1.114\%$，$i_2=+0.154\%$，变坡点的桩号为K1+670，高程为48.60m，设计半径 $R=5000$m。求各测设元素、起点和终点的桩号与高程、曲线上每10m间隔里程桩的高程改正数与设计高程。

解 按以上公式求得 $L=63.4$m，$T=31.7$m，$E=0.10$m。

计算如下：

$$起点桩号=K1+(670-31.7)=K1+638.3$$
$$终点桩号=K1+(638.3+63.4)=K1+701.70$$
$$起点高程=48.6+31.7\times1.114\%=48.95(m)$$
$$终点高程=48.6+31.7\times0.154\%=48.65(m)$$

根据 $R=5000$m 和相应的桩距，可求得竖曲线上各桩的高程改正数 y_i，计算结果见表 11-12。

表 11-12 竖曲线上桩点高程计算

桩号	距离	高程改正	坡道高程	曲线高程	备注
K1+638.3	0.0	0.0	48.95	48.95	竖曲线起点 $i=-1.114\%$ 变坡点 $i=+0.154\%$ 竖曲线终点
+650	11.7	0.01	48.82	48.83	
+660	21.7	0.05	48.71	48.76	
+670	31.7	0.1	48.60	48.70	
+680	21.7	0.5	48.62	48.67	
+690	11.7	0.1	48.63	48.64	
+701.7	0.0	0.0	48.65	48.65	

思考题

1. 公路中线测量的任务是什么？
2. 何谓"整桩号法设桩"？何谓"整桩距法设桩"？各有什么特点？
3. 试述正倒镜分中法延长直线的操作方法。
4. 设置缓和曲线有什么作用？
5. 路线纵、横断面测量的目的是什么？
6. 纵断面图上有哪些主要内容？简述绘制纵断面图的方法和步骤。
7. 横断面测量的施测方法有哪几种？各有什么特点？
8. 什么是施工测量？道路施工测量主要包括哪些内容？

9. 简述用全站仪进行路基边桩测设的方法。

10. 已知弯道 JD6 的桩号为 K4+182.76,测得右角 $\beta = 154°12'$,圆曲线半径 $R = 300\text{m}$,试计算圆曲线主点元素和主点里程,并叙述测设曲线上主点的操作步骤。

11. 在题 10 中,若采用切线支距法并按整桩号法设桩,试计算各桩坐标,并说明测设方法。

12. 在题 10 中,若采用偏角法按整桩号设桩,试计算各桩的偏角及弦长,并说明步骤。

13. 在道路中线测量中,已知交点的里程桩号为 K19+318.46,转角 $\alpha_{右} = 38°28'$,圆曲线半径 $R = 300\text{m}$,缓和曲线长 $l_s = 75\text{m}$,试计算该曲线的测设元素、主点里程,并说明主点的测设方法。

14. 在道路中线测量中,已知 JD2 桩号为 K4+182.32,转角 $\alpha_{右} = 38°32'$,圆曲线半径 $R = 300\text{m}$,转点和交点的坐标分别为 ZD(6468.729, 4988.747)、JD(6542.880, 5017.582),按整桩号设桩,计算圆曲线各中桩点的坐标。

15. 如图 11-40 所示,在中平测量中有一段跨沟谷测量,试根据图上的观测数据,设计表格并完成中平测量的记录和计算。已知 ZD2 点高程为 250.428m。

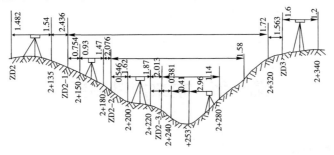

图 11-40 中平测量

16. 根据表 11-13 中用抬杆法进行横断面测量的计算数据绘制横断面图。

表 11-13 中平记录表

左侧(单位:m)				桩号	右侧(单位:m)			
$\dfrac{+2.2}{1.6}$	$\dfrac{0.0}{1.4}$	$\dfrac{-1.4}{6.8}$	$\dfrac{0.0}{8.0}$	+040	$\dfrac{+1.2}{2.1}$	$\dfrac{0.0}{2.0}$	$\dfrac{-2.0}{0.0}$	$\dfrac{0.0}{12.0}$
$\dfrac{0.0}{7.0}$	$\dfrac{+2.8}{8.0}$	$\dfrac{0.0}{2.0}$	$\dfrac{-0.2}{3.0}$	+020	$\dfrac{+2.8}{8.0}$	$\dfrac{0.0}{2.0}$	$\dfrac{-2.0}{5.2}$	$\dfrac{+3.3}{5.0}$
$\dfrac{0.0}{6.2}$	$\dfrac{+1.0}{7.0}$	$\dfrac{-1.6}{8.6}$	$\dfrac{2.0}{0.0}$	K0+000	$\dfrac{+2.2}{6.4}$	$\dfrac{-1.6}{4.3}$	$\dfrac{+2.6}{3.0}$	$\dfrac{0.0}{7.0}$

17. 设某竖曲线半径 $R = 3000\text{m}$,相邻坡段的坡度 $i = +3.1\%$,$i = +1.1\%$,变坡点的桩号为 K16+770.00,高程为 396.67m,如果曲线上每隔 10m 设置一桩,试计算竖曲线上各桩点的高程。

第十二章 桥梁工程测量

> **学习目标**
>
> 1. 熟悉桥梁施工测量的主要内容、控制网布设的基本方法和技术要求。
> 2. 了解桥梁平面与高程的控制测量和桥墩、台中心定位的基本方法。
> 3. 学会分析曲线段桥梁施工测量的特点和纵、横轴线测设的方法。
> 4. 能够根据《公路勘测规范》(JTG C10-2007)和《公路桥梁施工规范》(JTJ 041-2000)的规定,正确完成桥梁墩、台中心定位和桥梁基础与顶部放样及涵洞的测设工作。
> 5. 能够正确完成桥梁平面与高程控制测量平差计算和墩、台中心定位测设数据的计算工作。

第一节 桥梁控制测量

一、平面控制测量

测量工作在桥梁、隧道工程建设中起着非常重要的作用。桥梁、隧道是线路重要的组成部分之一,当线路跨越河流或山谷时,需架设桥梁。拟设置桥梁跨越之前,应先测绘河流两岸的地形图,测定桥轴线的长度、桥位处的河床断面及桥位处的河流比降,为桥梁方案选择及结构设计提供必要的数据。施工时,将桥墩、桥台的中心位置在实地放样到位也需要进行测设。

桥梁、隧道工程竣工后,还要编制竣工图,供验收、维修和加固之用。在营运阶段,要定期进行变形观测,以确保桥梁隧道构造物的安全使用。所以说,在桥梁、隧道的勘测、设计、施工、竣工及养护维修的各个阶段都离不开测量技术。

桥梁大小按其轴线长度(多孔跨径总长 L 或单孔跨径 L_K)划分为5种形式,见表12-1。

表12-1 桥梁的分类

桥涵分类	多孔跨径总长 L(m)	单孔跨径 L_K(m)
特大桥	$L>1000$	$L_K>150$
大桥	$100 \leqslant L \leqslant 1000$	$40 \leqslant L_K \leqslant 150$

续表

桥涵分类	多孔跨径总长 L(m)	单孔跨径 L_K(m)
中桥	$30<L<100$	$20\leqslant L_K<40$
小桥	$8\leqslant L\leqslant 30$	$5\leqslant L_K<20$
涵洞	——	$L_K<5$

桥梁和涵洞施工测量的主要内容包括平面控制测量,高程控制测量,桥梁墩、台定位测量和桥梁墩、台基础及其顶部测设。

(一)桥梁平面控制网等级

桥梁施工项目应建立桥梁施工专用控制网。对于跨越宽度小于500m的桥梁,也可利用勘测阶段所布设的等级控制点,但必须经过复测,并满足桥梁控制网的等级和精度要求。桥梁施工控制网等级的选择,应根据桥梁的结构和设计要求合理确定,并符合表12-2中的规定。

表 12-2 桥梁施工控制网等级

桥长 L(m)	跨越的宽度 l(m)	平面控制网的等级	高程控制网的等级
$L>5000$	$l>1000$	二等或三等	二等
$2000\leqslant L\leqslant 5000$	$500\leqslant l\leqslant 1000$	三等或四等	三等
$500<L<2000$	$200<l<500$	四等或一级	四等
$L\leqslant 500$	$l\leqslant 200$	一级	四等或五等

注:L为桥的总长;l为跨越的宽度,是指桥梁所跨越的江、河、峡谷的宽度。

(二)建立桥梁施工平面控制网的要求

(1)桥梁施工平面控制网宜布设成独立网,并根据线路测量控制点定位。
(2)控制网可采用GPS网、三角形网和导线网等形式。
(3)控制网的边长宜为主桥轴线长度的0.5~1.5倍。
(4)当控制网跨越江河时,每岸水准点不少于3个,其中轴线上每岸宜布设2个。
(5)施工平面控制测量的其他技术要求应符合有关规定。

桥梁施工放样前,应熟悉施工设计图纸,并根据桥梁设计和施工的特点,确定放样方法。平面位置放样宜采用极坐标法、多点交会法等。

(三)桥轴线长度的测定

桥轴线长度是指两岸桥轴线控制桩间的水平距离。桥轴线控制桩是指在两岸桥头中线上埋设的控制桩,其作用是保证墩、台间的相对位置正确,并使之与相邻线路在平面位置上正确衔接。

(1)直接丈量法。对于无水或水浅河道,可以用光电测距仪直接测定桥轴线长度以及利用桥轴线两端控制桩进行墩、台中心定位。

(2)间接丈量法。布设桥梁控制网(桥位三角网)进行推算。

在满足桥轴线长度测定和墩、台中心定位精度的前提下,力求图形简单并具有足够的强度,以减少外业观测工作和内业计算工作。根据桥梁的大小、精度要求和地形条件,桥梁施工平面控制网的网形布设有以下几种形式：双三角形；大地四边形；双大地四边形；加强型大地四边形。如图 12-1(a)、(b)、(c)、(d)所示。

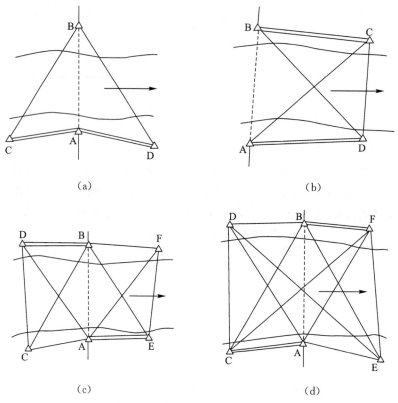

图 12-1　常用的平面控制网网形

二、高程控制测量

（一）桥梁高程控制网等级

桥梁高程控制测量宜采用水准测量方法，其等级选择应根据桥梁的结构和设计要求合理确定，并符合表 12-2 的规定。

（二）建立桥梁施工高程控制网的要求

(1) 两岸的水准测量线路应组成一个统一的水准网。
(2) 每岸水准点不少于 3 个。
(3) 跨越江河时，根据需要可进行跨河水准测量。
(4) 施工高程控制测量的其他技术要求应符合有关规定。

（三）跨河水准测量

桥梁高程控制一般常用跨河水准测量，河流宽度大于 150m 时都采用这种方法。
(1) 河流宽度大于 300m 时，应该按照《国家水准测量》规范，采用精密水准仪或精密经纬仪按倾斜螺旋法、经纬仪倾角法和光学测微法进行观测。
(2) 河流宽度为 150～300m 时，采用普通跨河水准测量进行观测，使用觇牌(图 12-2)

水准尺、双转点施测。

①测站与转点布设(图12-3)。I_1、I_2 为测站，A、B 为观测点(立尺点)；$I_1B≈I_2A$，$I_1A≈I_2B>10m$。转点组成平行四边形或等腰梯形；视线高离开水面超过 2m。

②观测方法。I_1 点先测近尺 A，再测远尺 B；把仪器移至 I_2 点，A、B 尺对调，先测远尺 A，再测近尺 B。

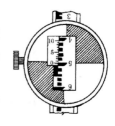

图 12-2　觇牌

(3)当水准线路需要跨越江河(或湖塘、宽沟、洼地、山谷等)时，

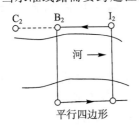
平行四边形

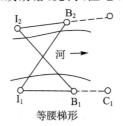
等腰梯形

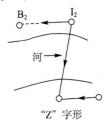
"Z"字形

图 12-3　测站与转点布设

应符合下列规定：

①水准场地应选在跨越距离较短、土质坚硬、便于观测的地方；标尺点须设立木桩。

②两岸测站和立尺应对称布设。当跨越距离小于 200m 时，可采用单线过河；当跨越距离大于 200m 时，应采用双线过河，并组成四边形闭合环。往返较差、环线闭合差应符合有关规定。

③水准观测的主要技术要求应符合表 12-3 的规定。

表 12-3　跨河水准测量的主要技术要求

跨越距离 (m)	观测次数	单程测回数	半测回远尺读数次数	测回差(mm)		
				三等	四等	五等
<200	往返各一次	1	2	—	—	—
200~400	往返各一次	2	3	8	12	25

注：①一测回的观测顺序：先读近尺，再读远尺；仪器搬至对岸后，不动焦距，先读远尺，再读近尺。

②当采用双向观测时，两条跨河视线长度宜相等，两岸岸上长度宜相等，并大于 10m；当采用单向观测时，可分别在上午、下午各完成半数工作量。

④当跨越距离小于 200m 时，也可采用在测站上变换仪器高度的方法进行，两次观测高差较差不应超过 7mm，取其平均值作为观测高差。

⑤当对岸远尺进行直接读数有困难时，为提高读数精度，亦可在远尺上安装觇牌，由操作水准仪者指挥，将觇板沿尺上下移动，使觇板指标线位于仪器水平视线上，然后按指标线在水准尺上进行读数。

第二节　桥梁墩、台施工测量

一、桥墩、桥台定位测量

桥梁施工测量中，主要的工作是准确地测设出桥梁墩、台的中心位置，即所谓的"墩、台中心定位"，简称"墩台定位"。墩台定位必须满足一定的精度要求，特别是对预制梁桥，更是如此。

(一)直接丈量法

当桥梁墩、台位于无水河滩上，或水面较窄，用钢尺可以跨越丈量时，可用直接丈量法，如图 12-4 所示。直接丈量定位时，其距离必须丈量 2 次以上作为校核。当校核结果证明定位误差不超过 2cm 时，则认为满足要求。现在一般都采用电磁波测距进行测量。

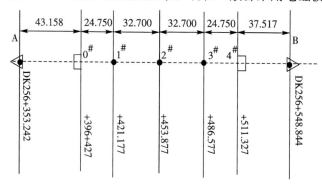

图 12-4　直线墩、台直接定位

(二)极坐标法

在墩、台中心处安置反光镜，测距仪与反光镜通视，不管中间是否有水流障碍，均可采用。墩、台中心坐标(X,Y)已设计出，则可用经纬仪加测距仪或全站仪按极坐标法测设。测设时应根据当时测出的气象参数和测设的距离求出气象改正值。

(三)前方交会法

(1)如果桥墩位置无法直接丈量，也不便于架设反光镜时，可采用前方交会法测设墩位。前方交会法既可用于直线桥的墩、台定位测量，也可用于曲线桥的墩、台定位测量。用交会法测设墩位时，需要在河的两岸布设平面控制网，如导线、三角网、边角网、测边网等。

(2)前方交会法的基本原理。根据控制点坐标和墩台坐标，反算交会放样元素 $α_i$、$β_i$，在相应控制点上安置仪器并后视另一已知控制点，分别测设水平角 $α_i$、$β_i$，得到两条视线的交点，从而确定墩、台中心的位置。

(3)两交会方向线之间的夹角 $γ$ 称为"交会角"。墩、台中心交会的精度与交会角 $γ$ 的大小有关。当置镜点位于桥轴线两侧时，交会角应为 90°～150°；当置镜点位于桥轴线一侧时,交会角应为 60°～110°。如图 12-5 所示。

桥梁控制网网形设计和布网时,应充分考虑每个墩、台中心交会时交会角的大小,必要时,可根据情况增设插入点或精密导线点,作为次级控制点。

(4)现场测设。

①在控制点 D 安置仪器,后视控制点 A,将度盘安置为 α_{DA}。

②根据测设数据表,转动照准部至度盘读数为 α_{Di},得到 D→i 方向。

③按同样方法得到 C→i 方向,在两条视线的交点处打桩,钉设出 i 号墩、台中心位置。

④在桥轴线上检查各墩、台位置。

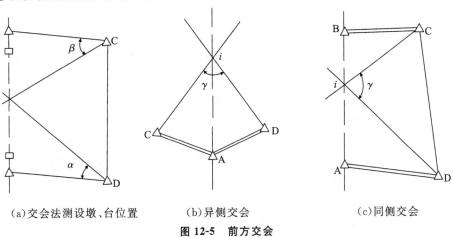

(a)交会法测设墩、台位置　　(b)异侧交会　　(c)同侧交会

图 12-5　前方交会

(5)示误三角形。通常将三台经纬仪分别安置于三个控制点上,用三条方向线同时交会。理论上三条方向线应交于一点,而实际上,由于控制点误差和交会测设误差的共同影响,三条方向线一般不会交于一点,而是形成一个小三角形,该三角形的大小反映交会的精度,故称其为"示误三角形"(图 12-6)。

①示误三角形的最大边长或两交会方向与桥中线交点间的长度,在墩、台下部(承台、墩身)不应大于 25mm,在墩、台上部(托盘、顶帽、垫石)不应大于 15mm。

②若交会的一个方向为桥轴线,则以其他两个方向线的交会点 P_1 投影在桥轴线上的 P 点作为墩、台中心。

③交会方向中不含桥轴线方向时,示误三角形的边长不应大于 30mm,并以示误三角形的重心作为桥墩、台中心。

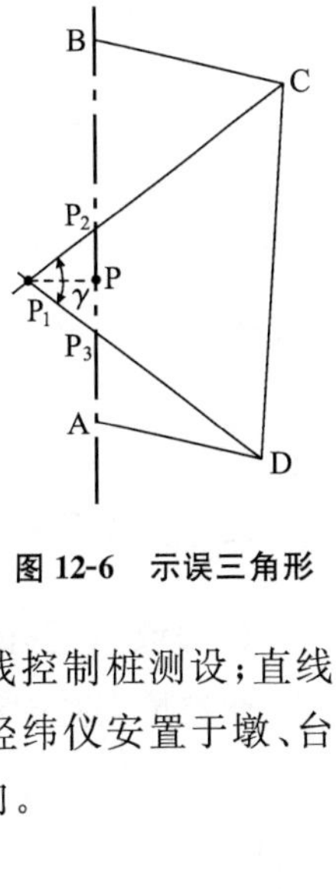

二、墩、台纵横轴线测设

图 12-6　示误三角形

墩、台纵横轴线是确定墩、台方向的依据,也是墩、台施工中细部放样的依据。直线桥各个墩、台的纵轴线与桥轴线重合,可根据桥轴线控制桩测设;直线桥的横轴线不一定与纵轴线垂直,两者夹角根据设计文件确定,可将经纬仪安置于墩、台中心,后视桥轴线控制桩定向,测设规定的角度,得到墩、台横轴线方向。

在测设桥墩、台纵轴线时,应将经纬仪安置在墩、台中心点上,然后盘左、盘右,以桥轴线方向作为后视,然后旋转 90°(或 270°),取其平均位置作为纵轴线方向。因为施工过程中经常要在墩、台上恢复纵横轴线的位置,所以应于桥轴线两侧各布设两个固定的护桩。

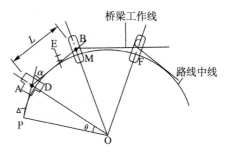

图 12-7　曲线桥梁桥墩纵横轴线

在水中的桥墩因不能架设仪器,也不能钉设护桩,则暂不测设轴线,待筑岛、围堰或沉井露出水面以后,再利用它们钉设护桩,准确地测设出墩、台中心及纵横轴线。

对于曲线桥(图 12-7),由于路线中线是曲线,而所用的梁板是直的,因此路线中线与梁的中线不能完全一致。梁在曲线上的布置是使各跨梁的中线连接起来,称为与路中线相符合的折线,这条折线称为"桥梁的工作线"。墩、台中心一般就位于这条折线转折角的顶点上。放样曲线桥的墩、台中心,就是测设这些顶点的位置。在桥梁设计中,梁中心线的两端并不位于路线中线上,而是向曲线外侧偏移一段距离 E,这段距离 E 称为"偏距";相邻两跨梁中心线的交角 α 称为"偏角";每段折线的长度 L 称为"桥梁中心距"。这些数据在桥梁设计图纸上已经标定出来,可以直接查用。曲线桥在设计时,根据施工工艺可设计成预制板装配曲线桥或者现浇曲线桥。对于前者,桥墩、台中心与路线中线不重合,桥墩、台中心与路线中线有一个偏距 E,如图 12-7 所示;对于后者,桥墩、台中心与路线中线重合,在放样时要注意,如图 12-8 所示。

对于预制板装配曲线桥放样时,可根据墩、台标准跨径计算墩、台横轴线与路线中线的交点坐标,放出交点后,再沿横轴线方向取偏距 E,得墩、台中心位置,或者直接计算墩、台中心的坐标,直接放样墩、台中心位置;对于现浇曲线桥,因为路线中线与桥墩、台中心重合,可以计算墩、台中心的坐标,根据坐标放样墩、台中心位置。

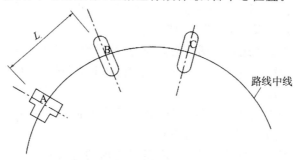

图 12-8　现浇曲线桥梁桥墩纵横轴线图

三、桥梁基础施工测量

(一)墩、台基础开挖方法

明挖扩大基础和桩基础是桥梁墩、台基础常用的 2 种形式。

1. 明挖扩大基础

明挖扩大基础适用于无水少水河沟,它是在墩、台位置处先挖基坑,将基坑底整平,然后在坑内砌筑或灌注基础及墩、台身。当基础及墩、台身修出地面后,再用土回填基坑。视土质情况,坑壁可挖成垂直的或倾斜的。

在进行基坑放样时,根据墩、台纵横轴线及基坑的长度和宽度测设出它的边线。如果开挖基坑时,坑壁要求具有一定的坡度,则应放出基坑的开挖边界线。放样边界线时,应根据坑底与地面的高差及坑壁的坡度计算出其至坑边的距离,而坑底边至纵、横轴线的距离是已知的,根据图12-9所示的关系,按下式可求出边坡桩至墩、台中心的距离 d。

$$d = \frac{b}{2} + h \times n \quad (12-1)$$

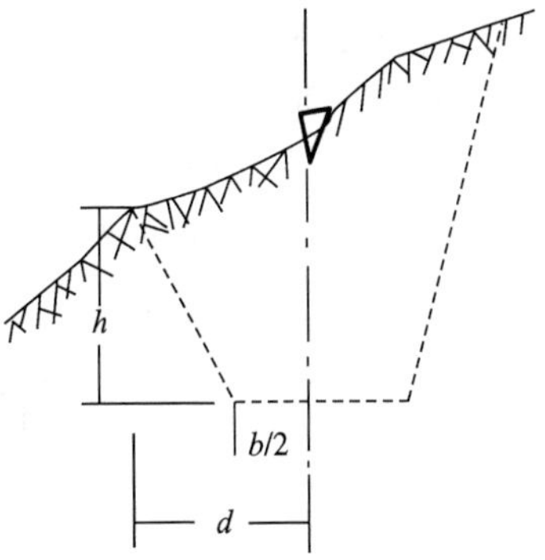

图 12-9 基础开挖

式中:b—坑底的长度或宽度;

h—坑底与地面的高差;

n—坑壁坡度系数的分母(边坡率)。

在设置边坡桩时,所用的方法与路基边坡的放样相同,可以用试探法求出,也可以根据测出的断面采用图解法求出。现在工程设计中一般采用计算机软件来完成,可以在设计图上获取边桩点坐标,用全站仪坐标法直接放出边坡桩位置,在地面上钉出边坡桩后,根据边坡桩撒出灰线,然后按灰线进行基坑开挖。

2. 桩基础

对于一般构造物,当地基较好时,多采用天然浅基础,优点是造价低,施工简便。如果天然浅土层较弱,或构造的上部荷载较大且对沉降有严格要求时,则需采用深基础。

桩基础是一种常用的深基础形式,由桩和承台组成。桩基础施工流程为:桩基定位放线→钻机对位→钻进成孔→压灌桩身砼→下插钢筋笼并固定→成桩。

桥梁基础施工方法主要有浆砌圬工和混凝土浇筑等。具体施工方法在专业课学习时介绍。

四、桥梁竣工测量

墩、台施工完成以后,在架梁以前,应进行墩、台的竣工测量。对于隐蔽在竣工后无法测绘的工程,如桥梁墩、台的基础等,必须在施工过程中随时测绘和记录,将结果作为竣工资料的一部分。桥梁架设完成后还要对全桥进行全面测量。

(一)桥梁竣工测量的目的

(1)测定建成后墩、台的实际情况。

(2)检查是否符合设计要求。

(3)为架梁提供依据。

(4)为运营期间桥梁监测提供基本资料。

(二)桥梁竣工测量的内容

(1)测定墩、台中心纵横轴线及跨距。

(2)丈量墩、台各部尺寸。

(3)测定墩帽和支承垫石的高程。

(4)测定桥中线纵、横坡度。

(5)根据测量结果编绘墩、台中心距表、墩顶水准点和垫石高程表、墩台竣工平面图、桥梁竣工平面图等。

(6)如果运营期间要对墩、台进行变形观测,则应对两岸水准点及各墩顶的水准标以不低于二等水准测量的精度联测。

第三节 涵洞施工测量

一、涵洞轴线的放样

涵洞轴线的放样是根据设计图纸上涵洞的里程,放出涵洞轴线与路线中线的交点,并根据涵洞轴线与路线中线的夹角,放出涵洞的轴线方向。

直线上的涵洞放样要根据涵洞的里程,自附近测设的里程桩沿路线方向量出相应的距离,即得涵洞轴线与路线中线的交点。曲线上采用曲线测设的方法定出涵洞与路线中线的交点。按地形条件,涵洞轴线与路线有正交的,也有斜交的。将经纬仪安置在涵洞轴线与路线中线的交点处,测设出已知的夹角,即得涵洞轴线的方向。如图12-10(a)、(b)所示。

图12-10 涵洞轴线的放样

二、涵洞附属工程的放样

涵洞锥体护坡在施工时要按设计准确放样,尤其是斜交涵洞的洞口施工。

锥坡护坡及坡脚通常为椭圆形曲线,放样方法很多,如支距法、图解法、坐标值量距法、经纬仪设角法、放射线式放样法等。对于斜桥锥坡还应考虑斜度系数,可以采用纵横等分图解法进行放样。

以上方法均是先求出坡脚椭圆形的轨迹线,测设到地面上,然后按规定的边坡放出样线,据以施工。这里只对常用的支距放样法和纵横分解图法进行介绍。

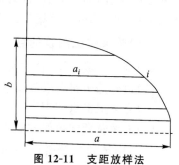

图12-11 支距放样法

(一)支距放样法

锥坡支距放样法的做法是:如图 12-11 所示,将 b 分为 n 等份(一般为 10 或 8 等份),则可求得 i 点对应的支距 a_i,然后根据 i 点在 b 方向的分量和在 a 方向的分量 a_i,可在现场放出 i 点。

(二)纵横分解图法

纵横分解图法的做法是:如图 12-12 所示,按 a 和 b 的长度引一平行四边形;将 a' 和 b' 均分为 10 等份,并将各点顺序编号(由 b' 的 0 点连 a' 的 1 点,由 b' 的 1 点连 a' 的 2 点,以此类推,最后由 b' 的 9 点连 a' 的 10 点),形成锥坡的底线。

放出样线主要是为了在锥坡挖基、修筑基础以及砌筑坡面时,便于悬挂准绳,使铺砌式样尺寸符合标准。在施工过程中,为防止样线走动或脱开样线铺砌,应随时进行检查复核工作。

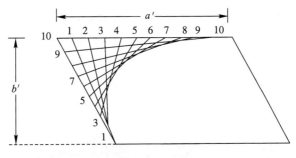

图 12-12 纵横分解图法

1. 桥梁控制测量的任务是什么?桥梁工程测量的主要内容是什么?
2. 桥梁平面控制测量的方法有哪几种?
3. 简述桥梁墩、台的纵横轴线测设方法。
4. 桥位测量的目的是什么?
5. 什么是墩、台施工定位?

第十三章 隧道工程测量

> **学习目标**

1. 熟悉隧道施工测量的主要内容和基本方法。
2. 了解隧道平面与高程的控制测量、竖井联系测量和贯通测量的基本方法。
3. 学会分析隧道施工测量的特点和影响贯通测量精度的因素。
4. 能够根据《公路勘测规范》(JTG C10-2007)和《公路隧道施工技术规范》(JTG 042-1994)的规定,完成隧道平面与高程的控制测量、贯通测量和细部施工测量。
5. 能够正确完成隧道平面与高程的控制测量平差计算和贯通测量、施工测量测设数据计算。

第一节 隧道地面控制测量

一、概述

地下建筑工程主要包括隧道、地下输水隧洞、城市地铁、矿山井巷、人防和地下工厂、车厂、机场、环行粒子加器等。地下建筑工程施工测量的内容包括:在地面建立平面与高程施工控制网;将地面上的坐标、方向和高程传递到地下去的联系测量;在地下进行平面与高程控制测量;根据地下控制点进行施工放样,指导地下工程的正确开挖、衬砌和施工及绘制各种测绘图件;对地下建筑工程中的大型设备进行安装和调校测量;进行竣工测量。

隧道工程属于地下建筑工程,是公路工程的重要组成部分,在山区高速公路工程中,有的隧道工程在公路工程中所占的投资额已超过路基工程和桥梁工程的总和,呈现桥隧相连的景象,隧道工程越来越重要。2007年建成通车的秦岭终南山公路隧道,全长18.2千米,创造了多个纪录,它的建成具有标志性的意义,表明公路隧道的建设高潮已经来临。隧道施工不同于桥梁等其他构造物,它除了造价高、施工难度大以外,在施工测量上也有许多不同之处。如受天气影响小,一般全天24小时隧道都可以施工;光线暗,湿度大,粉尘多,受有毒有害气体危害;大部分工程位于地下,工序多,施工测量干扰严重;危及测量安全的因素多,测量人员随时要为施工服务。因此,隧道施工测量的难度较地面施工测量大。

目前,我国公路隧道施工多采用新奥法施工。测量人员除了进行常规测量项目外,还需进行地表沉降观测以及隧道拱顶下沉、围岩收敛等量测,并对测量结果进行分析,指导隧道施工。因此,公路隧道施工测量内容多于常规测量项目。

修建道路时,当路线经过高山时,为了降低路线的纵坡,缩短路线的长度,多采用隧道穿越高山方式。在隧道修建之前,应先测绘隧址处的大比例尺地形图,测定隧道轴线、洞口、竖井等的地面位置,为隧道设计提供必要的数据。在隧道工程施工过程中,还应不断地进行贯通测量,以保证隧道构造物的平面位置和高程能正确贯通。

桥梁、隧道工程竣工后,还要编制竣工图,供验收、维修和加固之用。在营运阶段,要定期进行变形观测,以确保桥梁隧道构造物的安全使用。所以说,在桥梁、隧道的勘测、设计、施工、竣工及养护维修的各个阶段都离不开测量技术。

随着经济建设的发展,特别是山区的开发,公路建设中隧道工程日益增加。隧道按照洞身长度分四级,见表13-1。

表13-1 隧道按照洞身长度分级

公路隧道等级	特长隧道	长隧道	中隧道	短隧道
直线型隧道长度(m)	$L>3000$	$3000 \geqslant L>1000$	$1000 \geqslant L>500$	$L \leqslant 500$
曲线型隧道长度(m)	$L>1500$	$1500 \geqslant L \geqslant 500$	$500>L \geqslant 250$	$L<250$

二、地面平面控制测量

隧道工程施工前,应熟悉隧道工程的设计图纸,并根据隧道的长度、线路形状和对贯通误差的要求,进行隧道测量控制网的设计。

隧道的设计位置一般在定测时已初步标定在地表面上。在施工之前先进行复测,检查并确认各洞口的中线控制桩。当隧道位于直线上时,两端洞口应各确定一个中线控制桩,以两桩连线作为隧道洞内的中线;当隧道位于曲线上时,应在两端洞口的切线上各确认两个控制桩,两桩间距应大于200m。以控制桩所形成的两条切线的交角和曲线要素为准,来测定洞内中线的位置。由于定测时测定的转向角、曲线要素的精度及直线控制桩方向的精度较低,满足不了隧道贯通精度的要求,所以施工之前要进行地面控制测量。地面控制测量的作用是在隧道各开挖口之间建立精密的控制网,以便根据它进行隧道的洞内控制测量或中线测量,保证隧道的正确贯通。

隧道施工控制测量分为地面控制测量和地下控制测量两部分。地面控制测量部分确定洞口的相对位置,并传递进洞方向;地下控制测量部分确定掘进方向。一般地,隧道施工需要从两个相对洞口同时掘进。较长的隧道需要从竖向或侧向的通道开辟若干个工作面同时进行施工。隧道工程高昂的造价和现代快速掘进技术,要求使多向掘进在贯通面上不能作任何过多修正,这对施工控制测量的精度提出了较高的要求。提高施工控制测量的精度除了对测量工具有较高的要求外,对测量手段同样有较高的要求。

隧道施工控制网的布设形式取决于隧道的形状、施工方法以及地形状况等。地形简单处的直线隧道,通常只需敷设地表导线,就足以控制隧道的贯通。较长的直线隧道一般敷设单三角锁。曲线隧道通常采用中点多边形或环形三角锁作为控制网。布设隧道施工控制网时,应将洞口和井口的控制点作为三角点,或将隧道上每两个相邻的掘进口布设在三角形的同一条边上,以减少地下控制测量定向误差对贯通的影响。当三角网中三角形个数较多时,应有较多的多余观测值来增强图形的检核功能。

(一)地面平面控制测量精度等级和技术要求

敷设隧道施工控制网时,首先应对隧道所处位置和公路导线控制点有详细的了解,并仔细研究隧道的施工方案,实地勘察洞口、竖(斜)井、横洞的位置,然后确定控制网的图形,实地选择三角点位置。控制网中三角形尽量布设成等边三角形,当条件困难时,也应使三角形的内角为30°～120°。三角点应布设在视线开阔、便于观测处。对不能布设三角点的洞口、竖(斜)井、横洞口等处,应布设交会点,同时须有两个以上方向和三角点通视。

地面控制测量的主要内容是:对设计单位所交付的洞外中线方向以及长度和水准基点高程等进行复核;同时按测量设计的形式进行控制点布设。

为准确测定隧道各部位置和为隧道施工准备条件,应做好洞外控制测量,设置各开挖洞口的引测投点,以利于施工时据以进行洞内控制测量。因此,平面控制网的选点工作应结合隧道平面线形及洞口(包括辅助坑道口)的投点,结合地形地物,在确保精度的前提下,充分考虑观测条件和测站稳定程度。各测站应埋设混凝土金属标桩。

洞口投点的位置应便于引测进洞,尽量避免施工干扰。各掘进洞口至少设一个投点,并尽量纳入控制网内。只有在条件不允许时,方可用插点形式与控制网联系。当洞口位于曲线上时,应在曲线上或曲线附近增设一个投点,以利于拨角进洞;当洞口位于直线上时,也可于洞口前后各设一个测点,其间距不宜小于200m,以便沿隧道中线延伸直线进洞。

1. 精度等级

(1)隧道洞外平面控制测量的等级,应根据隧道的长度按表13-2选取。

表13-2 隧道洞外平面控制测量的等级

洞外平面控制网类别	洞外平面控制网等级	测角中误差(″)	隧道长度L(km)
三角形网	二等	1.0	$L>5$
	三等	1.8	$2<L\leqslant 5$
	四等	2.5	$0.5<L\leqslant 2$
	一级	5	$L\leqslant 0.5$
GPS网	二等	—	$L>5$
	三等	—	$L\leqslant 5$
导线网	三等	1.8	$2<L\leqslant 5$
	四等	2.5	$0.5<L\leqslant 2$
	一级	5	$L\leqslant 0.5$

(2)隧道洞内平面控制测量的等级,应根据隧道两开挖洞口间长度按表13-3选取。

表 13-3　隧道洞内平面控制测量的等级

洞内平面控制网类别	洞内导线网测量等级	导线测角中误差(″)	两开挖洞口间长度 L (km)
导线网	三等	1.8	L≥5
导线网	四等	2.5	2≤L<5
导线网	一级	5	L<2

(3)隧道洞外、洞内高程控制测量的等级,应分别根据洞外水准路线长度和隧道长度按表 13-4 选取。

表 13-4　隧道洞外、洞内高程控制测量的等级

高程控制网类别	等级	每千米高差全中误差(mm)	洞外水准路线长度或两开挖洞口间长度(km)
水准网	二等	2	S>16
水准网	三等	6	6<S≤16
水准网	四等	10	S≤6

表 13-5　地面平面控制测量参考精度 1

测量方法	两开挖洞口间距离(km)	测角中误差(″)	最弱边边长相对误差	起始边边长相对误差	基线中误差
三角测量	4～6	2	1/20000	1/30000	1/45000
三角测量	2～4	2	1/15000	1/20000	1/30000
三角测量	1.5～2	2.5	1/15000	1/20000	1/30000
三角测量	<1.5	4	1/10000	1/15000	1/25000

表 13-6　地面平面控制测量参考精度 2

测量方法	两开挖洞口间距离(km)		测角中误差(″)	导线边最小长度(m)		导线边边长相对中误差	
	直线隧道	曲线隧道		直线隧道	曲线隧道	直线隧道	曲线隧道
导线测量	4～6	2.5～4	2	500	150	1/5000	1/15000
导线测量	3～4	15～2.5	2.5	400	150	1/3500	1/10000
导线测量	2～3	10～1.5	4.0	300	150	1/3500	1/10000
导线测量	<2	<1.9	10.0	200	150	1/2500	1/10000

2.技术要求

(1)隧道洞外平面控制网的建立应符合下列规定：

①控制网宜布设成自由网,并根据线路测量的控制点进行定位和定向。

②控制网可采用 GPS 网、三角形网或导线网等形式,并沿隧道两洞口的连线方向布设。

③隧道的各个洞口(包括辅助坑道口)均应布设2个以上且相互通视的控制点。

④隧道洞外平面控制测量的其他技术要求,应符合规范的有关规定。

(2)隧道洞内平面控制网的建立应符合下列规定:

①洞内的平面控制网宜采用导线形式,并以洞口投点(插点)为起始点,沿隧道中线或隧道两侧布设成直伸的长边导线或狭长多环导线。

②导线的边长宜近似相等,直线段不宜短于200m,曲线段不宜短于70m;导线边距离洞内设施不小于0.2m。

③当双线隧道或其他辅助坑道同时掘进时,应分别布设导线,并通过横洞连成闭合环。

④当隧道掘进至导线设计边长的2~3倍时,应进行一次导线延伸测量。

⑤对于长距离隧道,可加测一定数量的陀螺经纬仪定向边。

⑥当隧道封闭采用气压施工时,对观测距离必须作相应的气压改正。

⑦洞内导线计算的起始坐标和方位角,应根据洞外控制点的坐标和方位进行传递计算。

⑧洞内导线测量的其他技术要求,应符合有关规定。

(二)地面平面控制测量的方法

隧道洞外平面控制测量的主要任务是测定洞口控制点的平面位置,并同道路中线联系,以方便根据洞口控制点位置,按设计方向和坡度对隧道进行掘进,使隧道以规定的精度贯通。根据隧道的分级和地形状况,地面平面控制测量通常有中线法、精密导线法、三角锁法以及全球定位系统(GPS)法等。

1. 中线法

对于长度较短的直线隧道,可以采用中线法定线。中线法就是在隧道洞顶地面定线的方法,把隧道的中线每隔一定的距离用控制桩精确地标定在地面上,作为隧道施工的依据。由于洞口两点不通视,需要在洞顶地面上反复校核中线控制桩是否在路线中线上。通常采用正倒镜分中延长直线法,从一端洞口的控制点向另一端洞口延长直线。一般直线隧道短于1000m,当曲线隧道短于500m时,可采用中线作为控制。

如图13-1所示,A、D点为定测时路线的中线点(也是隧道洞口的控制桩),B、C等点为隧道洞顶的中线控制桩,可参照转点测设时"两交点间测设转点",采用正倒镜分中法进行测设,延长直线点B、C点,直到A、B、C、D各点在一条直线上。作为隧道掘进方向的定向点,A、B、C、D点的分段距离应用全站仪测定,测距的相对误差不应大于1/5000。施工时,将仪器安置于隧道洞口控制桩A或D上,照准定向点B或C,即可向洞内延伸直线。

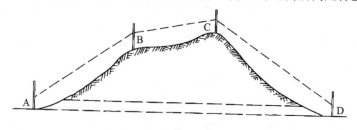

图13-1　中线法地面控制

2. 精密导线法

地面导线的测量计算方法与上述导线测量计算方法基本相同，但其要求较高，所以测角和量测边长均应用较精密的仪器和方法，而且导线的布设须按隧道工程的要求来确定。直线隧道的导线应尽量沿两洞口连线的方向布设成直伸形式，这是由于直伸导线的量距误差主要影响隧道的长度，而对横向贯通误差影响较小。

在曲线隧道测设中，当两端洞口附近为曲线时，两端应沿其端点的切线布设导线。中部为直线时，中部应沿中线布设导线点；当整个隧道在曲线上时，应尽量沿两端洞口的连线布设导线点。导线点尽可能通过隧道两端洞口及各辅助坑道的进洞点，并使这些点成为主导线点。要求每个洞口有不少于3个能彼此联系的平面控制点，以利于检测和补测。必要时可将导线布设成主副导线闭合环，对副导线只测水平角而不测距。

导线法比较灵活、方便，对地形的适应性较好。在目前光电测距仪、全站仪已经普及的情况下，导线法是隧道洞外控制形式的首选方案。

精密导线应组成多边形闭合环，可以是独立闭合导线，也可以与国家三角点相连。导线水平角的观测应以总测回数的奇数测回和偶数测回，分别观测导线前进方向的左、右角，以检查测角是否错误；将它们换算为左角或右角后再取平均值，可以提高测角精度。为了增加检核条件和提高测角精度评定的可行性，导线环的个数不宜太少，最少不应少于4个；每个环的边数不宜太多，一般以4～6条边为宜。

在进行导线边长丈量时，应尽量接近于测距仪的最佳测程，且边长不应短于300m；线尽量以直伸形式布设，减少转折角的个数，以减弱边长误差和测角误差对隧道横向贯通误差的影响。具体应遵守下列规定。

(1) 精密导线法一般采用正副导线组成的若干个导线环组成的控制网。主导线应沿两洞口连线方向敷设，每1～3个主导线边应与副导线联系。主导线边长视地形及测量仪具而定，一般不宜短于300m，相邻边长不宜相差过大，需测水平角及边长；副导线应根据便于测角选定，一般只测水平角，不测边长。洞口投点应为主导线点，不宜另外联系。

(2) 主线各边测距应优先采用短程光电测距仪。主导线采用短程光电测距仪测量边长时，每边应往返测量一次，各照准一次，应取3个读数，其最大较差小于5mm时，取平均值。各边边长相对中误差不得大于规定的设计值。一般以其精度最低者预算隧道贯通横向中误差。

(3) 主导线各边边长观测值经各项改正后应归算到隧道平均高程面。环形导线网用简单平差法进行平差。导线桩位置以坐标法表示，导线起始坐标值及坐标方位角一般宜与隧道两端路线联系，并便于贯通误差计算。实测的洞顶中线应以导线计算值为准进行核对，断链桩应置于控制测量范围以外的整数桩上。

隧道洞外精密导线法测量与普通的导线测量方法相同，但隧道洞外导线测量的精度要求较高。测角和测边使用较精密的光电测距仪器。

(4) 在直线隧道中，导线应尽量沿两洞口连接的方向布设成直伸式，因为直伸式导线量距误差只影响隧道的长度，对横向贯通误差影响很小。

(5) 在曲线隧道中，当两端洞口附近为曲线而中部为直线时，两端曲线部分可沿中线布设导线点；当整个隧道都在曲线上时，宜沿两端洞口的连接线布设导线点。如受地形、地物限制，可以离开中线或两洞口的连接线，但不宜离开过远。同时，曲线隧道的导线还应尽可能通过洞外曲线起讫点或交点桩,这样曲线交点上的总偏角可根据导线测量结果计算出来。据此,可将定测时所测得的总偏角加以修正,再用所求得的较精确的数值求算曲线元素,导线尽可能通过隧道两端洞口及辅助坑道口的进出洞点,使这些点成为主导线点。若受条件限制,辅助坑道口的进洞点不便于直接联系为主导线点时,可作支导线点(即副导线点),这些点至少与两个主导线点联测,以保证精度。

(6)为了提高导线测量的精度和增加校核条件,一般将导线布置成多边形闭合环。当丈量距离困难时,可布设成主副导线闭合环,副导线只测其转折角而不量距离。

洞外导线测量精度要求较高,一般为 1/5000~1/10000。在山岭地区,要求采用红外测距仪或全站仪测角和测距,容易满足精度要求。

3. 三角锁法

对于长隧道、曲线隧道及上、下行隧道的施工控制网,由于地形起伏多变,精度要求更高,故以布设三角锁为宜。测定三角锁的全部角度和若干条边长或全部边长,使之成为边角网。三角网的点位精度比导线高,有利于控制隧道贯通的横向贯通误差,如图13-2所示。

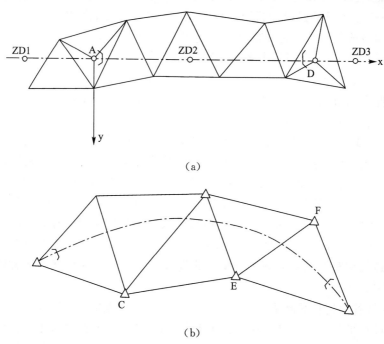

图 13-2 三角网地面控制

布设三角锁时,先根据隧道平面图拟定三角网,然后实地选点,用三角测量的方法建立隧道施工控制网。

用三角锁法布设隧道施工控制网时,一般布置成与路线同一方向延伸,隧道全长及各进洞点均包括在控制范围内,三角点应分布均匀,并考虑施工引测方便和使误差最小。基线不应离隧道轴线太远,否则将增加三角锁中三角形的个数,从而降低三角锁最弱边推算的精度。

隧道三角锁的图形取决于隧道中线的形状、施工方法及地形条件。

直线隧道以单锁为主，三角点尽量靠近中线，条件许可时，可利用隧道中线作为三角锁的一边，以减少测量误差对横向贯通的影响。曲线隧道三角锁以沿两端洞口的连线方向布设较为有利，较短的曲线隧道可布设成中点多边形锁。长的曲线隧道，包括一部分是直线、一部分是曲线的隧道，可布设成任意形式的三角形锁。

三角锁控制测量必须重视三角网点位置的选择。布设时应配合地形及隧道平面线形，对布点位置要做周密的考虑，以保证达到以下各项要求。

(1)三角锁宜沿两洞口连线方向敷设，邻近隧道中线一侧的三角锁各边宜尽量垂直于贯通面，避免较大曲折。当地形、气候或其他特殊情况不允许时，可少许离开隧道方向布设。

(2)三角锁的组成以采用单三角形为主，以近似等边三角形为佳。地形不许可时，也可采用任意三角形，交会角应尽量接近60°，不宜小于30°，特别困难情况下应不小于25°。为配合地形，可部分采用大地四边形，以提高图形强度。为适应曲线隧道线形，个别图形也可采用中点多边形。

(3)组成三角锁的三角形个数以少为好，起始边至最弱边的三角形个数不宜超过6个，否则应增设起始边。全隧道三角形个数一般不宜超过12个。

(4)三角锁一般宜在中部设置一条起始边(或基线网扩大边)。必要时可在较远处另设一条起始边，以资检核。起始边长度不宜小于三角网最大边长的1/3。增加基线条件时，起始边应分设于锁的两端。

(5)洞口投点(包括辅助坑道洞口)。如因地形不允许定为三角点时，可采用插点形式与三角锁联系，且以简单三角形联系为佳。

(6)三角点的位置。在确保精度的前提下应保证位置稳固，便于施测，且对邻近三角点有良好的通视条件，同时易于设立长期保存的标志。

4.全球定位系统(GPS)法

用全球定位系统(GPS)的定位技术做隧道施工的地面平面控制时，只需要在洞口布设洞口控制点和定向点。除了洞口点及其定向点之间因需要通视而应做施工定向观测之外，洞口与另外洞口之间的点不需要通视，与国家控制点之间的联测也不需要通视。因此，地面控制点的布设灵活方便，且其定位精度目前已经超过常规的平面控制网，加上其他优点，GPS定位技术将在隧道施工测量的地面控制测量中广泛应用。

三、地面高程控制测量

(一)隧道高程控制测量等级及限差要求

隧道高程控制测量的任务是按照规定的精度要求，施测隧道洞口(包括隧道的进出口、竖井口、斜井口和坑道口等)附近水准点的高程，作为高程引测进洞的依据。保证按规定精度在高程方向上正确贯通，并使隧道工程在高程上按要求的精度正确修建。高程控制采用二、三、四、五等水准测量；当山势陡峻，采用四、五等水准测量困难时，亦可采用光电测距仪三角高程的方法测定各洞口高程。多数隧道采用三、四等水准测量。

水准路线应选择在连接两端洞口最平坦和最短地段，以期达到设站少、观测快、精度高的要求。水准路线应尽量直接经过辅助坑道附近，以减少联测工作。每一洞口埋设的水准点应不少于2个,两个水准点间的高差以能安置一次水准仪即可联测为宜,两端洞口之间的距离大于1km时,应在中间增设临时水准点,水准点间距以不大于1km为宜。根据两洞口点间的高差和距离,可以确定隧道底面的设计坡度,并按设计坡度控制隧道底面开挖的高程。

当布设地面导线时,若使用光电测距仪,则采用三角高程测量较为方便。一般规定,当两开挖洞口之间的水准路线长度小于10km时,容许高差不符值 $\Delta h \leqslant \pm 30\sqrt{L}$(mm)($L$ 为单程路线长度,单位为km)。如高差不符值在限差以内,取其平均值作为测段之间的高差。

(二)隧道高程控制测量应符合的规定

(1)洞内外的高程控制测量宜采用水准测量。

(2)隧道两端的洞口水准点、相关洞口水准点(含竖井和平洞口)和必要的洞外水准点,应组成闭合或往返水准路线。

(3)洞内水准测量应往返进行,且每隔200~500m设立一个水准点。

(4)隧道高程控制测量的其他技术要求应符合规范的有关规定。

第二节 竖井联系测量

一、洞口掘进方向标定

洞外平面和高程控制测量完成以后,施工时可按坐标反算的方法(洞口点的设计坐标和高程已知),求得洞内设计点和洞口附近控制点之间的距离、角度和高差关系(测设数据),根据这些数据,就可以采用极坐标法或其他方法测设洞内设计点位,从而指导隧道施工。

(一)掘进方向测设数据的计算(以三角锁平面控制测量结果为例)

1. 直线隧道

如图13-3所示为一直线隧道,洞口控制桩 A、G 位于三角网的两端,各三角点的坐标已求得,设为(x_i, y_i),S_1、S_2 为进 A 点洞口进洞后的第一、第二个里程桩,T_1、T_2 为进 G 点洞口进洞后的第一、第二个里程桩。为求得 A 点洞口隧道中线掘进方向及掘进后测设中线里程桩 S_1,需计算极坐标法测设数据 β_A、D_{AS1}。具体计算方法:根据 A、G、B、S_1 各点的坐标按照式(8-6)和式(8-7)进行推算。

对于 G 点洞口隧道中线掘进方向及掘进后测设中线里程桩 T_1 可按同样方法计算。计算时角值应计算到秒,距离应计算到毫米。现场施工时,在实地安置仪器,于 A 点后视 B 点,拨水平角 β_A 即为 AG 进洞方向;同样,置仪器于 G 点,后视 F 点,拨角($360°-\beta_G$)即为 GA 进洞方向。

2. 设有曲线段的隧道

对于中间设有曲线的隧道,应用三角网形式控制曲线隧道,如图13-4所示,设各三角点的坐标为(x_i, y_i),路线中线转角点 C(又可称为 JD)的坐标和曲线半径 R 已由设计所指定。有了这些数据后,就可按前述方法对直线段进行测量。当掘进达到曲线段的里程后,可以按照测设道路圆曲线的方法指导隧道掘进。

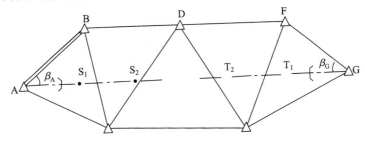

图 13-3 直线隧道掘进方向

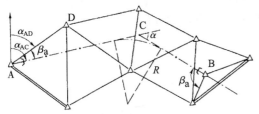

图 13-4 曲线段隧道掘进方向

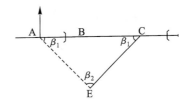

图 13-5 辅助巷道掘进方向

3. 辅助巷道

如图 13-5 所示,在直线隧道上设一横向辅助巷道,其中 A、B 为正洞洞口控制桩,E、D 为横洞洞口控制桩,其坐标均已通过设计求出。进洞测设数据计算,主要是算出 ED 线与正洞中线的交角 β_1、E(或 D)点到正洞与横洞交点 C 的距离和 A 点到 C 点的距离。其计算方法是按坐标反算的方法分别求出 BA、DE、AE 的方位角及 AE 的距离,再根据正弦定理求出 AC 的距离。

(二)洞口掘进方向的标定

隧道贯通的横向误差大小主要由测设隧道中线方向的精度所决定,而进洞时的初始方向尤为重要。因此,在隧道洞口要埋设若干个固定点,将中线方向标定于地面上,作为开始掘进及以后洞内控制点联测的依据。如图 13-6 所示,用 1、2、3、4 桩标定掘进方向,再在洞口点 A 处沿与中线垂直方向上埋 5、6、7、8 桩。所有标定方向桩应采用混凝土桩或石桩,埋设在施工中不被破坏的地方,并测定 A 点至 2、3、6、7 等桩位的距离。这样,有了方向桩和相应数据,在施工过程中就可以随时检查或恢复进洞控制点的位置和进洞中线的方向和里程。有时在现场无法丈量距离,可在各 45°方向再打下两对桩,成"米"字形控制,用 4 个方向线把进洞控制点的位置固定下来。

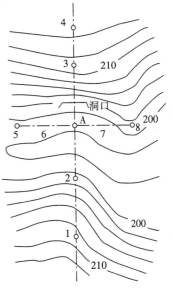

图 13-6 控制点和掘进方向标定

二、竖井联系测量

(一)进洞关系数据的推算

进洞关系数据的推算是指根据地面控制测量中所得的洞口投点的坐标和它与其他控制点连线的方向来推算测设数据(即进洞的数据),指导隧道开切与开挖。隧道中线方向进洞的类型有直线进洞和曲线进洞。其中,直线进洞又分为正洞和横洞,曲线进洞又分为圆曲线进洞和缓和曲线进洞。

1. 直线进洞

(1)正洞。如图 13-7 所示,如果两洞口投点 A 和 D 都在隧道中线上,则可按坐标反算公式计算出坐标方位角 α_{AN}、α_{AD},它们的差值 β 即为进洞关系数据。测设方法为:在 A 点置仪,后视 N 点,拨角 β(注意正拨和反拨),即得进洞的方向。

图 13-7 直线进洞(正洞)1

如图 13-8 所示,若 A 点不在隧道中线上,可根据直线上的转点 ZD 和 D 点的坐标及 A 点的坐标,算出 AA′距离,然后将 A 点移至 A′点,再将经纬仪或全站仪安置在 A′点,指导进洞的方向。

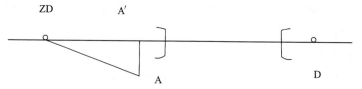

图 13-8 直线进洞(正洞)2

(2)横洞。如图 13-9 所示,C 为横洞的洞口投点,O 为横洞中线与隧道中线的交点,γ 为交角(由设计人员给定),β 及距离 OC 为进洞关系数据(只求出 O 点坐标即可)。具体过程参见相关计算。

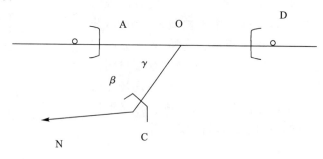

图 13-9 直线进洞(横洞)

2.曲线进洞

曲线进洞包括圆曲线进洞和缓和曲线进洞。

(1)曲线元素的计算。如图 13-10 所示,ZD1~ZD4 为切线上的转点,也是施工控制网点,根据这四点的坐标即可算出偏角 α,比设计值更精确,故要重新计算曲线元素。在计算时,缓和曲线长度、圆曲线半径仍为设计值。

$$\begin{cases} T_H = (R+p)\tan(\dfrac{\alpha}{2}) + q \\ L_H = R(\alpha - 2\beta_0)\dfrac{\pi}{180°} + 2l_s \end{cases} \tag{13-1}$$

按照 ZD_2 与 ZD_3 的坐标及两切线的方位角,即可算得 JD 点的坐标,然后由 T 算得 ZH 与 HZ 的坐标,由外矢距 E 与半径 R 算得圆心 O 的坐标。

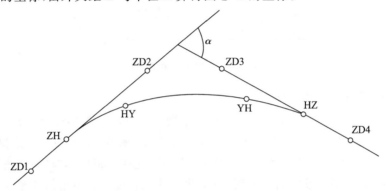

图 13-10　曲线元素的计算

(2)圆曲线进洞。如图 13-11 所示,洞口投点 A 不在隧道中线上,而需沿半径方向移至 A',进洞关系数据分为两部分:将 A 点移至 A' 的移桩数据(β, S)和 A'点的进洞数据(β')。

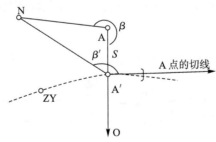

图 13-11　圆曲线进洞关系

(3)缓和曲线进洞。

进洞关系 $\begin{cases} \text{移桩数据(在直角坐标法中的 } x \text{ 不变)} \\ A' \text{点的切线方向} \end{cases}$

图 13-12 中坐标系缓和曲线的参数方程为下式,已知 x 求解 l 时,需要迭代求解,然后求 y。

$$\begin{cases} x = l - \dfrac{l^5}{40R^2 l_s^2} \\ y = \dfrac{l^3}{6Rl_s} - \dfrac{l^7}{336R^3 l_s^3} \end{cases} \tag{13-2}$$

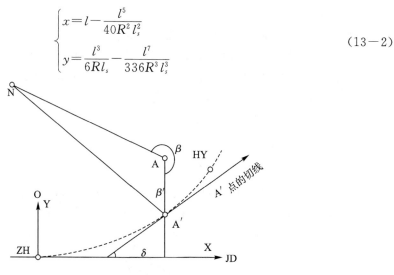

图 13-12　缓和曲线进洞关系

(二)竖井联系测量的方法

在长隧道的施工中,为增加工作面,缩短工期,可用竖井、斜井或平洞来增加施工开挖面。为改善营运通风或施工条件而竖向设置的坑道,称为"竖井";按一定倾斜角度设置的坑道,称为"斜井";水平设置的坑道称为"平洞",这些坑道也称"辅助坑道"。当隧道顶部覆盖物较薄,并且地质条件较好时,可采用竖井配合施工。不论何种形式,都要经由它们布设导线,构成一个洞内、外统一的坐标系统,这种导线称为"联系导线",属于支导线。测角量边的精度直接影响隧道的贯通精度,必须多次精密测定,反复校核,确保无误。将地面控制网中的坐标、方向及高程经由竖井传递到地下去,计算井下坐标和方向的传递,称为"竖井联系测量"。

如图 13-13 所示,A、B、C、D 为地下导线的正确位置,由于坐标传递的误差使始点 A 产生坐标误差 m_x 和 m_y,因而使导线平行移动位置为 A′、B′、C′、D′。

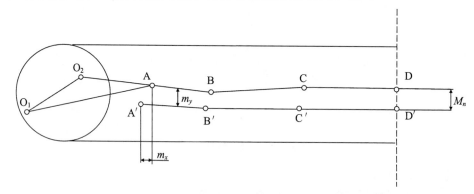

图 13-13　竖井联系测量

施工前,应根据洞外平面控制测量定出竖井中心位置和纵横中心线(即十字线),并于每条线的两端各埋设两个混凝土永久桩,该桩距井筒周边 50m 以外。在开挖过程中,竖井的垂直度靠悬挂重锤的铅垂线来控制,开挖深度用钢尺丈量。当竖井挖掘到设计深度,并根据初步中线方向分别向两端掘进十多米后,就必须进行井上和井下的联系测量,把洞顶地面高程和地面控制网中的坐标传递到井下及洞内,指导井下隧道开挖。

1. 竖井定向测量

隧道的竖井联系测量的方法应根据竖井的大小、深度和结构合理确定,并符合下列规定:作业前,应对联系测量的平面和高程起算点进行检核;竖井联系测量的平面控制宜采用光学投点法、激光准直投点法、陀螺经纬仪定向法和联系三角形法;对于开口较大、分层支护开挖的竖井,也可采用导线(竖直)法。

竖井定向就是通过竖井将地面控制点的坐标和直线的方位角传递到地下,井口附近地面上导线点的坐标和边的方位角将作为地下导线测量的起始数据。根据地下控制网起算边的方位确定的性质与形式不同,定向的方法可分为:一井定向、两井定向、横洞(平坑)与斜井的定向、陀螺经纬仪定向等。

(1)一井定向。通过一个竖井井筒挂两条吊锤线,在地面上根据控制点来测定两条锤线的坐标 x 和 y 以及其连线的方向角。在井下,根据投影点的坐标及其连线的方向角,确定地下导线的起算坐标及方向角。一井定向测量工作分为以下两部分。

①由地面用吊锤线向隧道内投点。如图 13-14 所示,在连接测量中,角度观测的中误差在地面上为 $4''$,在地下为 $6''$。用 DJ_2 级经纬仪以全圆测回法(方向观测法)观测 4 个测回。其成果的检核方法如下:边长检核要求在地面及地下所量得的吊锤线间距离之差不超过 2mm。量得的吊锤线之间的距离 a 与按余弦定理计算的同一距离 a 之差应小于 2mm。

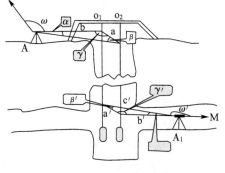

图 13-14　一井定向

②地面和地下控制点与吊锤线的连接测量。通过竖井用吊锤线投点,通常采用单荷重投点法。在连接测量中,其成果的检核方法是:边长检核要求在地面及地下所量得的吊锤线间距离之差不超过 ±2mm。量得的吊锤线之间的距离 a 与按余弦定理计算的同一距离 a 之差应小于 2mm。

竖井定向的连接测量的方法一般采用连接三角形法。如图 13-14 所示的一井定向中,在竖井中悬挂两根细钢丝,为了减小钢丝的振幅,需将挂在钢丝下边的重锤浸在液体中,以获得阻尼。阻尼用的液体黏度要恰当,使得重锤不能滞留在某个位置,也不因为黏度小而使振幅衰减缓慢。当钢丝静止时,钢丝上的各点平面坐标相同,地上与地下两个三角形△AO_1O_2 和△$A_1O_1O_2$ 通过公共边 O_1O_2 联系在一起,可用三角形的边角关系和导线测量计算的方法推算地下控制点 A_1 和 M 的平面坐标及 A_1M 边的方位角。洞内导线取得起始点 A_1 的坐标及起始边 A_1M 边的方位角以后,即可向隧道开挖方向延伸,测设隧道中线点位。

(2)两井定向。两井定向是利用地面上布设的近井点或地面控制点,采用导线或其他测量方法测定两吊线的平面坐标值。如图 13-15 所示为采用无定向导线测定两吊锤线的坐标。两井定向的外业工作包括投点、地面与地下连接测定。

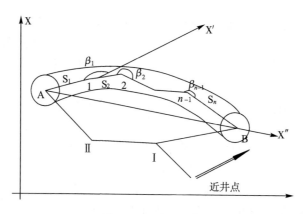

图 13-15　两井定向

(3) 横洞(平坑)与斜井的定向。横洞(平坑)的定向方法和高程测量均与正洞相同。斜井的中线方向应由斜井井口外直线引伸,可采用正倒镜分中的串线法进洞。斜井量距的一般量斜距由高差换算为平距,也可以由全站仪直接测量平距。

(4) 陀螺经纬仪定向。利用陀螺经纬仪可以直接在地面上测定某一方向的真方位角,同时可以利用该点的坐标计算子午线收敛角。计算该点到某一方向的坐标方位角,方便、精确地为隧道中线定向。近年来,陀螺经纬仪在自动化和高精度等方面有较大的发展,使陀螺经纬仪在竖井隧道自动测定方面有更大的应用。

陀螺仪的特征:定轴性,没有外力矩作用时,陀螺转子轴的方向保持不变;进动性,在外力矩作用下,陀螺仪转子轴产生进动现象。

用陀螺经纬仪观测陀螺北方向的方法:

① 在地面上测定某一条边的陀螺方位角。在测站观测边的方向值 M 和测定陀螺北方向值 N,则陀螺方位角 $= M - N$。

② 在地下坑道内测定地下导线起始边的方位角。先测定陀螺方位角,将仪器置于测站,对中、整平,并使经纬仪盘左位置时的视准轴大致指向北方向。粗略定向,确定近似北方向,然后精密定向,确定测站陀螺北方向。

2. 高程联系测量(导入高程)

高程联系测量的任务是把地面的高程系经竖井传递到井下高程的起始点。导入高程的方法有钢尺导入法、钢丝导入法、光电测距仪导入法、水准测量法和三角高程法。可以通过横洞传递高程、通过斜井传递高程、通过竖井传递高程。在进行传递之前,必须对地面上的起始水准点进行检核。

钢尺导入法的原理与具体操作参见高程传递放样的相关内容。

第三节　地下控制测量

地面控制测量完成后,可利用控制点指导隧道开挖进洞。隧道开挖初期,洞内的施工是由进洞测量引进的临时中线点控制的。临时中线延伸一定距离后,需建立正式中线控制或导线控制,以控制隧道的延伸。同时测设固定水准点,建立与洞外统一的高程系统,作为隧道施工放样的依据,保证隧道在竖向正确贯通。以上平面控制测量和高程控制测量称为"地下(或洞内)控制测量"。地下平面和高程控制测量分别采用地下导线测量和地下水准测量。

一、地下导线测量

由于隧道是带状的构造物,因此导线测量是洞内测量的首选形式。洞内导线测量是建立洞内平面控制的主要方法。将洞外建立的平面控制和高程控制传递到洞内,从而建立洞内控制点。然后利用这些洞内控制点建立洞内导线点和水准点,对洞内的中线方向及洞内的高程进行标定,以便及时修正隧道中线的偏差,控制掘进方向,保证洞内建筑物的精度和隧道施工中多向掘进的贯通精度。

地下导线测量是建立洞内平面控制的主要形式。临时中线控制隧道开挖至一定的深度后,应立即建立正式中线,以满足控制隧道延伸的需要。正式中线点是通过导线点按极坐标法测设的,因此,隧道开挖至一定的距离后,导线测量必须及时地跟上。

地下导线的起始点通常都设在隧道洞口、平行坑道、横洞或斜井口,它们的坐标在建立洞外平面控制时就已确定。洞内导线点应尽可能沿路线中线布设。为了提高导线测量的精度和加强对新设置导线点的校核,洞内导线可组成多边形闭合环或主副导线闭合环(副导线只测角,不量边)。主导线点应埋设永久基桩,埋设深度以不易被破坏和便于利用为原则。

如图 13-16 所示为导线闭合环形式。图中 O 为洞外平面控制点,1、2、3、4、5、6 等为沿隧道中线布设的导线点,其边长为 50~100m,在旁侧并列设置另一导线 1′、2′、3′、4′、5′、6′等,一般每隔 2~3 边闭合一次,形成导线环。每设一对新点时,应首先根据观测值求解出所设新点的坐标。如由 5 点设立 6 点,由 5′点设立 6′点。在角度和边长观测完成以后,即可根据 5 点的坐标求 6 点的坐标,根据 5′点的坐标求 6′点的坐标,这种导线闭合前的坐标在此称为"资用坐标"。然后由 6、6′点的坐标反算两点间的距离,并与实地量测的距离做比较,进行实地检核。若比较后未超限,即可根据这些点测设中线点或施工放样。待导线闭合以后,进行平差,再算平差后的坐标值。若平差后的坐标值与资用坐标值相差很小(一般为 2~3mm),则根据资用坐标测设的中线点可不再改动;若超限,应按平差后的坐标值来改正中线点的位置。计算到最后一点坐标时,取平均值作为结果。

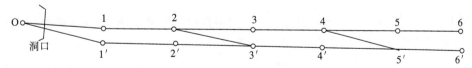

图 13-16 导线闭合环

布设主副导线闭合环的其形式与导线闭合环基本相同,但主副导线埋设的标志不同。如图 13-17 所示为主副导线闭合环,图中主导线(以双线表示)传递坐标及方位角,副导线(以单线表示)只测角不量边,供角度闭合。此法具有上述闭合导线环的优点,即导线环经角度平差以后,可以提高导线端点的横向点位精度,并对水平角度测量做较好的检核。根据角度闭合差还可评定测角精度,同时减少大量的量距工作。

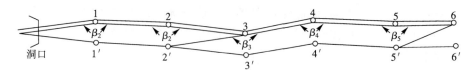

图 13-17 主副导线闭合环

地下导线的特点:只能布设成支导线的形式,随隧道的开挖而逐渐向前延伸;导线的形状完全取决于隧道的形状;一般采用分级布设的方法。三种导线的形式(括号内为边长范围)为施工导线(25~50m)、基本导线(50~100m)和主要导线(150~800m)。

主要导线与基本导线的点重合,如图 13-18 所示。在施工导线的基础上布设长边导线,在直线段不宜短于 200m,在曲线段不宜短于 70m。角度闭合差分配后,按改正的角度值计算主导线各点的坐标。最后按主导线点的坐标来测设中线点的位置。

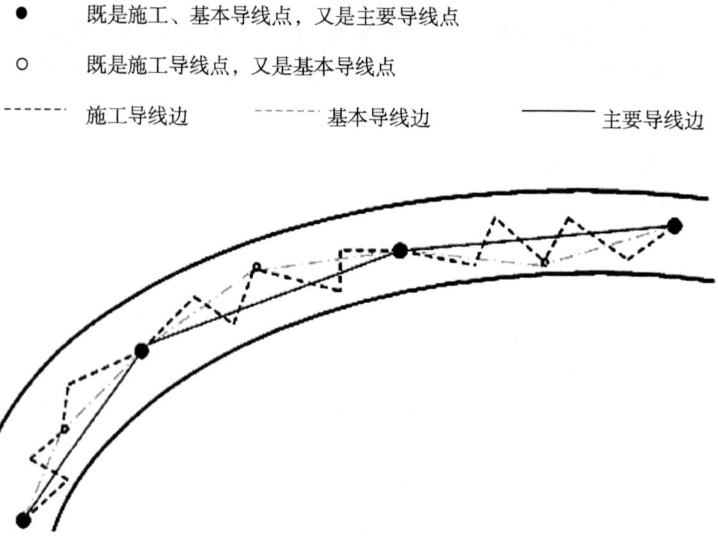

- ● 既是施工、基本导线点,又是主要导线点
- ○ 既是施工导线点,又是基本导线点
- ------ 施工导线边　　—·—·— 基本导线边　　——— 主要导线边

图 13-18 地下主副施工导线的布设

二、地下水准测量

地下水准测量的目的是在洞内建立一个与地面统一的高程系统,作为隧道施工放样的依据,保证隧道在竖向正确贯通。洞内水准测量一般以洞口水准点的高程作为起始依据,通过水平坑道、竖井或斜井等处将高程传递到地下,然后测定各水准点的高程。洞内水准测量的方法与地面水准测量的方法相同,按三、四等水准测量方法进行。洞内水准路线应由洞口高程控制点向洞内布设,一般与洞内导线的线路相同,导线点可以兼作水准点,结合洞内施工情况,测点间距以 200~500m 为宜。需要注意 2 点:一是在隧道贯通之前,水准路线为支线,需要往返或多次观测进行校核;二是水准点的设置应与围岩级别相适应,四、五、六级围岩易变形,拱顶下沉较多,宜选在围岩级别高的地方,同级围岩的底板优于边墙、顶板,主要原因是施工爆破震动、机械振动、围岩收敛等影响水准点的稳定。在顶板设置水准点时应谨慎。

洞内施工用的水准点应根据洞外、洞内已设定的水准点按施工需要加设。由于洞内通视条件差,仪器到水准尺的距离不宜大于50m,并用目估法使其相等。读水准尺黑红面读数,若用单面尺,则用等高的仪器进行观测,仪器的高差小于3mm。边墙施工地段宜每隔100m设立一个临时水准点,并定期复核。由于隧道内施工场地小,常采用倒尺法传递高程,如图13-19所示,其中 $h_{AB}=a-b$,但倒尺的读数应作为负值计算。

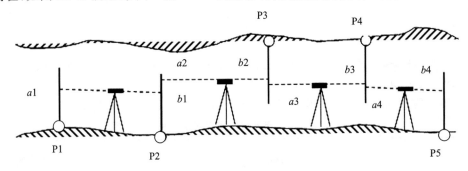

图 13-19　地下水准测量

隧道贯通以后,可在贯通面附近设立一个水准点,由两端引进的水准路线都联测到这个点上,这样此水准点便有两个高程数值,其差值就是实际的高程贯通误差。若此误差在容许范围内,则以水准路线长度的倒数为权,取两高程的加权平均值作为所设水准点的高程。据此,再调整洞内其他水准点的高程作为最后成果。

第四节　隧道贯通测量

一、地下中线施工测量

在隧道施工中,往往采用两个或两个以上的相向或同向的掘进工作面分段掘进隧道,使其按设计的要求在预定的地点彼此接通,称为"隧道贯通"。由于施工中的各项测量工作都存在误差,从而使贯通产生偏差。贯通误差在隧道中线方向上的投影长度称为"纵向贯通误差"(用 δ_l 表示);在横向即水平垂直于中线方向上的投影长度称为"横向贯通误差"(用 δ_q 表示);在高程方向上的投影长度称为"高程贯通误差"(用 δ_h 表示)。纵向贯通误差只对贯通的距离有影响;高程贯通误差对坡度有影响;横向贯通误差对隧道质量有影响,通常称该方向为重要方向。不同的工程对贯通误差有不同的要求。为保证两个或多个开挖面的掘进中,施工中线在贯通面上的横向及高程能满足贯通精度要求,符合路面及纵断面的技术条件,必须进行控制测量及贯通误差的测定和调整。

(一)精度要求

(1)隧道工程的相向施工中线的贯通误差不应大于表13-7中的规定。

表 13-7 隧道工程的贯通限差

类别	两开挖洞口间长度(km)	贯通误差限差(mm)
横向	$L<4$	100
横向	$4 \leqslant L<8$	150
横向	$8 \leqslant L<10$	200
高程	不限	70

注：作业时，根据隧道施工方法和隧道用途的不同，当贯通误差的调整不会显著影响隧道中线几何形状和工程性能时，其横向贯通限差可适当放宽 1.0～1.5 倍。

(2)隧道控制测量对贯通中误差的影响值不应大于表 13-8 中的规定。

表 13-8 隧道控制测量对贯通中误差影响值的限值

两开挖洞口间的长度(km)	横向贯通中误差(mm)				高程贯通中误差(mm)	
	洞外控制测量	洞内控制测量		竖井联系测量	洞外	洞内
		无竖井的	有竖井的			
$L<4$	25	45	35	25	25	25
$4 \leqslant L<8$	35	65	55	35	25	25
$8 \leqslant L<10$	50	85	70	50	25	25

(3)隧道贯通误差的限差。各项贯通误差的限差(用 $\triangle$ 表示)一般取中误差的 2 倍。对于纵向误差的限差，都是按定测中线的精度要求，即：

$$\triangle l = 2m \quad l \leqslant L/2000 \tag{13-3}$$

式中：为隧道两开挖洞口间的长度。对于横向贯通误差的限差，按《铁路测量技术规则》，根据两开挖洞口间的长度确定，见表 13-9。

表 13-9 贯通误差的限差

两开挖洞口间长度(km)	<4	4～8	8～10	10～13	13～17	17～20
横向贯通限差(mm)	100	150	200	300	400	500
高程贯通误差(mm)	50					

隧道贯通误差的主要来源为洞内、外控制测量误差和竖井联系测量误差等。隧道控制测量包括地面和洞内两部分，每部分又分为平面控制和高程控制，其中高程控制一般采用水准测量的方法，而在山区则用光电测距三角高程的方法；平面控制大多采用静态 GPS 网进行地面控制测量或用全站仪进行导线测量。由于 GPS 定位的相对精度高、速度快、经费省，因此近年来它被广泛使用。隧道施工控制网的精度主要取决于隧道横向贯通误差和竖向贯通误差。

(二)技术要求

隧道洞内施工测量应符合下列规定：

(1)隧道的施工中线宜根据洞内控制点采用极坐标法测设。当掘进距离延伸到1~2个导线边(直线部分不宜短于200m,曲线部分不宜短于70m)时,导线点应同时延伸并测设新的中线点。

(2)当较短隧道采用中线法测量时,其中线点间距直线段不宜小于100m,曲线段不宜小于50m。

(3)对于大型掘进机械施工的长距离隧道,宜采用激光指向仪、激光经纬仪或陀螺仪导向,也可采用其他自动导向系统,其方位应定期校核。

(4)隧道衬砌前,应对中线点进行复测检查,并根据需要适当加密。加密时,中线点间距不宜大于10m,点位的横向偏差不应大于5mm。施工过程中,应对隧道控制网定期复测。

(5)隧道贯通后,应对贯通误差进行测定,并在调整段内进行中线调整。当隧道内可能出现瓦斯气体时,必须采取安全可靠的防爆措施,并使用防爆型测量仪器。

(三)隧道施工测量

1. 隧道开挖中的平面测量

(1)直线隧道。根据施工方法和施工程序,中线标定一般采用的方法有中线法和串线法。

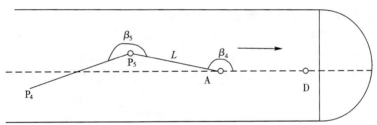

图 13-20 中线法

①中线法。如图 13-20 所示,用经纬仪根据导线点设置中线点,将经纬仪置于导线点 P_5 上,后视 P_4 点,拨角度 β_5 并量出距离 L,即得中线点 A。依次用此方法操作,最后将仪器置于 D 点,后视 A,用正倒镜法测量,AD 的距离不超过 100m,曲线段不宜超过 50m。

②串线法。如图 13-21 所示,利用悬挂在两临时中线点上的垂球,直接用肉眼来标定开挖方向。

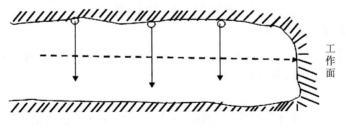

图 13-21 串线法

(2)曲线隧道。曲线隧道的测设仍是用直线代替曲线,即"以直代曲"。在测设时,首先要将曲线分成最适合的段数(与隧道宽度、长度、点位设置的方式等有关),然后用适当的方法(弦线延长法、切线延长法等)测设曲线。若需要测设曲线隧道边线,应在保证圆心位置不动和曲线内移值 $p(p=l_0^2/24R)$ 不变的情况下测设,见式(13-4)及图 13-22。

$$P_1=P_2 \Rightarrow \frac{L_1}{L_2}=\sqrt{\frac{R_1}{R_2}} \tag{13-4}$$

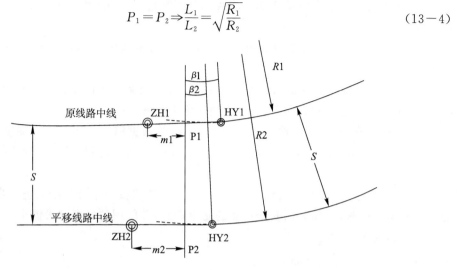

图 13-22 曲线隧道的开挖

2. 隧道开挖中的高程测量

隧道开挖中的高程测量主要就是隧道腰线标定。

(1)初定腰线。腰线是用来控制隧道竖向坡度的。在隧道开切时无腰线点,需利用已知高程点按设计腰线高(一般为 1.0~1.3m)测设腰线起点,如图 13-23 所示。

(2)续定腰线。随着隧道的掘进,利用已有腰线点将腰线延伸,如图 13-23 所示。

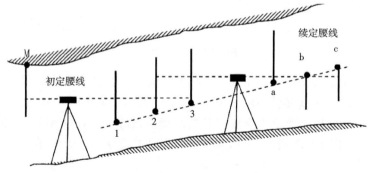

图 13-23 隧道腰线测设

(四)隧道贯通误差调整

隧道贯通后,应进行实际偏差的测定,以检查其是否超限,必要时还要做一些调整。贯通后的实际偏差常用以下方法测定。

1. 误差测量

(1)中线延伸法。隧道贯通后,把两个不同掘进面各自引测的地下中线延伸至贯通面,并各钉一临时桩,如图 13-24 所示的 A、B 两点,丈量出 A、B 两点之间的距离,即为隧道的实际横向偏差。A、B 两临时桩的里程差,即为隧道的实际纵向偏差。

(2)求坐标法。隧道贯通后,在两个不同的掘进面共同设一临时桩点,由两个掘进面方向各自对该临时点进行测角、量边,如图 13-25 所示。然后计算临时桩点的坐标,所得的闭合差分别投影至贯通面及其垂直的方向上,得出实际的横向和纵向贯通误差。

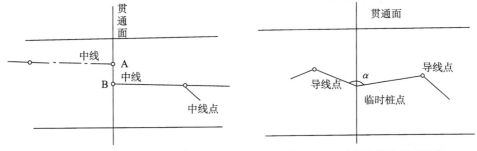

图 13-24 中线法隧道贯通误差　　　　图 13-25 坐标法隧道贯通误差

隧道贯通后的高程偏差可按水准测量的方法由水准路线两端向洞内实测,测定同一临时点或中线点的高程,所测得的高程差值即为实际的高程贯通误差。

2. 误差调整

(1)公路隧道施工贯通误差的调整方法。采用折线法调整直线段隧道的中线;对于曲线段隧道,根据实际贯通误差,由曲线的两端向贯通面按比例调整中线;精密导线测量延伸中线时,贯通误差用坐标增量平差来调整。

(2)进行高程贯通误差调整时,贯通点附近的水准点高程采用由进出口分别引测的高程平均值作为调整后的高程。

(3)公路隧道贯通后,施工中线及高程的实际贯通误差应在尚未衬砌的 100m 地段内调整。该段的开挖及衬砌均应以调整后的中线及高程进行施工放样。

(4)隧道贯通后的误差可做如下调整:

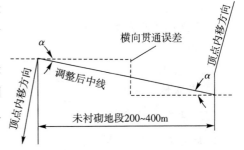

图 13-26 折线法调整贯通误差

①如果调整而产生的转角在 5′ 以内,作为直线考虑;转角为 5′～25′ 时,按顶点内移量考虑,见图 13-26 和表 13-10;转折角大于 25′ 时,则应加设半径为 4000m 的曲线。

②隧道调整地段位于圆曲线上,曲线上的两端向贯通面按长度比例调整中线(图 13-26)。

表 13-10 贯通误差调整

转折角(′)	内移值(mm)	转折角(′)	内移值(mm)	转折角(′)	内移值(mm)
5	1	15	10	25	26
10	4	20	17		

③贯通点附近的水准点高程。采用由进出口分别引测的高程平均值作为调整后的高程,其他各点按水准路线的长度比例分配作为施工放样的依据。

二、隧道施工方法简介

(一)国内常见的施工方法

1. 山岭公路隧道施工方法

(1)矿山法(钻爆法)。

①传统矿山法。

②新奥工法(NATM)。

(2)掘进机法。

2. 浅埋及软土隧道施工方法

(1)明挖法与浅埋暗挖法。

(2)地下连续墙法。

(3)盖挖法。

(4)盾构法或半盾构法。

3. 水底(江河、海峡)隧道施工方法

(1)预制管段沉埋法。

(2)盾构法。

4. 其他地质改良与辅助工法

(1)冷冻工法。

(2)压气工法。

(3)截水墙工法。

(二)常用方法介绍

1. 新奥工法(NATM)

所谓"新奥工法",即 New Austrian Tunnel Method(NHTM),代表一种隧道施工的概念,而非特定的工法,其基本原理是利用岩体本身自持力所形成的岩石拱效应,容许适量的变形,并配合轻型钢支保、喷凝土以及岩栓等支撑构件所组成的半刚性支撑系统,待隧道开挖后,周围岩体可因应力重新调整而达到新的平衡状态。

新奥工法的实施有下列几项重点:

(1)以岩体分类法评估岩体等级,作为隧道开挖与支撑的依据。

(2)利用半刚性支撑系统,配合岩体本身的自持力,借以稳定岩盘。

(3)配置适当的计测仪器进行监测,以随时评估隧道施工的安全,并适时进行回馈分析及修正设计。

相对于传统工法而言,新奥工法具有下列优点:

(1)该法利用复合性的支撑,支撑时机不易延误,岩体松弛范围较小,使得岩体强度得以保持。

(2)岩压大部分由岩体所形成的岩石拱所承受,而非支撑系统所承受。

(3)允许适当的变形量,所需支撑材料较少,开挖的面积较小。

(4)扰动较少,且施工方式可弹性调整,补强较为容易。

(5)整体而言,经济性与安全性优于传统工法。

2. 钻爆法

钻爆法是指利用新奥工法(NATM)原理进行隧道开挖,为适应不同的地质情况,而有不同的开挖方式。一般而言,为提高施工效率,以增大开挖断面较有利,然而有时遭遇较恶劣的地质条件时,又需减小断面,以求施工安全。隧道洞内施工测量应符合下列规定:

三、隧道竣工测量

隧道竣工后,在直线每隔50m、曲线每隔20m测验隧道实际净空。以线路中线为准,测量隧道拱顶高程、起拱线宽度、轨顶水平宽度、铺底或抑拱高程。

隧道竣工需要测量的工作有隧道平面图、断面图、永久测量控制点、中线点、净空高等。

1. 隧道施工测量的内容有哪些?
2. 洞外地面控制测量的主要内容有哪些?
3. 洞外平面控制测量方法有哪几种?
4. 洞内施工测量的主要内容包括哪些方面?
5. 什么是贯通误差?有哪些内容?如何进行测定?
6. 什么是竖井联系测量?它包括哪些内容?
7. 地下导线有几种形式?分别适用于什么情况?

第十四章 港口工程及水下地形测量

> **学习目标**
>
> 1. 熟悉水工建筑物施工控制网的布设原则；熟悉水位和航行基准面等相关概念。
> 2. 了解直桩、斜桩和圆形断面桩定位的测量方法；了解水下地形测量所使用的仪器和工具。
> 3. 学会分析直桩、斜桩和圆形断面桩定位和重力式码头施工放样的特点；掌握测深断面的选择和测深点的定位方法。
> 4. 能够根据相关规范进行水工建筑物的施工放样；能够进行水下地形测量外业工作。
> 5. 能够正确完成直桩、斜桩和圆形断面桩的定位和重力式码头的施工测量；能够完成水下地形测量的内业工作。

第一节 港口工程测量

港口由水域和陆域两部分组成。陆域部分包括码头、货场、仓库、铁路及其他辅助设施。码头是停靠船舶、上下旅客及装卸货物的场所，码头的前沿线是指港口水域和陆域的交接线。码头的结构形式一般分为高桩板梁式码头和重力式码头。

码头施工主要在水下进行，因此必须利用船只进行水上作业。例如，桩基（高桩板梁式）码头要利用打桩船打桩；重力式码头要用挖泥船开挖水下基槽；用船只装卸沙石到指定地点填筑基床等，有时还需要潜水员配合进行水下施工。由于水下作业的不可见性及水流运动等外界条件的影响，它比陆地的作业更为复杂。图14-1所示为某码头平面图。

一、水工建筑物的控制测量

港口工程建筑物繁多（如码头、货场、仓库等），结构复杂，性质各异，各个建筑物在平面和高程方面均有紧密的联系，而整个庞大工程的各个建筑物又常是分别施工，最后连接为一个整体。因此，在施工前必须建立整体的具有足够精度的控制网，以满足设计要求。测图控制网无论是从点的密度、精度，还是从点位分布来看，均不能满足施工要求，必须建立专用的施工控制网。

施工控制网的布设原则主要是：施工控制网作为整个工程设计的一部分，所布设的点位应标注在施工场地的总平面图上，以防止标桩被破坏。布网时，要考虑地形、地质条件和放样精度的要求,还应考虑施工工序、施工方法和施工现场的布置情况。目前,GPS网已成为建立平面控制网的常用方法,高程控制网主要用水准网或三角高程测量。水工建筑物施工控制网应定期复测,复测精度与初测精度相同。

图 14-1 某码头平面图

(一)施工控制网的布设

1. 施工平面控制网

施工平面控制网可采用 GPS 网、三角形网、导线及导线网等形式;首级施工平面控制网等级应根据工程规模和建筑物的施工精度要求按表 14-1 选用。

表 14-1 首级施工平面控制网等级的选用

工程规模	混凝土建筑物	土石建筑物
大型工程	二等	二或三等
中型工程	三等	三或四等
小型工程	四等或一级	一级

各等级施工平面控制网的平均边长应符合表 14-2 的规定。

表 14-2 水工建筑物施工平面控制网的平均边长

等级	二等	三等	四等	一级
平均边长(m)	800	600	500	300

施工平面控制网宜按两级布设。控制点的相邻点位中误差不应大于 10mm;对于大型的、有特殊要求的水工建筑物施工项目,其最末级平面控制点相对起始点或首级网点的点位中误差不应大于 10mm。施工平面控制测量的其他技术要求应符合工程测量规范的有关规定。

2. 施工高程控制网

施工高程控制网宜布设成环形或附合路线,其精度等级的划分依次为二、三、四、五等。施工高程控制网等级的选用应符合表 14-3 的规定。

表 14-3 施工高程控制网等级的选用

工程规模	混凝土建筑物	土石建筑物
大型工程	二等或三等	三
中型工程	三	四
小型工程	四	五

施工高程控制网的最弱点相对于起算点的高程中误差,对于混凝土建筑物不应大于10mm,对于土石建筑物不应大于20mm。根据需要,计算时应考虑起始数据误差的影响;施工高程控制测量的其他技术要求应符合有关规范的规定。

不同水工建筑物由于构造特点不同,其施工放样的方法也不同,具体施工方法将在相应专业课程讲授。下面只介绍水工建筑物施工放样限差要求,填筑及混凝土建筑物轮廓点的施工放样偏差不应超过表14-4的规定。

建筑物混凝土浇筑及预制构件拼装的竖向测量偏差不应超过表14-5的规定。

表 14-4 填筑及混凝土建筑物轮廓点施工放样的允许偏差

建筑材料	建筑物名称	允许偏差(mm)	
		平面	高程
混凝土	主坝、厂房等各种主要水工建筑物	±20	±20
	各种导墙及井、洞衬砌	±25	±20
	副坝、围堰心墙、护坦、护坡、挡墙等	±30	±30
土石料	碾压式坝(堤)边线、心墙、面板堆石坝等	±40	±30
	各种坝(堤)内设施定位、填料分界线等	±50	±50

注:允许偏差是指放样点相对于邻近控制点的偏差。

表 14-5 建筑物竖向测量的允许偏差

工程项目	相邻两层对接中心线的相对允许偏差(mm)	相对基础中心线的允许偏差(mm)	累计偏差(mm)
厂房、开关站等的各种构架、立柱	±3	$H/2000$	±20
闸墩、栈桥墩,船闸、厂房等侧墙	±5	$H/1000$	±30

注:H 为建构筑物的高度,单位为 mm。

水工建筑物附属设施安装测量的偏差不应超过表14-6的规定。

表 14-6 水工建筑物附属设施安装测量的允许偏差

设备种类	细部项目	允许偏差(mm)		备注
		平面	高程(差)	
压力钢管安装	始装节管口中心位置	±5	±5	相对钢管轴线和高程基点
	有连接的管口中心位置	±10	±10	
	其他管口中心位置	±15	±15	
平面闸门安装	轨间间距	−1～+4	—	相对门槽中心线
弧形门、人字门安装	—	±2	±3	相对安装轴线
天车、起重机轨道安装	轨距	±5	—	一条轨道相对于另一条轨道
	平行轨道相对高差	—	±10	
	轨道坡度	—	$L/1500$	

注:1. L 为天车、起重机轨道长度。

2. 垂直构件安装时,同一铅垂线上的安装点点位中误差不应大于±2mm。

(二)码头施工基线的布设

根据地形情况和码头延伸至水域的情况,码头施工基线一般布设成如下 2 种形式。

1. 互相垂直的基线

在有利的地形条件下,应尽量布设两条相互垂直的基线。平行于码头前沿线的基线称为"正面基线";垂直于码头前沿线的基线称为"侧面基线"或"平台基线"。

在图 14-2(a)中,已知平面控制点 I_1、I_2、I_3 的坐标和码头前沿线两端点 A、B 的设计坐标。布设施工基线时,根据码头前沿线和正面基线平行的几何关系,在设计图纸上定出 A—a、B—b、a—基西、b—基东的长度,确定基西、基东两点坐标,即由 X_A、Y_A、X_B、Y_B 及由 X_a、Y_a、X_b、Y_b 经过坐标反算,然后由坐标正算求得基东、基西的坐标。再根据控制点坐标,反算放样数据 a_1、β_1、a_2、β_2 及 D_1、D_2、D_3 和 D_4,在实地用极坐标法或前方交会法定出基西、基东两点的平面位置,并可测定基西—基东的距离进行检核。

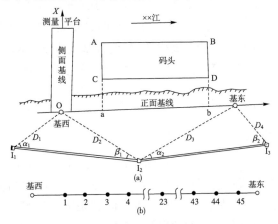

图 14-2 垂直基线布设

正面基线定出后,一般在其延长线方向上对准某固定建筑物设置明显标志,以供定向之用。同时,在基线上根据设计图上的桩位尺寸定出各桩排控制点,如图14-2(b)所示。然后将经纬仪架在基西,照准基东,检查各点,要求各桩排控制点偏离方向线不得超过规定的限制(如1°)。各桩排控制点的距离可用检定过的钢尺测设,误差值也应小于规定的要求(如1/2000)。最后,在基西点垂直于正面基线的方向上测设侧面基线,按和正面基线相同的方法测设各桩排控制点。

2. 任意夹角的基线

在远离岸线建造码头或者地形条件不允许布设成垂直的施工基线时,则通常采用布设成两条或多条任意夹角的施工基线。此时,无法用直角交会定位而只能采用任意角交会法进行定位测量。

如图14-3所示,K_1、K_2、…、K_5为实地选定的基线端点,I_1、I_2为已知控制点。可将选定的基线点和已知点组成闭合导线、附合导线或三角网进行联测,算出各基线端点的坐标。也可先在设计图纸上使基线与码头保持一定的关系,布设基线点的位置,定出各基线点坐标并计算出放样数据,测设到实地上并检核。

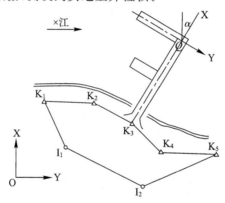

图14-3 任意夹角的基线

布设施工基线时,为了便于放样,必须采用统一坐标系,一般采用施工坐标系较为方便。如图14-3所示,以码头相互垂直的两条轴线为坐标轴的施工坐标系X-O-Y,其原点O的测量坐标X_0、Y_0及OX的方位角α在设计时已给定,则可以按坐标转换公式计算各基线点的施工坐标。为了便于计算放样数据,使各基线点K_1、K_2…及各桩点的坐标避免出现负值,可将施工坐标系平移适当的距离,使设计图上各点的坐标都为正值。

二、水工建筑物的施工测量

(一)桩的定位测量

在修建高桩梁板式码头时,一般利用桩基来支持上部结构,使码头上部荷载通过桩传递到密实的下卧层中,或利用桩与土壤之间的摩擦力,将建筑物的荷载传到桩周围的土壤中。目前,在码头等水工建筑物中使用最广的桩是方形钢筋混凝土桩和圆形钢桩。根据建筑物的不同用途和承受荷载的情况,一般布设成直桩或斜桩。下面以直桩的定位为例进行介绍。

如图 14-4 所示为高桩板梁式码头的剖面图,由靠船构件 1、面板 2、吊车梁 3、纵梁 4、横梁 5、平台横梁 6、直桩 7 及斜桩 8 等组成。

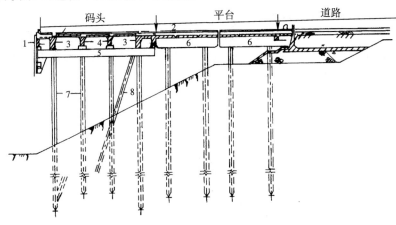

图 14-4　高桩板梁式码头剖面图

如图 14-5 所示为码头的部分桩位布置图。码头前沿共长 172.50m,四个角点 A、B、C、D 中,AB 在测量坐标系中的设计坐标均已给定。图中"○"符号表示各桩的位置。垂直于正面基线的为排,平行于正面基线的为行,其中心距离以注明在图上。斜桩的倾斜率和平面扭角也已注明。设计时正面基线距码头前沿线 60m,侧面基线距码头侧面线 30m,组成施工坐标系 xoy。图中单位为厘米。

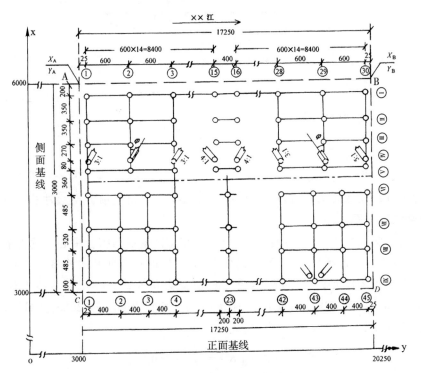

图 14-5　码头的部分桩位布置图

1.直角坐标交会法

利用两条相互垂直的正、侧面基线组成直角坐标系,用这样的基线对桩进行交会定位的方法,称为"直角坐标交会法"。

如图 14-6 所示,已知方形直桩中心点 M 的设计坐标,桩宽为 b。在正面基线上可用桩面中心点 P 作为定位点,也可用左、右棱角 L、R 点作为定位点,则在正面基线上其相应的定位控制点 L′、P′、R′ 的位置为

$$\left. \begin{array}{l} y'_L = y_M - \dfrac{b}{2} \\ y'_P = y_M \\ y'_R = y_M + \dfrac{b}{2} \end{array} \right\} \qquad (14-1)$$

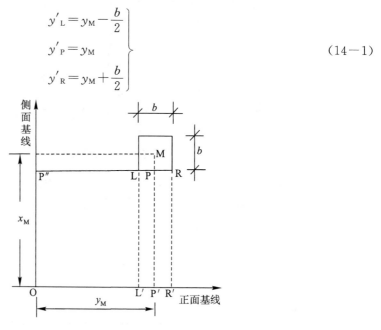

图 14-6 直角坐标交会法

在侧面基线上,由于桩的后侧面被打桩船的龙口盖住,所以只能瞄准桩的临岸面。侧面基线上定位控制点 P″ 的位置为:

$$X''_P = X_M - \dfrac{b}{2} \qquad (14-2)$$

2.在正面基线上的前方交会法

当无条件设立侧面基线时,可采用在正面基线上的角度前方交会法进行定位,亦称"锐角交会法",如图 14-7 所示。

角度交会法最后用三台经纬仪进行交会。在正面基线与桩台中心线垂直的 A 点(桩排控制点)设第一台经纬仪,以控制桩的横向偏位;同时在正面基线的 B 点和 C 点也设置经纬仪。在现场条件允许的情况下,应尽量使交会角大些。在正面基线上仅设一点 B 时,γ 角应为 30°～60°;当设两点 B、C 时,$(\gamma_1 + \gamma_2)$ 角宜为 60°～120°。由图可知,B 点和 C 点的坐标可按下式计算:

$$\left. \begin{array}{l} Y_B = Y_M + \left(X_M - \dfrac{b}{2} \right) \cdot \tan\gamma_1 \\ Y_C = Y_M - \left(X_M - \dfrac{b}{2} \right) \cdot \tan\gamma_2 \end{array} \right\} \qquad (14-3)$$

在正面基线上定出 B 点和 C 点后,架设经纬仪于 B 点和 C 点,对准基线方向,分别拨 β_1 和 β_2 角,便可定出桩的设计位置。当桩数不多、距离较近时,可采用其他定位方法,如极坐标法。

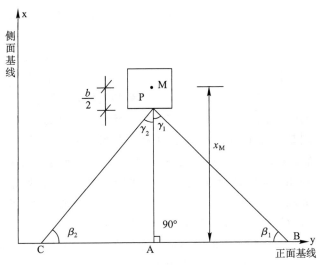

图 14-7　锐角交会法

3. 打桩定位的实施

在实际打桩时,为了便于使打桩船就位,在平行于打桩船纵轴线的舷边上,设有两根标杆,使其与船纵轴线的距离为 d,如图 14-8 所示。打桩时,在正面基线点 P′旁的相应距离处设置两根定位标杆。把四根标杆在一条直线上作为打桩船就位的标准。如图 14-9 所示是打桩船的示意图,它由打桩架、桩锤、替打、垫层、平衡车、绞车等组成。

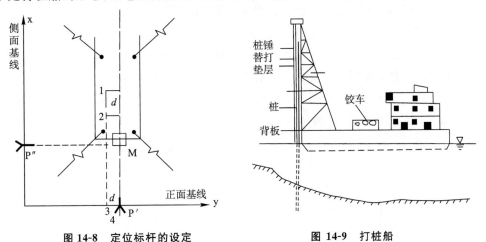

图 14-8　定位标杆的设定　　图 14-9　打桩船

当将桩吊送进桩架龙口后,将船逐步移向桩的设计位置。通过钢丝缆绳的牵引,使固定在船上的 1、2 号标杆对准岸上的定位标杆 3,来决定打桩船的横向船位。安置在侧面基线点上的经纬仪同时指挥打桩船向靠岸或离岸方向移动。当正面基线上点的经纬仪竖丝对准桩面上预先弹好的中心线,桩的侧面棱边与 P 点上的经纬仪十字丝竖丝也重合时,M 点号桩就定出在设计的桩位上,如图 14-8 所示。

当打桩船离岸较远时,岸上的测量人员可用对讲机指挥打桩船正确就位。打桩船就位后,便可松钩下桩,由于桩的自重,将使其在泥中下沉一段距离,这一过程称为"稳桩"。稳桩后,如果桩的偏位在允许范围内,打桩船即下桩锤,桩锤压在桩顶上,又把桩压入土中一段距离,这一过程称为"压锤"。若压锤后无太大偏位,就开始打桩。打桩时,桩不断下沉,要用仪器随时观测,如发现偏位过大,要及时通知打桩人员进行调整,使最后偏位不超过±10cm。

在斜坡上打桩时,桩尖会沿斜坡下滑(称为"滑坡"),因此,宜提前向靠岸的一定距离下桩(称"提前量")。在淤泥质黏土的岸坡,坡度为1:2.5~1:3的情况下,提前量为10~20cm。也可先试打一根桩,在下桩过程中进行观测和实验,然后确定下桩的提前量。

在方斜桩定位时,正、侧面基线上定位控制点的计算应考虑斜桩的倾斜度($n:1$)及平面角。倾斜度是指斜桩在垂直方向线上的投影与在水平方向上的投影的比值,一般用$n:1$表示。平面扭角是指斜桩中心轴线的水平投影与排桩方向间的夹角,常用φ表示。在没有条件布设两条相互垂直的施工基线时,也可布设两条任意夹角的基线,采用前方交会法确定桩位。如图14-10所示,A、B、C为岸上三个已知控制点,已知桩中心Q的设计坐标。首先将A、B、C和Q的坐标换算成统一坐标系中的坐标。由于定位时无法瞄准Q点,所以必须将桩的设计中心Q的坐标换算为测点(如L)的坐标。然后由坐标反算计算放样元素α_1、β_1、α_2、β_2。在A、B、C三点上安置经纬仪,用角度交会法定出桩位。

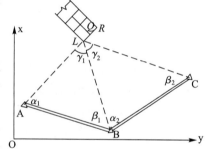

图 14-10 前方交会法

港口工程中有时使用圆(柱)桩。圆桩有钢管桩、钢筋混凝土桩等。圆桩吊入龙口时会发生旋转,定位时就不能用桩的中心线作为定位标志,一般采用辅助测杆法和切线法等。

辅助测杆法就是在打桩船架的龙口两侧前方安置测杆,测杆与圆桩间保持一定的几何关系,即两前测杆间距为$2b$时,其中线通过圆桩的圆心。如图14-11所示。用辅助测杆法定位时,交汇点在测杆上。两根测杆可看作方桩的棱角点,其坐标计算方法与方桩相同。但此时不能按正方形截面处理,因为$a\neq b$,所以计算时数据不能弄错。切线定位法就是利用两台经纬仪交会的视线与桩在控制标高面上的侧面相切,从而进行定位,如图14-12所示。

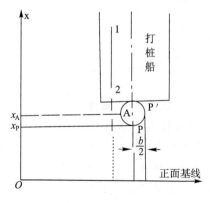

图 14-11 辅助测杆法

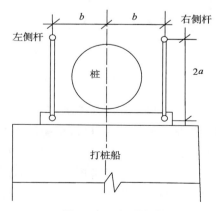

图 14-12 切线定位法

(二)重力式码头测量

重力式码头主要由墙身、基床、墙后棱体和上部结构组成,按形式分为方块码头、沉箱码头和扶壁码头等。如图 14-13 所示为方块墙身结构形式的重力式码头。它的特点是依靠码头结构本身和其填料的重量来维持稳定,因此需要有良好的地基。重力式码头的优点是不需要钢材,耐久性好,施工简单,缺点是水下工作量大、施工进度慢,测量工作必须有潜水员配合。

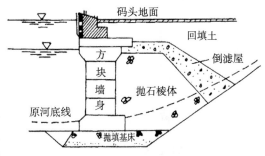

图 14-13 重力式码头

重力式码头施工测量的主要内容有:施工控制网和施工基线的测设,基槽开挖,基床抛填、基床整平和预制物件安装的测量。其高程控制网除建立一定数量的水准点外,还需在附近设立水尺,观测水位,用于计算测得点的高程。

第二节 水下地形测量

在港航工程的勘测设计中,除了需要各种比例尺的陆上地形图外,还需要了解水下地形情况,因此,要求测量人员会施测各种比例尺的水下地形图。

水下地形与陆地地形一样,包括水下地貌和水下地物两部分。水下地貌是指高低起伏的河(海)底,包括礁石、浅滩和深沟等;水下地物是指沉船和其他障碍物。水下地形测量要有陆上平面控制和高程控制作依据,并配以水位控制,从而达到水深测量精度要求。同样,水深测量也需测定点的平面位置和高程,它具有以下特点:

(1)水下地形起伏看不见,只能用散点法或断面法均匀布设测点。

(2)水域定位一般在运动载体上进行,重复测量几乎不可能。

(3)水下地形测量时,每个测点的平面位置和高程一般是用不同仪器和不同方法测点,测点高程由水位(水面高程)减去水深得到。

(4)水下地形测量测点的平面位置和高程测定是分别进行的,此时应保证平面位置、水位、水深在时间上的同步性。

一、测深工具及测设方法

(一)测深工具

1. 测深杆

测深杆(图 14-14)适用于水深 5m 以下且流速不大的浅水区。

2. 测深锤

测深锤(图 14-15)重约 3.5kg,水深与流速较大时可用 5kg 以上的重锤。在测深杆与测深锤的绳索上每隔 10cm 作一标志,以便读数。测深杆下端铁质底板的作用是防止杆端陷入淤泥中。测量水深之前应校对标志。测深时,应使测深杆或测深锤的绳索处于垂直位置,再读取水面与绳索相交处的数值。

图 14-14　测深杆

图 14-15　测深锤

3. 回声测深仪

回声测深仪也称"测深声呐"。测深仪从模拟信号处理发展到数字信号处理,水深测量的精度和效率得到极大提高。

(1)回声测深仪原理。回声测深仪测深的基本原理是利用声波在同一介质中均匀传播的特性,通过测定声波在水中的传播时间来确定水深。如图 14-16 所示,在船底安装发射超声波的换能器 A 和接收反射回波的换能器 B,声波在水中的传播速度 C 作为已知恒速,换能器基线 S 看作零,通过测量超声波往返时间 t,求解船底到水底的垂直距离 h,其中 D 为船舶吃水。水深测量精度受到声波在水中传播速度 C 的变化和换能器基线 S 不等于零的影响。

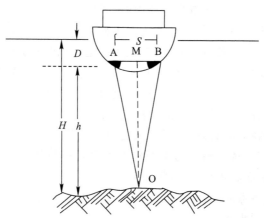

图 14-16　回声测深仪测深原理示意图

$$h = MO = \sqrt{(AO)^2 - (AM)^2} = \sqrt{(\frac{1}{2}Ct)^2 - (\frac{1}{2}S)^2} \tag{14-4}$$

若使 $S=0$,则 $h = \sqrt{(\frac{1}{2}Ct)^2} = \frac{1}{2}Ct$;水深 $H = D + h$。

(2)回声测深仪构成。

①显示器包括显示系统、发射系统和接收系统。发射系统中脉冲产生器按一定时间间隔产生触发脉冲,控制计时器开始计时和控制发射系统。接收系统接收来自换能器的水底回波信号,控制测量显示系统计算出所发射的超声波脉冲往返船底与海底之间的时

间 t，按测深原理公式计算出船底到水底的水深并按一定的方式显示。显示方式有闪光式（转盘式）、记录式和数字式等。闪光式显示方式直观、易读取，但不能保留水深数据，且存在零点误差和时间电机转速变化引起的测量误差；记录式显示方式可记录水深数据，但较不直观、不易读取，存在记录零点误差和时间电机转速变化引起的测量误差；数字式显示方式直观易读，且可将数据打印，不存在显示零点误差，也不采用时间电机计时。

②换能器是电、声能量相互转换的装置。换能器按作用不同分为发射换能器和接收换能器；按工作原理不同分为磁致伸缩换能器和电致伸缩换能器；按制造材料不同分为压电陶瓷材料（如钛酸钡、锆钛酸铅等）换能器和铁磁材料（如镍、镍铁合金等）换能器。

换能器安装在船底龙骨左边或右边，距船首的距离为 1/2～1/3 船长。表面必须水平，误差不得超过 1°。换能器表面应保持清洁，不得涂油漆，清洁时不得造成任何损伤，必须保持良好的水密性。换能器应安装牢固，前后两侧用绳索拉紧固定，远离发电机、电动机、推进器以及排气管和排水管，避开这些机械产生的有规律的杂声干扰。换能器入水深度一般为 0.3～0.8m。具体情况应根据流速、航速和测量船吃水的大小而定。船大、流速大、航速快时，换能器入水可深一些；反之，换能器入水应相应地浅一些。换能器的长轴要平行于船艇的轴线。

（二）测深点定位和测深线布设

测量某水深点的位置称为"测深点定位"。因为水下的地形不可见，为保证水下地形成图质量，应根据测区内水面的宽窄和水流缓急等情况，在水下地形测量前在现场布设一定数量的测深点和测深线，如使用图 14-17 所示的散点法布设。测船以均匀的速度沿测深线行驶，按规定的间距测量水深并确定测深点的平面位置。

测定测深点平面位置的传统方法有交会法、断面索定位法、极坐标法和无线电定位法。断面索定位法适用于小河道，如图 14-18 所示。交会法分为前方交会法和后方交会法。后方交会法是在测船上用两台六分仪测定位置，因为精度较低，只适用于 1∶5000 以下小比例尺测图。目前常用 GPS-RTK 进行定位。

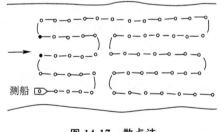

图 14-17　散点法

测深线包括主测深线、补充测深线和检查测深线。主测深线是测深线的主体，主要探明整个测区水下地形；补充测深线起弥补主测深线功能的作用；检查测深线主要是检查以上测深线的水深测量质量，确保水深测量的精度。

主测深线方向在沿海港口航道测量中应垂直于水流直线方向，通过地貌变化剧烈和有代表性的地方，全面如实地反映测区的水下地形。对于狭窄水道，可能存在礁石、水下沙洲或其他障碍物等特殊地区，测深线方向与等深线夹角不应小于 45°。因为斜距大于平距，所以比垂直于水流方向的测深线能容纳更多的水深点，有利于反映狭窄水道的地形，必要时应平行于岸线布设测深线。内河航道测量时，主测深线应垂直于河流流向、航道中心线或岸线方向。岛屿的延伸部分或孤立的岛屿周围水域及内河航道的弯道地段可布设成辐射状。辐射状布设使测深线间距内密外疏，不但利于发现暗礁、浅滩，而且近岛部分水深点较密,有利于选择适宜的靠船和登陆地点。对流速超过1.5m/s且有浅滩或礁石的河段,横向测深线布设有困难时,可布设成斜向测深线,如图14-18所示。测深断面间距宜为测图上1~2cm,但扇形断面要掌握扇形凸边的间距,一般不大于图上2cm。

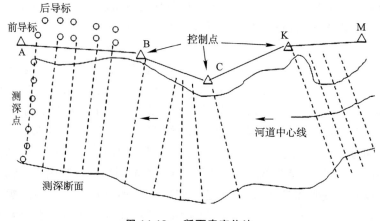

图14-18　断面索定位法

(三)水深测量与水位观测

1. 水深测量

内河航道图主要是尽可能充分和真实地显示河床范围内的地形实质。一般采用水深测量法,测出每一测点的水深和平面位置,通过水位改变求河床地形点的高程或深度。图上除能准确地反映出河床地形外,还要细致地标绘出障碍物,如沉船、沉树、礁石等,才能满足航运用图的要求,并为研究河床演变规律提供可靠的资料。因此,航道测量中最重要而又经常性的工作是水深测量。

测深主要靠回声测深仪进行。回声测深仪的工作误差主要有转速误差、记录半径误差、水深读数误差、河床形状误差、讯号波形误差、测艇摇摆误差、水底底质造成的误差等。前三项误差影响较大,可通过校正的措施来消除或减小,其余几种误差则难以消除。测深仪的具体操作步骤参见仪器说明书。

水深测量方法应根据水下地形状况和设备条件合理选择。测深点的深度中误差不应超过表14-7的规定。

表14-7　测深点深度中误差

水深范围(m)	测深仪器或工具	流速(m/s)	测点深度中误差(m)
0~4	宜用测深杆	—	±0.10
0~10	测深锤	<1	±0.15
1~10	测深仪	—	±0.15
10~20	测深仪或测深锤	<0.5	±0.20
>20	测深仪	—	$H×1.5\%$

注:①H为水深。
　　②水底有树林和杂草丛生的水域不适合使用回声测深仪。

③当精度要求不高、作业特殊困难、用测深锤测深流速大于表中规定或水深大于20m时,测点深度中误差可增加1倍。

为评定水深测量成果的精度,测深过程中或测深结束后,应对测深断面进行检查。测区内应适当布设检查线。检查线与测深线相交处两次测得的深度之差不能超过规范的要求。检查断面与测深断面宜垂直相交,检查点数不应少于5%。检查断面与测深横断面相交处,图上1mm范围内水深点的深度较差不应超过表14-8的规定。

表14-8 深度检查较差

水深 H(m)	$H \leqslant 20$	$H > 20$
深度检查较差 Δ(m)	$\Delta \leqslant 0.4$	$\Delta \leqslant 0.02H$

另外,还需检查与邻图拼接处相对应水深的符合程度。对其中相差较大或存在系统误差的深度点,要找出引起误差的原因,一般海底平坦处从测深方面检查,在海底地貌变化较大处,着重从测深点定位方面检查,作出正确结论,适当处理。

2. 水尺的设置

(1)水尺的常用形式有4种:

①直立式水尺。该水尺一般由靠桩和水尺板两部分组成。靠桩有木桩、混凝土桩或型钢桩,埋入土深为0.5~1.0m;水尺板由木板、搪瓷板、高分子板或不锈钢板做成,其尺度一般刻划至1cm。

②倾斜式水尺。一般把水尺板固定在岩石岸坡或水工建筑物上,也可直接在岩石或水工建筑物的斜面上涂绘水尺刻度,刻度大小以能代表垂直高度为准。倾斜式水尺的优点是不易被洪水和漂浮物冲毁。

③矮桩式水尺。该水尺由固定矮桩和临时附加的测尺组成。当河流漫滩较宽,不便用倾斜式水尺,或因流冰、航运、浮运等冲撞而不宜用直立式水尺时,可用这种水尺。

④悬锤式水尺。通常设置在坚固陡岸、桥梁或水工建筑物的岸壁上,通过用带重锤的悬索测量水面距离某一固定点的高差来计算水位。

(2)如图14-19所示,水尺的设置应能反映全测区内水面的瞬时变化,并应符合下列规定:

①水尺的位置应避开回流、壅水、行船和风浪的影响,尺面应顺流向岸。

②一般地段每隔1.5~2.0km设置一把水尺。山区峡谷、河床复杂、急流滩险河段及海域潮汐变化复杂地段,每隔300~500m设置一把水尺。

③河流两岸水位差大于0.1m时,应在两岸设置水尺。

④测区范围不大且水面平静时,可不设置水尺,但应于作业前后测量水面高程。

⑤当测区距离岸边较远且岸边水位观测数据不足以反映测区水位时,应在测区增设水尺。

3. 水位观测

水位是指水体在某一地点的水面离标准基面的高度。标准基准面有2类。一种为绝对基准面,指国家规定的、作为高程零点的某一海平面,其他地点的高程均以此为起点。我国规定黄海基面为绝对基准面。另一种为假定基准面,指计算水文测站水位或高程而暂时假定的水准基准面。常采用河床最低点以下一定距离处作为本站的高程起点。常在测站附近设有国家水准点,或者在一时不具备条件的情况下使用。

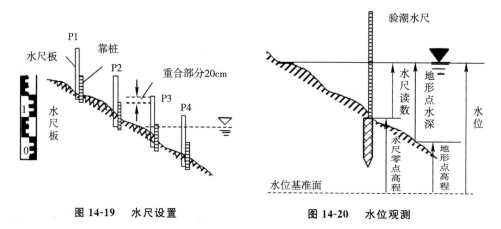

图 14-19　水尺设置　　　　图 14-20　水位观测

测得水深后,必须进行水位改正,如图 14-20 所示,就是把在瞬时水面上测得的深度归算到由深度基准面起算的深度。水位观测的技术要求应符合下列规定:

(1)水尺零点高程的联测不低于图根水准测量的精度。

(2)作业期间,应定期对水尺零点高程进行检查。

(3)水深测量时的水位观测,宜提前 10min 开始,推迟 10min 结束;作业中,应按一定的时间间隔持续观测水尺,时间间隔应根据水情、潮汐变化和测图精度要求合理调整,以 10~30min 为宜;水面波动较大时,宜读取峰、谷的平均值,读数精确至厘米。

(4)当水位的日变化小于 0.2m 时,可于每日作业前后各观测一次水位,取其平均值作为水面高程。

4. 横断面测量

为了掌握河道的演变规律以及满足水利工程设计的需要,可以在有代表性的河段上布设一定数量的横断面,定期在这些横断面上进行水深测量。

测量之前,首先需要选定横断面的位置,这时可根据横断面的用途与设计人员的要求,在较大比例尺的图纸上进行,或者在现场根据实地情况与设计人员共同选定。横断面应设计在水流比较平缓且能控制河床变化的地方。为了便于进行水深测量,应尽可能地避开急流、险滩、悬崖、峭壁等。横断面方向应垂直于水流方向。其间距视河流的大小和用途而定。一般河段每隔 3~5km 设一断面,在河路急弯处、交叉口以及沿河两岸的城镇等处应加设断面。对于有特殊要求的河段,如桥址附近、大坝上下游等处,应每隔 1km 设一断面。

横断面位置在实地确定后,应在两岸各端点上打一大木桩或埋设混凝土桩。断点应埋设在最高洪水位以上,为了防止损坏,可在两端点内侧 10~20m 处加设一个内侧桩。横断面的编号通常从建筑物轴线或支流汇入干流的河口起算,向上游按河流名称统一编号。横断面断点应与控制点联测,确定其平均位置和高程。

横断面测量可采用断面索法、视距法、交会法和六分仪侧方交会法。前两种方法一般适用于水流平缓的小河,后两种方法适用于较大的河流。根据观测数据绘制横断面图,如图 14-21 所示。

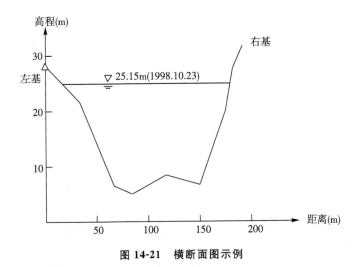

图 14-21 横断面图示例

二、水下地形测量实施

由于目前水下地形测量大多采用 GPS-RTK 法,下面对这种方法进行介绍。

(一)GPS-RTK 水下地形测量

1. GPS-RTK 水下地形测量原理

水下地形测量包括定位和水深测量两部分。目前,水下地形测量的主流定位技术采用的是 GPS-RTK,水深测量采用的是回声测深仪测深法。如图 14-22 所示,观测数据是 GPS 天线到水面的高度 h,GPS 接收机测得的高程 H,测深仪测得的水面至水底的深度 S。所求水深值 C 为水准面到水底的距离,即通常说的"水底高程"。故应用 GPS-RTK 技术结合测深仪可得到水底高程,实现水下地形测量工作。

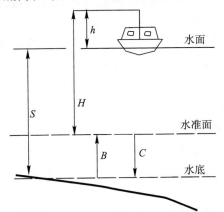

图 14-22 GPS-RTK 水下地形测量基本原理

2. GPS-RTK 水下地形测量基本步骤

水深测量的作业系统主要由 GPS 接收机、数字化测深仪、便携式计算机及相关软件等组成。水深测量作业通常分三步。

(1)测前的准备。

①准备能源供给。一般小型测量船都没有额外电力供应,所以测深仪及 GPS 接收机

一定要保证充足的能源供应，否则在船上没有电源就只有半途而废。

②建立任务。设置好坐标系、投影、转换参数。转换参数有四参数和七参数之分，同时应用电台模式 RTK 及网络 RTK，对参数求取都有所不同。

③做计划线。如果已经有了测量断面，就不需要重新布设，但可以根据需要进行加密。多数软件都支持 DXF 格式数据导入，当然，软件中也可以根据坐标自行布设计划线。

(2)外业数据采集。

①首先要将换能器固定在船上，换能器连接线通过固定杆内部后，换能器一定要很好地和杆子固定在一起，否则测量过程中换能器失落将是一件非常麻烦的事情。另外，固定螺丝一般放在船前进方向的反方向，这样可以避免水中杂物缠绕而导致螺丝松动。同时，固定杆一定要尽量保证垂直，这也是保证水深值正确的重要一步。

②将 GPS 接收机、数字化测深仪和便携机等连接好后，打开电源，设置好记录设置、GPS 和测深仪接口、接收机数据格式、测深仪配置、天线高、吃水等等，将测深参数调整好后便可以测量。

(3)数据的后处理。利用相应配套的数据处理软件对测量数据进行后期处理，形成所需要的测量成果——水深图及其统计分析报告等，所有测量成果可以通过打印机或绘图机输出。目前主要有 HYPACK 系统、CARIS 系统、EPSCAN 和南方 S-CASS 软件。

(4)GPS-RTK 定位的主要技术要求应符合下列规定：

①参考站点位的选择和设置应符合规范的规定，作业半径可放宽至 20km。

②船台的流动天线应牢固地安置在船侧较高处，并与金属物体绝缘，天线位置宜与测深仪换能器处于同一垂线上。

③流动接收机作业的有效卫星数不宜少于 5 个，PDOP 值应小于 6。

④GPS-RTK 流动接收机的测量模式、基准参数、转换参数和数据链的通讯频率等，应与参考站相一致，并应采用固定解成果。

⑤每日水深测量作业前、结束后，应将流动 GPS 接收机安置在控制点上进行定位检查；作业中，发现问题后应及时进行检验和比对。

⑥定位数据与测深数据应同步，否则应进行延时改正。

(二)水下地形测量内业工作

1.内业工作的主要内容

(1)将同一天观测的角度和水深测量的记录汇总，然后逐点核对。此时应特别注意不要将角度观测与水深测量记录配错。对于遗漏的测点或记录不完全的测点应及时组织补测。

(2)根据水位观测成果和水深测量记录计算各测点的高程。

(3)在图纸上展绘控制点。如果岸上地形部分已先测绘完毕，可直接利用岸上地形图中已展绘好的控制点。

(4)展绘各测点的位置，并注记相应的高程。传统的展点方法有半圆分度器展点法和三杆分度仪展点法。

2.纵断面图的编绘

河流纵断面是沿着河道深泓点（即河床最深点）剖开的断面。用横坐标表示河长，纵坐标表示高程,将这些深泓点连接起来,就得到河底的纵断面形状。在河流纵断面图上应表示出河底线、水位线以及沿河主要居民地、工矿企业、铁路、公路、桥梁、水文站、水位站、水准站以及其他水工建筑物的位置和高程。河流纵断面图一般是利用已收集的水下地形图、河道横断面图及有关的水文、水位资料进行编绘的。若缺少某部分内容,内业需要补测。在收集资料工作完成后,即可编制纵断面图。

(三)影响水深测量精度的几种因素及相应对策

进行水深测量时,会由于船体的摇摆、采样速率、同步时差及 RTK 高程的可靠性等因素产生误差,这些误差远远大于 RTK 定位误差,从而成为水深测量精度提高的瓶颈因素。

1. 船体摇摆姿态的修正

船的姿态可用电磁式姿态仪进行修正,修正包括位置的修正和高程的修正。姿态仪可输出船的航向、横摆、纵摆等参数,通过专用的测量软件接入进行修正。在一般的水下测量中,由于船体摇摆而造成的误差可以不予考虑。

2. 采样速率和延迟造成的误差

GPS 定位输出的更新率将直接影响到瞬时采集的精度和密度,现在大多数 RTK 方式下 GPS 输出率都可以满足要求,而各种品牌测深仪的输出速度差别很大,数据输出的延迟也各不相同。因此,定位数据的定位时刻和水深数据的测量时刻的时间差造成定位延迟,这项误差可以在延迟校正中加以修正,修正量可根据在斜坡上往返测量结果计算得到,也可以采用以往的经验数据。

3. GPS-RTK 高程可靠性的问题

在作业前可以把使用 RTK 测量的水位与人工观测的水位进行比较,判断其可靠性,实践证明 RTK 高程是可靠的。为了确保作业无误,可从采集的数据中提取高程信息绘制水位曲线,根据曲线的圆滑程度来分析 RTK 高程有没有产生个别跳点,然后使用圆滑修正的方法来改善个别错误的点。

(四)GPS-RTK 水下地形测量特点

GPS-RTK 作业有着极高的精度,观测速度较快,非常适合于大规模的水下地形测量;可以大大提高工作效率及成果质量,不受人为因素的影响,整个作业过程由电脑控制,自动记录、自动数据预处理、自动平差计算;可以极大地降低劳动作业强度,减少工作量,提高测量精度和作业效率;可以全天候实施测量工作。但在障碍物遮挡严重的地区,如部分陡峭峡谷、河道等区域,不能完全取代传统测量方法,必须结合交会法等传统方法才能取得较理想的效果。另外,应用网络 RTK 在水上测量时经常会遇到网络信号较差的地方,这时最好采用传统电台模式。随着 GPS-RTK 技术的不断发展,其应用前景将更加广阔。

思考题

1. 港口主要包含哪几部分？
2. 施工控制网布设的主要原则是什么？
3. 码头施工基线有几种布设方法？
4. 高桩梁板式码头的桩基有几种？各采用什么方法定位？
5. 重力式码头的优缺点是什么？
6. 重力式码头施工测量的内容有哪些？
7. 水下地形测量有哪些特点？
8. 回声测深仪的原理是什么？
9. 测深点定位有哪些方法？
10. 横断面测量的方法是什么？
11. 简述影响水深测量精度的因素和对策。
12. 简述 GPS-RTK 水下地形测量的原理和步骤。

第十五章　建筑工程测量

> **学习目标**

1. 熟悉建筑场地施工控制测量与施工测量的基本概念、建筑方格网与建筑基线测设方法。
2. 了解各种图纸表示的内容和含义；根据已有建筑物进行定位放线的方法；施工坐标系的转换计算，民用建筑施工测量与高程测量的方法和步骤；工业厂房控制网和柱列轴线测设方法。
3. 学会分析建筑场地施工控制网与测量控制网的区别；一般民用建筑、高层民用建筑和工业建筑施工测量的特点；影响建筑场地施工测量精度的因素。
4. 能够根据《建筑施工测量规范》(JTG C10-2007)和《钢筋混凝土高层建筑结构设计与施工规程》(JGJ-1991)的规定进行施工坐标系的转换计算；根据已有建筑物进行定位、放线、建筑方格网、建筑基线测设的基本工作；工业厂房控制网和柱列轴线测设的基本工作。
5. 能够正确完成建筑场地施工控制测量、民用建筑施工测量和高程测量、柱子安装测量、吊车梁和吊轨道安装测量、烟囱和管道施工测量等，能够进行建筑物变形观测和编制竣工总平面图等。

第一节　民用建筑施工测量

一、建筑施工测量概述

(一)建筑施工测量的目的和内容

施工测量的目的是把设计的建筑物、构筑物的平面位置和高程，按设计要求以一定的精度测设到地面上，作为施工的依据，并在施工过程中进行一系列的测量工作，以衔接和指导各工序间的施工。施工测量又称"施工放样"。

施工测量贯穿于整个施工过程中，从场地平整、建筑物定位、基础施工，到建筑物构件的安装等，都需要进行施工测量，才能使建筑物、构筑物各部分的尺寸、位置符合设计要求。有些工程竣工后，为了便于维修和扩建，还必须测绘竣工图。有些高大或特殊的建筑物建成后，还要定期进行变形观测，以便积累资料，掌握变形的规律，为今后建筑物的设计、维护和使用提供资料。

(二)建筑施工测量的特点

测绘地形图是将地面上地物、地貌的平面位置和高程按照一定的比例尺和规定的图式符号测绘到图纸上,而施工测量则与它相反,是将图纸上设计好的建筑物、构筑物的位置按照一定精度要求测设,用木桩标定到地面上。

测设精度的要求取决于建筑物或构筑物的大小、材料、用途和施工方法等因素。一般高层建筑物的测设精度应高于低层建筑物,钢结构厂房的测设精度应高于钢筋混凝土结构厂房,装配式建筑物的测设精度应高于非装配式建筑物。

施工测量工作与工程质量及施工进度有着密切的联系。测量人员必须了解设计的内容、性质及其对测量工作的精度要求,熟悉图纸上的尺寸和高程数据,了解施工的全过程,并掌握施工现场的变动情况,使施工测量工作能够与施工密切配合。

另外,施工现场工种多,交叉作业频繁,并有大量土、石方填挖,地面变动很大,又有动力机械的震动,因此,各种测量标志必须埋设在稳固且不易破坏的位置,还应做到妥善保护工作,经常检查,如有破坏,应及时恢复。

(三)施工测量的原则

施工现场有各种建筑物、构筑物,且分布较广,往往又不是同时开工兴建的。为了保证各个建筑物、构筑物的平面和高程位置都符合设计要求,互相连成统一的整体,施工测量和测绘地形图一样,也要遵循"从整体到局部,先控制后碎部"的原则。即先在施工现场建立统一的平面控制网和高程控制网,然后以此为基础,测设出各个建筑物和构筑物的位置。施工测量的检核工作也很重要,必须采用各种不同的方法加强外业和内业的检核工作。

(四)施工测量准备工作

施工测量之前,应建立健全测量组织;核对设计图纸,检查总尺寸和分尺寸是否一致,总平面图和大样详图尺寸是否一致,不符合的地方要向设计单位提出,进行修正。然后对施工现场进行实地踏勘,根据实际情况编制测设样图,计算测设数据。对施工测量所使用的仪器、工具应进行检验、校正,否则不能使用。工作中必须注意人身和仪器的安全,特别是在高空和危险地区进行测量时,必须采取防护措施。

(五)建筑工程测量的任务

建筑工程测量是指在建筑工程的勘测设计、施工、竣工验收、运营管理等阶段所进行的各种测量工作的总称。其主要任务可概括为:

(1)测绘大比例尺地形图,为建筑工程的规划设计提供必要的地形信息。

(2)施工测量,为建筑施工提供施工依据,并确保施工质量。主要包括在各单项、各分项、各分部工程施工及设备安装之前进行施工测设,为后续的工程施工和设备安装提供诸如方向、标高、平面位置等各种施工标志,确保按图施工;在各单项、各分项、各分部工程施工之后,进行竣工验收测量,检查施工是否符合设计要求,评价工程的质量。

(3)变形测量。对一些大型、重要的建筑物的变形情况进行测量,以确保它们在施工和使用期间的安全,同时为今后更合理的设计提供必要的资料。

二、建筑场地施工控制测量

(一)施工平面控制网的建立

施工测量是按设计图纸上的要求,在地面上标出建筑物和构筑物的位置。要使建筑场地内的各种建筑物和构筑物均满足规定的相对位置要求,施工测量仍需遵循"从整体到局部,先控制后碎部"的原则,即在标定建筑物位置之前,根据勘察设计部门提供的测量控制点,先在整个建筑场区建立统一的施工控制网,作为建筑物定位放线的依据。为建立施工控制网而进行的测量工作,称为"施工控制测量"。

施工控制网分为平面控制网和高程控制网。平面控制网常见的有建筑方格网和建筑基线。高程控制网则需根据场地大小和工程要求分级建立。

有时也可利用原测图控制网作为施工控制网进行建筑物的测设。但多数情况下,由于测图时一般尚无法考虑施工的需要,因而控制点的位置和精度很难满足施工测量的要求,且平整场地时多数已遭到破坏,故较少采用。

建筑施工控制网应根据建筑物的设计形式和特点,布设成十字轴线或矩形控制网。施工控制网的定位应符合规范的规定,民用建筑物施工控制网也可根据建筑红线定位。建筑方格网对于地形较平坦的大中型建筑场区,主要建筑物、道路及管线常按互相平行或垂直关系进行布置。为简化计算和方便施测,施工平面控制网多由正方形或矩形格网组成,称为"建筑方格网"。利用建筑方格网进行建筑物定位放线时,可按照直角坐标法进行,不仅容易求算测设数据,而且具有较高的测设精度。

1. 施工平面控制网的等级与技术要求

建筑施工平面控制网应根据建筑物的分布、结构、高度和机械设备传动的连接方式、生产工艺的连续程度,分别布设一级或二级控制网。其主要技术要求应符合表15-1的规定。

表15-1 建筑物施工平面控制网的主要技术要求

等级	边长相对中误差	测角中误差
一级	≤1/30000	$7''\sqrt{n}$
二级	≤1/15000	$15''\sqrt{n}$

注:n 为建筑物结构的跨数。

2. 建立建筑施工平面控制网应符合的规定

(1)控制点应选在通视良好、利于长期保存、便于施工放样的地方。

(2)控制网加密的指示桩,宜选在建筑物行列线或主要设备中心线方向上。

(3)主要的控制网点和主要设备中心线端点上应埋设固定标桩。

(4)控制网轴线起始点的定位误差不应大于2cm;两建筑物(厂房)间有联动关系时,不应大于1cm,定位点不得少于3个。

(5)水平角观测的测回数,应根据表15-1中测角中误差的大小按表15-2选定。

15-2　水平角观测的测回数

测角中误差 仪器等级	2.5″	3.5″	4.0″	5″	10″
1″级	4	3	2	—	—
2″级	6	5	4	3	1
6″级	—	—	—	4	3

(6)矩形网的角度闭合差不应大于测角中误差的4倍。

(7)边长测量宜采用电磁波测距的方法,其主要技术要求应符合规范的规定。当采用钢尺量距时,一级网的边长应两测回测定,二级网的边长应一测回测定。长度应进行温度、坡度和尺长改正。钢尺量距的主要技术要求应符合规范的规定。

(8)矩形网应按平差结果进行实地修正,调整到设计位置。当增设轴线时,可采用现场改点法进行配赋调整;点位修正后,应进行矩形网角度的检测。建筑物的围护结构封闭前,应根据施工需要将建筑物外部控制转移至内部。内部的控制点宜设置在浇筑完成的预埋件上或预埋的测量标板上。引测的投点误差一级不应超过2mm,二级不应超过3mm。

3.施工平面控制网的布设形式

平面控制网的布设形式应视建筑场地的地形情况采用不同形式,如图15-1所示。

(1)建筑基线。建筑基线适用于地势平坦的小型建筑场地。布置建筑基线应遵循以下原则:建筑基线要与建筑物主要轴线平行或垂直;建筑基线主点的距离不宜过小且应相互通视;主点在不受挖土破坏的条件下,使基线尽量靠近主要建筑物。建筑基线的测设方法与建筑方格主轴线的测设方法基本相同。建筑基线的布设形式及要求如下。

①布设形式如图15-1所示。

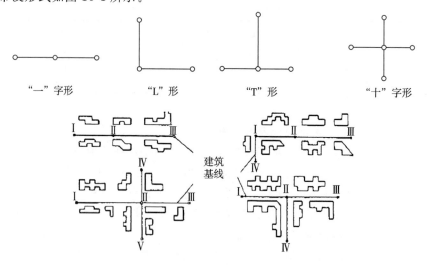

图15-1　建筑基线

②布设要求。主轴线方向应与主要建筑物的轴线平行,主轴点不应少于3个。

③建筑基线的测设方法。根据建筑红线、已有建筑物、道路中心线测设。由点1、2、3

平行推移得 A、B、C。调整 A、B、C 使 B 为直角，AB、BC 为整数，如图 15-2 所示。

一般精度要求：∠ABC=90°±24″(±5″,±10″)，AB、BC 的相对误差≤1/10000。

测设方法：首先，用极坐标法由已知控制点放样出建筑基线 A′、O′、B′。其次，在 O′ 点架设仪器，测角值与 180°之差应满足要求(±24″、±5″、±10″)，否则按式(15-1)计算。

$$\delta = \frac{ab}{2(a-b)} \frac{1}{\rho}(180°-\beta) \tag{15-1}$$

最后，拨角 90°，测设短轴线。

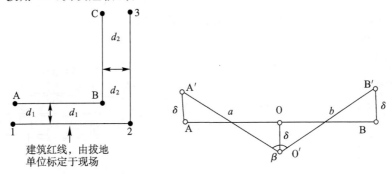

图 15-2　建筑方格网主轴线的测设与施测调整

(2)建筑方格网。建筑方格网适用于地势平坦、建筑物分布较规则的场地。建筑方格网通常是在图纸设计阶段，由设计人员布置在总平面图上。有时也可根据总平面图中建筑物的分布情况、施工组织设计，结合场地地形布置建筑方格网。由于施工测量影响控制网的精度和使用，因此应遵循以下原则：主轴线应尽量选在整个场地的中部，方向与主要建筑物的基本轴线平行；纵、横主轴线要严格正交成 90°；主轴线的长度以能控制整个建筑场地为宜；主轴线的定位点称为"主点"，一条主轴线不能少于 3 个主点，其中必有一个是纵、横主轴线的交点；主点间的距离不宜过小，若场地条件允许，最好不小于 300m，以保证主轴线的定向，主点应选在通视良好、便于施测的位置。图 15-3 中 MPN 和 CPD 即为按上述原则布置的建筑方格网主轴线。

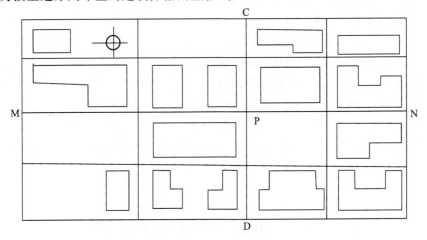

图 15-3　建筑方格网的布置

主轴线拟定以后,可进行方格网线的布置。方格网线要与相应的主轴线正交,网线交点应能通视;网格的大小视建筑物的平面尺寸和分布而定,正方形格网边长多取 100～200m,矩形格网边长尽可能取 50m 或其倍数。

建筑方格网的测设步骤:
①按建筑基线测设的方法,先确定主轴线。
②拨角 90°,加密形成方格网。

(3)导线网或三角网适用于建筑物分布不规则的场地。这种布网方式使用的次数相对较少。如图 15-4 所示就是导线网和三角网的布网情况。

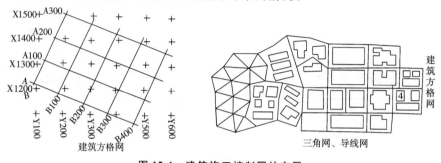

图 15-4　建筑施工控制网的布置

4. 建筑坐标系与测图坐标系的坐标换算

为了工作上的方便,在建立平面控制网和进行建筑定位时,多采用一种独立的直角坐标系统,称为"建筑坐标系"。该坐标系的纵横坐标轴与建筑方格网线平行或重合,因而也与场地主要建筑物的轴线相平行。坐标原点常设在总平面图的西南角。由于建筑物布置的方向受场地地形和生产工艺流程的限制,建筑坐标系通常与测图坐标系不一致。两坐标系之间的关系:通过建筑坐标系原点在测图坐标系中的坐标系,通常用坐标系纵轴的坐标方位角加以确定。

由于两坐标系不一致,在建筑方格网测设时,需要把主点的建筑坐标换算成测图坐标,以便通过测图控制点求算测设数据。坐标换算的方法如图 15-5 所示,$AO'B$ 和 xOy 分别为建筑坐标系和测图坐标系,$x_{O'}$、$y_{O'}$ 为 O' 点测图坐标,α 为 $O'A$

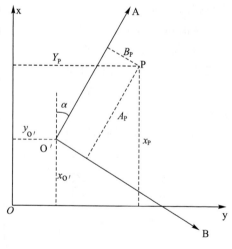

图 15-5　坐标换算

的坐标方位角,A_P、B_P 是主点 P 的建筑坐标,则 P 点的测图坐标 x_P、y_P 可用式(15－2)求算:

$$x_P = x_{O'} + A_P \cos\alpha - B_P \sin\alpha$$
$$y_P = y_{O'} + A_P \sin\alpha + B_P \cos\alpha$$
（15－2）

在上式中,$x_{O'}$、$y_{O'}$、α 及 A_P、B_P 的数据可由总平面图查取。

(二)施工高程控制网的建立

建筑场地的高程控制测量就是在整个场区内建立可靠的水准点,形成与国家高程控制系统相联系的水准网。场区水准网一般布设成两级,首级网作为整个场地的高程基本控制,一般情况下按四等水准测量的方法确定水准点高程,并埋设永久性标志。若因设备安装或下水管道铺设等某些部位测量精度要求较高时,可在局部范围内采用三等水准测量,设置三等水准点。加密水准网以首级水准网为基础,可根据不同的测设要求按四等水准或图根水准的要求进行布设。建筑方格网点及建筑基线主点亦可兼作高程控制点。在进行等级水准测量时,应严格按国家测量规范进行。

建筑物高程控制应符合下列规定:

(1)建筑物高程控制应采用水准测量。附合路线闭合差不应低于四等水准的要求。

(2)水准点可设置在平面控制网的标桩或外围的固定地物上,也可单独埋设。水准点的个数不应少于2个。

(3)当场地高程控制点距离施工建筑物小于200m时,可直接利用。

(4)当施工中高程控制点标桩不能保存时,应将其高程引测至稳固的建筑物或构筑物上,引测的精度不应低于四等水准。

①建筑场地较大时,一般将高程控制网分两级布设,可分为首级网和加密网。

②其相应的水准点为基本水准点和施工水准点。

a. 基本水准点。一般建筑场地埋设2~3个,按三、四等水准测量要求,将其布设成闭合水准路线,其位置应设在不受施工影响之处。

b. 施工水准点。施工水准点靠近建筑物,可用来直接测设建筑物的高程。通常设在建筑方格网桩点上。

③首级网一般采用三、四等水准测量方法。

(三)一般民用建筑的施工测量

民用建筑是指住宅、办公楼、食堂、俱乐部、医院和学校等建筑物。施工测量的任务就是按照图纸设计的要求,把建筑物的位置测设到地面上,并配合施工,以保证工程质量。

1. 测设前的准备工作

(1)熟悉图纸。设计图纸是施工测量的依据,在测设前,应熟悉建筑物的设计图纸,了解施工的建筑物与相邻地物的相互关系,以及建筑物的尺寸和施工的要求等。测设时必须具备下列图纸资料。

①总平面图(图15-6),是施工测设的总体依据,建筑物就是根据总平面图上所给的尺寸关系进行定位的。

②建筑平面图(图15-7),给出建筑物各定位轴线间的尺寸关系及室内地坪标高等。

③基础平面图(图15-8),给出基础轴线间的尺寸关系和编号。

④基础详图(即基础大样图,图15-9),给出基础设计宽度、形式及基础边线与轴线的尺寸关系。还有立面图和剖面图,它们给出基础、地坪、门窗、楼板、屋架和屋面等设计高程,是高程测设的主要依据;土方的开挖图;建筑物的结构图;管网图;场区控制点坐标、高程及点位分布图等。

(2)现场踏勘。目的是了解现场的地物、地貌和原有测量控制点的分布情况,并调查与施工测量有关的问题。

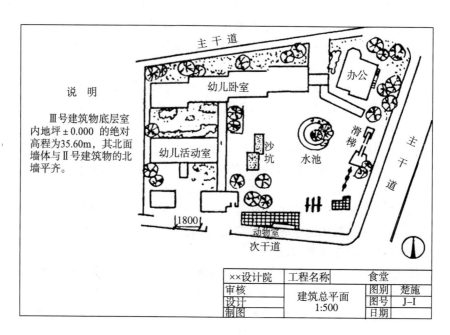

图 15-6 总平面图

(3)平整和清理施工现场,以便进行测设工作。

(4)拟定测设计划和绘制测设草图,对各设计图纸的有关尺寸及测设数据应仔细核对,以免出现差错。

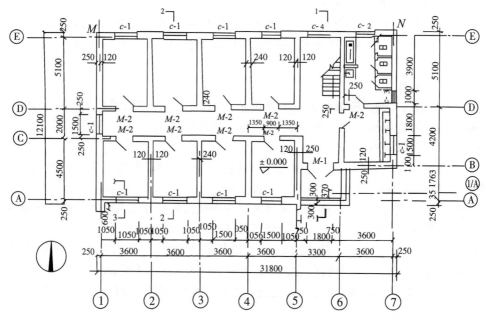

图 15-7 建筑平面图

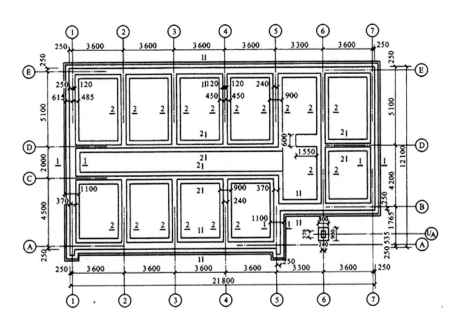

图 15-8　基础平面图

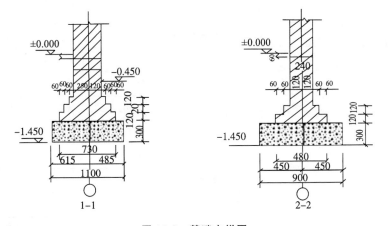

图 15-9　基础大样图

2.民用建筑物的定位

建筑物的定位就是将建筑物的外廓（墙）轴线交点（简称"角桩"，如图 15-10 中的 M、N、P 和 Q）测设在地面上，然后根据这些点进行细部放样。

建筑物定位方法：当有建筑基线、建筑方格网或导线时，采用直角坐标法或极坐标法定位；当无控制网时，可以根据已有建筑物采用延长直线法或直角坐标法定位（注意：测设时要考虑拟建建筑物墙的厚度）；根据规划道路红线进行建筑物定位，靠近城市道路的建筑物设计位置应以城市规划道路的红线为依据。下面介绍根据已有建筑物测设拟建建筑物的方法。测设时，要先建立建筑基线作为控制。

如图 15-10 所示，首先用钢尺沿着宿舍楼的东、西墙，延长出一小段距离 l，得 a、b 两点，用小桩标定之。将经纬仪安置在 a 点上，瞄准 b 点，并从 b 点沿 ab 方向量 14.240m 得

c点(图中教学楼的外墙厚37cm,轴线偏里,离外墙皮24cm),再继续沿ab方向从c点起量25.800m得d点,cd线就是用于测设教学楼平面位置的建筑基线。然后将经纬仪分别安置在c、d两点上,后视a点并转90°,沿视线方向量出距离$l+0.240$m得M、Q两点,再继续量出15.000m得N、P两点,M、N、P、Q四点即为教学楼外廓定位轴线的交点。最后,检查NP的距离是否等于25.800m,∠N和∠P是否等于90°。距高较差的相对误差不大于$\dfrac{1}{5000}$,角度较差不大于1′即可。

如现场已有建筑方格网或建筑基线时,可直接采用直角坐标法进行定位。

(1)放样前,应对建筑物施工平面控制网和高程控制点进行检核。

(2)测设各工序间的中心线宜符合下列规定:

①中心线端点。应根据建筑物施工控制网中相邻的距离指标桩以内分法测定。

②中心线投点。测角仪器的视线应根据中心线两端点决定;当无可靠校核条件时,不得采用测设直角的方法进行投点。

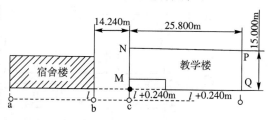

图15-10 测设定位轴线交点

表15-3 建筑物施工放样的允许偏差

项目	内容		允许偏差(mm)
基础桩位放样	单排桩或群桩中的边桩		±10
	群桩		±20
各施工层上放线	外廓主轴线长度 L(m)	$L\leqslant 30$	±5
		$30<L\leqslant 60$	±10
		$60<L\leqslant 90$	±15
		$90<L$	±20
	细部轴线		±2
	承重墙、梁、柱边线		±3
	非承重墙边线		±3
	门窗洞口线		±3
轴线竖向投测	每层		3
	总高 H(m)	$H\leqslant 30$	5
		$30<H\leqslant 60$	10
		$60<H\leqslant 90$	15
		$90<H\leqslant 120$	20
		$120<H\leqslant 150$	25
		$150<H$	30

续表

项目	内容		允许偏差(mm)
标高竖向传递	每层		±3
	总高 H(m)	$H \leqslant 30$	±5
		$30 < H \leqslant 60$	±10
		$60 < H \leqslant 90$	±15
		$90 < H \leqslant 120$	±20
		$120 < H \leqslant 150$	±25
		$150 < H$	±30

(3)在施工的建(构)筑物外围,应建立线板或控制桩。线板应注记中心线编号,并测设标高。线板和控制桩应注意保存。必要时,可将控制轴线标示在结构的外表面上。

(4)建筑物施工放样应符合下列要求:

①建筑物施工放样的偏差不应超过表15-3的规定。

②施工层标高的传递宜采用悬挂钢尺代替水准尺的水准测量方法,并应进行温度、尺长和拉力改正。传递点的数目应根据建筑物的大小和高度确定。规模较小的工业建筑或多层民用建筑宜从二处向上传递,规模较大的工业建筑或高层民用建筑宜从三处向上传递。传递的标高校差小于3mm时,可取其平均值作为施工层的标高基准,否则应重新传递。

③施工层的轴线投测宜使用2秒级激光经纬仪或激光铅直仪进行,控制轴线投测至施工层后,应在结构平面上按闭合图形对投测轴线进行校核。合格后,才能进行本施工层上的其他测设工作,否则应重新进行投测。

④施工的垂直度测量精度应根据建筑物的高度、施工的精度要求、现场观测条件和垂直度测量设备等综合分析确定,但不应低于轴线竖向投测的精度要求。

⑤大型设备基础浇筑过程中应及时监测。当发现位置及标高与施工要求不符时,应立即通知施工人员及时处理。

3.民用建筑物的放线

建筑物的放线是根据已定位的外墙轴线交点桩详细测设出建筑物各轴线的交点桩(或称"中心桩"),然后根据交点桩用白灰标示基槽开挖边界线。

(1)放线的具体内容。

①定中心桩。根据定位出的角桩详细测设建筑物各轴线的交点桩("中心桩")。测设定位轴线交点如图15-11所示,将经纬仪安置在M点,瞄准Q点,用钢尺沿MQ方向量出相邻两轴线间的距离,定出1、2、3、…各点(也可以每隔1~2轴线定一点),同理可定出A、B、…各点。量距精度应达到1:2000~1:5000。丈量各轴线之间的距离时,钢尺零端要始终对在同一点上。

②建筑物轴线控制。延长轴线,撒出基槽开挖白灰线。

(2)延长轴线的方法。

①龙门板法。适用于小型民用建筑。

②引桩法(轴线控制桩法)。适用于大型民用建筑。

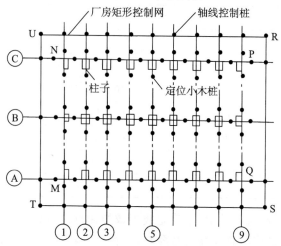

图 15-11　建筑物各轴线的交点桩

(3)恢复轴线位置的方法。由于在开挖基槽时,角桩和中心桩要被挖掉,为了便于在施工中恢复各轴线位置,应把各轴线延长到基槽外安全地点,并做好标志。其方法有设置轴线控制桩和设置龙门板 2 种。

①设置轴线控制桩。如图 15-12 所示,轴线控制桩设置在基槽外基础轴线的延长线上,作为开槽后各施工阶段恢复轴线的依据。轴线控制桩一般设置在基槽外 2～4m 处,打下木桩,在木桩上钉上小钉,准确标出轴线位置,并用混凝土包裹木桩。如附近有建筑物,亦可把轴线投测到建筑物上,用红漆做好标志,以代替轴线控制桩。

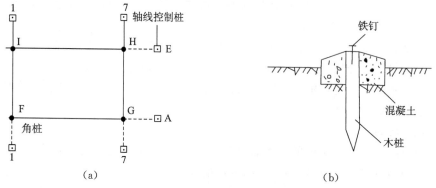

图 15-12　轴线控制桩

②设置龙门板。在小型民用建筑施工中,常将各轴线引测到基槽外的水平木板上。水平木板称为"龙门板",固定龙门板的木桩称为"龙门桩"。

a.在建筑物四角和中间定位轴线的基槽开挖线外 1.5～3m 处(根据土质和槽深而定)设置龙门桩,桩要钉得竖直、牢固,桩外侧面应与基槽平行。

b.根据场地内的水准点,用水准仪将±0.000 的标高测设在每个龙门桩上,用红铅笔画一横线。

c.沿龙门桩上测设的±0.000 线钉设龙门板,使板的上边缘高程正好为 0.000。若现场条件不允许,也可测设比±0.000 高或低一整数的高程,测设龙门板高程的限差为

±5mm。

d. 如图 15-13 所示,将经纬仪安置在 F 点,瞄准 G 点,沿视线方向在 G 点附近的龙门板上定出一点,钉小钉作标志(称"轴线钉")。倒转望远镜,沿视线在 F 点附近的龙门板上钉一小钉。同法可将各轴线都引测到相应的龙门板上。引测轴线点的误差应小于±5mm。如果建筑物较小,则可用锤球对准桩点,然后沿两锤球线拉紧线绳,把轴线延长并标定在龙门板上。

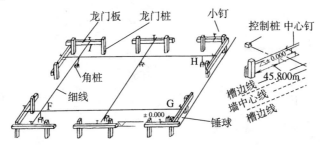

图 15-13 龙门板法和轴线控制桩示意图

e. 用钢卷尺沿龙门板顶面检查轴线钉之间的距离,其精度应为 1∶2000～1∶5000。经检核合格后,以轴线钉为准,将墙边线、基础边线、基槽开挖边线等标定在龙门板上(图 15-13)。标定槽上口开挖宽度时,应按有关规定考虑放坡的尺寸。

(4)撒出基槽开挖边界白灰线。在轴线的两端,根据龙门板上标定出的基槽开挖边界标志拉直细线绳,并沿此线绳撒出白灰线,施工时按此线进行开挖。

4. 基础施工测量工作

建筑物基础工程施工测量的主要工作是控制基槽开挖深度和控制基础墙标高等。

(1)控制基槽开挖深度。为了控制基槽开挖深度,在即将挖到槽底设计标高时,用水准仪在槽壁上测设一些水平的小木桩(图 15-14),使木桩上表面离槽底设计标高为一固定值(如 0.5m),用以控制挖槽深度。为了施工时使用方便,一般在槽壁各拐角处和槽壁每隔 3～4m 处均测设一水平桩,必要时,可沿水平桩的上表面拉上白线绳,作为清理槽底和打基础垫层时掌握标高的依据。水平桩高程测设的允许误差为±10mm。

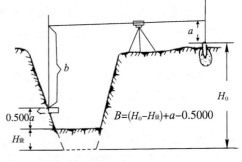

图 15-14 挖槽深度控制

(2)在垫层上投测墙中心线。基础垫层扣好后,根据龙门板上的轴线钉或轴线控制桩,用经纬仪或用拉绳挂锤球的方法,把轴线投测到垫层上(图 15-15),并用墨线弹出墙中心线和基础边线,以便砌筑基础。由于整个墙身砌筑均以此线为准,这是确定建筑物位置的关键环节,所以在要严格校核后方可进行砌筑施工。

(3)控制基础墙标高。房屋基础(±0.000 以下的砖墙)的高度是利用基础皮数杆来控制的。基础皮数杆是一根木制的杆子(图 15-16),在杆上事先按照设计尺寸,按砖、灰缝厚度画出线条,并标明±0.000 和防潮层等的标高位置。立皮数杆时,可先在立杆处打一木桩,用水准仪在木桩侧面定出一条高于垫层标高某一数值(如10cm)的水平线,然后将皮数杆上标高相同的一条线与木桩上的水平线对齐,并用大铁钉把皮数杆与木桩钉在一起,作为基础墙的标高依据。

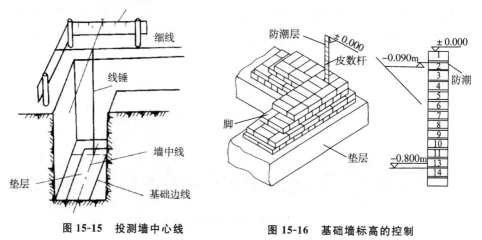

图 15-15　投测墙中心线　　　　图 15-16　基础墙标高的控制

(4)基础面标高的检查。基础施工结束后,应检查基础面的标高是否符合设计要求(也可检查防潮层)。可用水准仪测出基础面上若干点的高程和设计高程比较,允许误差为±10mm。

5.墙体工程施工测量

建筑物墙体工程施工过程中的测量工作主要包括墙体定位和高程控制。

(1)墙体弹线定位。利用轴线控制桩或龙门板上的轴线和墙边线标志,用经纬仪或拉细线绳挂锤球的方法将轴线投测到基础面或防潮层上,然后用墨线弹出墙中线和墙边线。检查外墙轴线交角是否等于90°,符合要求后,把墙轴线延伸并画在外墙基上(图 15-17),作为向上投测轴线的依据。同时把门、窗和其他洞口的边线在外墙基础立面上画出。

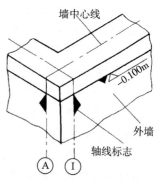

图 15-17　墙体弹线定位

(2)墙体各部位高程的控制。在墙体施工中,墙身各部位高程通常也用皮数杆控制。在墙身皮数杆上,根据设计尺寸按砖、灰缝厚度画出线条,并标明±0.000、门、窗、楼板等的标高位置(图 15-18)。墙身皮数杆的设立与基础皮数杆相同。测设±0.000标高线的允许误差为±3mm。一般在墙身砌起1m以后,就在室内墙身上定出±0.50m的标高线,供该层地面施工和室内装修使用。二层及二层以上的施工测量,在内容上和首层是一样的,即每层都要进行墙体和门窗的放线、用皮数杆控制标高、砌一步架高后在室内抄出比楼地面高0.5m的标高线以及比上部楼板标高低0.1m的标高线等。为了使皮数杆立在同一水平面上,要用水准仪测出楼板面四角的标高,取平均值作为地坪标高,并以此作为立杆标志。

一般选择建筑物中的轴线作为主轴线,在其轴控桩上架设经纬仪。严格整平后,依据外墙基础立面上的标志,用正倒镜分中法即可将轴线的端点投设到相应层面的边缘上。用在轴线端点间拉线绳的办法,在相应的层面上放出所投测的主轴线,检查合格后弹以墨线,然后用直角坐标法或距离交会法排出其他轴线,并弹以墨线。

当建筑物的层数不多时,亦可用大锤球来投测轴线——用锤球线的底端对准基础上的轴线标志,上端与相应层面的交点即为轴线的端点。

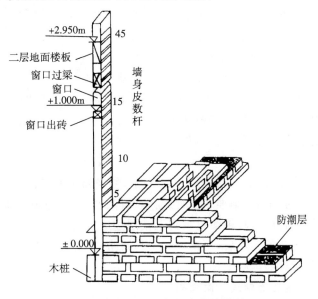

图 15-18 墙体各部位高程的控制

当精度要求较高时,可用钢尺沿结构外墙、边柱、楼梯间等自±0.000起向上直接丈量至楼板外侧,确定立杆标志。一般高层建筑至少由三处向上传递,以便校核。

框架结构的民用建筑墙体砌筑是在框架施工后进行的,故可在柱面上画线,代替皮数杆。

(四)高层民用建筑施工测量

在高层建筑物的砌筑过程中,为了保证轴线位置的正确传递,可用吊锤球或经纬仪将底层轴线投测到各层楼面上,作为各层砌体施工的依据。高层建筑物施工测量中的主要问题是控制垂直度,就是将建筑物的基础轴线准确地向高层引测,并保证各层相应轴线位于同一竖直面内,控制竖向偏差,使轴线向上投测的偏差值不超限。在从底层向上引测轴线时,要求竖向误差在本层内不超过5mm,全楼的累计误差不超过20mm。

高层建筑施工具有层数多、高度高、建筑结构复杂、设备和装修标准较高等特点,因此,对建筑物各部位的水平位置、垂直度及轴线尺寸、标高的精度要求也较高。

高层建筑的基础施工测量包括:轴线测设,设置轴线控制桩;桩位测设;基坑位置测设;基坑抄平,底板垫层放样;地下建筑轴线放样;至±0.000,基础施工结束。

具体施工方法将在专业课程中介绍。

高层建筑的轴线控制与轴线投测的关键是控制竖向偏差,即精确向上引测轴线。精度要求:轴线向上投测时,要求竖向误差(层间标高测量偏差和竖向测量偏差)在本层内不超过±5mm,全楼累计误差值(建筑全高(H)测量偏差和竖向偏差)不应超过$2H/10000$(H为建筑物总高度),且30m<H≤60m时,不应大于10mm;60m<H≤90m时,不应大于15mm;H>90m时,不应大于20mm。

高层建筑物轴线投测方法有经纬仪延长轴线法、经纬仪天顶测量法及激光铅垂仪投测法等。

1. 砖混结构多层建筑物轴线竖向投测

（1）吊锤法（内控法）。如图 15-19 所示，用较重的锤球悬吊在楼板或柱顶边缘，当锤球尖对准基础墙面上的轴线标志时，线在楼板或柱边缘的位置即为楼层轴线端点位置，画出标志线。同法投测各轴线端点。经检测各轴线间距符合要求后即可继续施工。这种方法简便易行，一般能保证施工质量，但当测量时风力较大或建筑物较高时，投测误差较大，应采用经纬仪投测法。

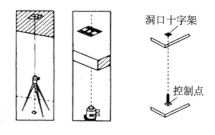

图 15-19　吊锤法

（2）经纬仪投测法（外控法）。如图 15-20 所示，将经纬仪安置在相互垂直的建筑物中部轴线控制桩上，严格整平后，瞄准底层轴线标点（即标在外墙基础立面上的轴线标志），用盘左和盘右取平均的方法，将轴线投测到上楼层边缘或柱顶上。每层楼板应测设长轴线 1~2 条，短轴线 2~3 条。然后，用钢尺实量其间距，相对误差不得大于 1∶2000。合格后才能在楼板分间弹线，继续施工。

2. 框架结构多层建筑物轴线竖向投测

如图 15-21 所示，以梁、柱组成框架作为建筑物的主要承重构件，楼板置于梁上，此种结构形式称为"框架结构"。若梁、柱为现浇时，要严格校核模板的垂直度。校核方法是，首先用吊锤法或经纬仪投测法将轴线投测到相应的柱顶上，定出标志，然后在柱面上（至少两个面）弹出轴线，并以此作为向上传递轴线的依据。在架设立柱模板时，把模板套在柱顶的搭接头上，并根据下层柱面上已弹出的轴线，严格校核模板的位置和垂直度。按此方法将各轴线逐层传递上去。

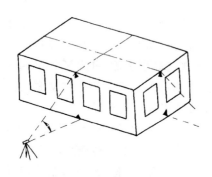
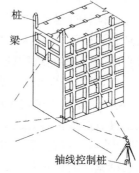

图 15-20　经纬仪投测法　　图 15-21　框架结构多层建筑物轴线竖向投测

（1）经纬仪延长轴线法。当建筑物层数增加而轴线控制桩距建筑物较近时，则轴线投测时仰角增大，投测精度随之降低，因此，要将原中心轴线控制桩引测到距建筑物较远的安全地点或附近已建的大楼屋面上，以减小仰角。如图 15-22 所示，将经纬仪分别安置于地面中线柱 b'、b'_1 及 c'、c'_1 上，分别瞄准底层轴线点 b、b_1 及 c、c_1，将中心线投测于楼层面上 $b_中$、$b_{1中}$ 和 $c_中$、$c_{1中}$。然后将经纬仪分别安置于楼面上的中心轴线点 $c_中$、$c_{1中}$ 上，瞄准 c'、c'_1 点，用盘左和盘右取平均值法，将原中心线控制桩引测至远处安全地点或附近较高建筑物楼面上,得 c''、c_1'' 点,并用标志固定其位置。在上部楼层施工时,即可将经纬仪安置在新的控制桩 c''、c_1'' 上,瞄准 c、c_1 点,按经纬仪投测法继续向上投测轴线。

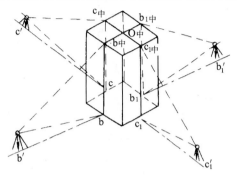

图 15-22 经纬仪延长轴线法

(2)经纬仪天顶测量法。经纬仪天顶测量法是在 DJ_2 级经纬仪或全站仪上加一个 90°弯管目镜附件后,进行轴线垂直投测。该法适用于建筑密集的地区。进行投测时,将经纬仪安置在地面预先建立的控制点上,对中、整平。装上 90°弯管目镜,在控制点天顶的测设层上,设置目标分划板,将望远镜物镜指向铅直向上方向,由弯管目镜观测。当将仪器平转一周后,视线始终指在一点上,此时视线方向正处于铅垂,则该点即是所要投测的测点,并作出标志。同法在天顶楼层上测设各点。其他各项工作的操作方法,如校核各测点之间的距离、角度及楼面轴线放线等,均和前述方法相同。此法只需配备一个 90°弯管目镜,投资少,精度能满足工程要求。

3. 高层建筑的高程传递

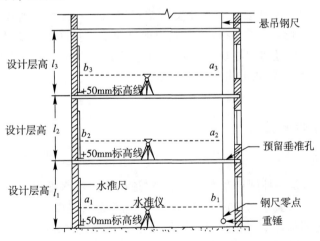

图 15-23 钢尺法高程传递示意图

将±0.000m 的高程传递,一般用钢尺沿结构外墙、边柱和楼梯间向上竖直量取。用这种方法传递高程时,一般至少由三处底层标高点向上传递,再用水准仪检核同一层的几个标高点,其误差应不大于±3mm,如图 15-23 所示。有时候还采用全站仪进行高程传递,如图 15-24 所示。

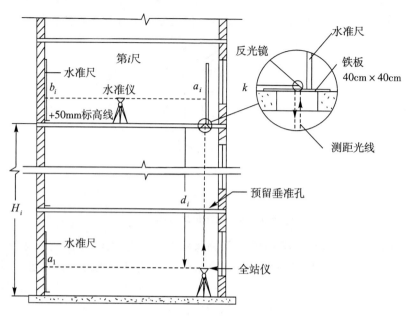

图 15-24　全站仪法高程传递示意图

第二节　激光定位仪在建筑施工测量中的应用

激光定位仪器主要由氦氖激光器和发射望远镜构成。这种仪器提供了一条空间可见的红色激光束。该光束发散角很小，可成为理想的定位基准线。如果配以光电接收装置，不仅可以提高精度，还可以在机械化施工中进行动态导向定位。基于这些优点，激光定位仪器得到了迅速发展，相继出现了多种激光定位仪器。下面介绍几种典型激光定位仪器及其应用。

一、激光定位仪器简介

(一)激光水准仪

如图 15-25 所示是一种国产激光水准仪，它是在 DS_3 型水准仪望远镜筒上安装激光装置而制成的。激光装置由氦氖激光器和棱镜导光系统所组成。

仪器的激光光路如图 15-26 所示。从氦氖激光器发射的激光束经棱镜转向聚光镜组，通过针孔光栏到达分光镜，再经分光镜折向望远镜系统的调焦镜和物镜射出激光束。

使用激光水准仪时，首先按水准仪的操作方法安置、整平仪器，并瞄准目标。然后接好激光电源，开启电源开关，待激光器正常起辉后，将工作电流调至 5mA 左右，这时将有最强的激光输出，在目标上得到明亮的红色光斑。

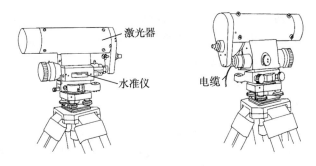

图 15-25 激光水准仪

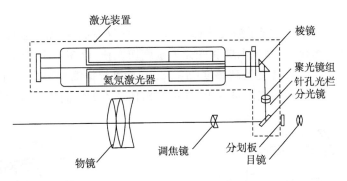

图 15-26 激光水准仪光路

(二)激光经纬仪

如图 15-27 所示为国产 J_2-JD 型激光经纬仪,它是在国产 J_2 型光学经纬仪的望远镜筒上装配了激光装置,可随望远镜一起转动。其支架的一侧有正、负极插孔,通过电缆线与电源箱连接。

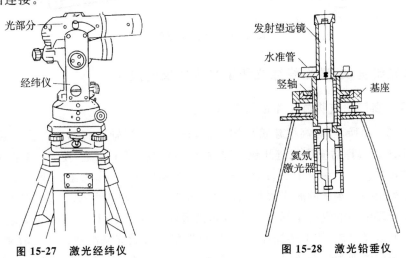

图 15-27 激光经纬仪   图 15-28 激光铅垂仪

激光经纬仪在使用时,有关激光装置部分的操作与激光水准仪相同,经纬仪部分的操作与一般经纬仪相同。

(三)激光铅垂仪

激光铅垂仪是一种专用的铅直定位仪器,适用于高烟囱、高塔架和高层建筑的铅直定位测量。如图 15-28 所示为一种国产激光铅垂仪的示意图。仪器的竖轴是一个空心筒轴,两端有螺扣连接望远镜和激光器的套筒,将激光器安在筒轴的下端,望远镜安在上端,构成向上发射的激光铅垂仪。也可反向安装,成为向下发射的激光铅垂仪。将仪器对中、整平后,接通激光电源,起辉激光器,便可铅直发射激光束。

(四)激光平面仪

激光平面仪主要由激光准直器、转镜扫描装置、安平机构和电源等部件组成。激光准直器竖直地安置在仪器内。激光沿五角棱镜旋转轴入射时,出射光束为水平光束;当五角棱镜在电动机驱动下水平旋转时,出射光束成为激光平面,可以同时测定扫描范围内任意点的高程。

如图 15-29 所示为自动安平激光平面仪 LP3A,该仪器除主机外还配有 2 个受光器。受光器上有条形受光板、液晶显示屏和受光灵敏度切换钮,该钮从 L 转至 Ⅳ,受光感应灵敏度由低感度(±2.5mm)转变到高感度(±0.8mm),可根据测量要求进行选择。受光器也可通过卡具安装在水准尺或测量杆上,即可测出任意点的标高或用以检测水平面等。

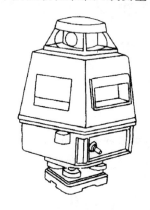
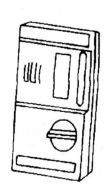

图 15-29　激光平面仪

二、激光铅垂仪、激光经纬仪和激光水准仪的应用

(一)用于高层建筑物施工中的轴线竖向投测

如图 15-30(a)所示,在高层建筑底层地面,选择与柱列轴线有确定方位关系的 3 个控制点 A、B、C。选择时应注意避开建筑物轴线,距轴线 0.5m 以上,使 AB 垂直于 BC,并在其正上方各层楼面上相对于 A、B、C 三点的位置预留洞口,作为激光束通光孔。在各通光孔上各固定一个水平的激光接收靶,如图 15-30(b)中的部件 A,靶上刻有坐标格网,可以读出激光斑中心的纵横坐标值。将激光铅垂仪安置于 A、B、C 三点上,使其严格对中、整平,接通激光电源,按上述操作方法,即可发射竖直激光基准线。在接收靶上,激光光斑所指示的位置即为地面 A、B、C 三点的竖直投影位置。经角度和长度检核符合要求后,按楼层直角三角形与柱列轴线的方位关系,将各柱列轴线测设于各楼层面上,做好标志,供施工放样用。

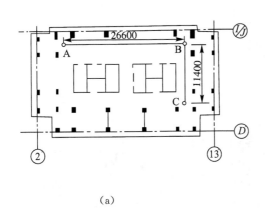
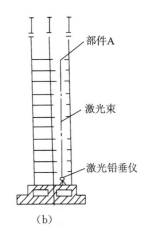

图 15-30 激光铅垂仪用于轴线投测

如图 15-31 所示,高层建筑 4 个投测点距轴线 0.5~0.8m。

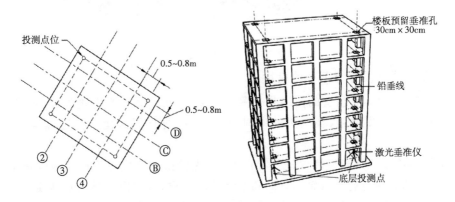

图 15-31 高层建筑投测点位图

(二)用于烟囱滑模施工中控制垂直度

如图 15-32、图 15-33 所示,混凝土烟囱或水塔采用滑模施工时,是将拌好的混凝土提升到工作平台,向钢模板内浇筑,满槽后利用油压千斤顶提升工作平台和钢模板,每次提升约 30cm。

为了保证烟囱竖直,在施工中必须严格控制工作平台中心沿烟囱中心线上升,所以每次提升均应进行一次垂直度检核。

在滑模施工开始之前,将检验调整好的激光铅垂仪安置在筒身地面中心点上,进行严格对中、整平。在工作平台中心位置设置激光接收靶,接收靶可采用描图纸绘成环形。检核时打开电源开关,发射激光束,通过调焦使接收靶上的光斑最小,记录靶心偏离光斑的距离和方位,根据偏差的大小和方位进行纠正。

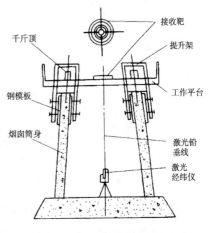

图 15-32 烟囱垂直度的控制

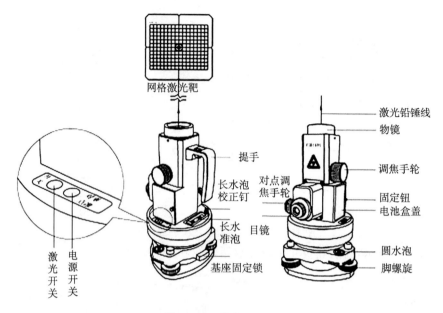

图 15-33 激光铅垂仪

(三)在自动化顶管施工中的应用

如图 15-34 所示,在顶管的前端装有掘进机头,机头上装有光电接收靶和自控装置,直接控制校正千斤顶油路,在掘进的同时自动进行方向纠偏,使施工过程全部实现自动化。

用激光水准仪或激光经纬仪进行导向时,首先将仪器安置在工作坑内管道中线上,通过调整,使激光束符合顶管轴向方向和设计坡度要求,以此作为导向基准线,然后调整光电接收靶的中心与激光中心重合。当掘进机头在前进中发生偏位时,光电接靶发出偏差信号,通过自动控制和液压纠偏装置自动纠偏,使机头沿激光束方向继续前进。

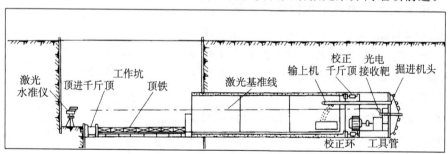

图 15-34 激光水准仪或激光经纬仪在自动化顶管施工中的应用

(四)激光平面仪在建筑工程中的应用

在激光平面仪所扫描的范围内,任何工种的施工人员都可以利用它作为掌握标高的基准,从而可以控制各工序的施工误差,提高平整度和平直度,并能加快作业进度。因此,它在建筑工程中有着广泛的应用。

1. 控制大面积平整度

将激光平面仪设置在稳固且适宜的位置,使激光平面的高度便于施工人员检测。根据各工序设计标高划定测尺(木尺或光电测尺)上的基准线。当激光平面扫描光迹与基准线重合时,表示作业高度与设计标高一致。当激光扫描光迹高于基准线时,表示测点偏低,反之,表示测点偏高,均应及时进行调整。图 15-35 所示是用激光平面仪检查混凝土楼板的模板标高示意图。

2. 为天花板龙骨起拱定基准面

在大型公共建筑工程中,利用激光平面仪为天花板起拱作业提供基准面,可大幅度提高生产效率。

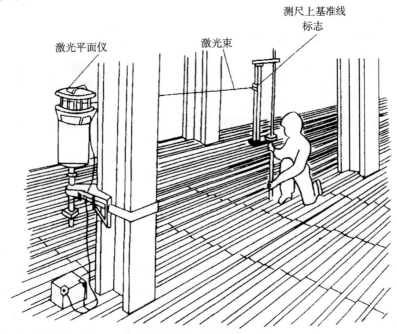

图 15-35 激光平面仪控制大面积平整度

将仪器安置在楼面上(或用吊架悬挂在混凝土梁上),使激光平面仪位于龙骨下面 20cm 的高度。操作人员在脚手架上用钢卷尺即可方便地检测龙骨各吊点的高度,并根据平面坐标检查龙骨架的拱度和对称性。图 15-36 所示是用激光平面仪检测天花板的示意图。

3. 控制预制地板安装的水平误差

为了保证大理石板或水磨石板安装时的总体平整度,可使用激光平面仪控制安装误差。施工中,各作业人员均可随时用轻便的测尺观察光迹或光斑中心是否与测尺上的设计分划线重合,以便保证大理石板四角在同一水平上。图 15-37 所示是利用激光平面仪安装地板的示意图。

图 15-36 激光平面仪检测天花板的示意图

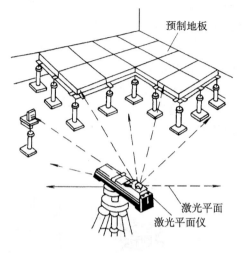
图 15-37 激光平面仪安装地板示意图

第三节 建筑物的变形观测

一、变形观测概述

建筑物在施工和营运过程中,由于地质条件和土壤性质的不同、地下水位和大气温度的变化、建筑物荷载和外力作用等影响,导致建筑物随时间发生的垂直升降、水平位移、挠曲、倾斜、裂缝等,统称为"变形"。用测量仪器定期对建筑的地基、基础、上部结构及其场地受各种作用力而产生的形状或位置变化进行观测,并对观测结果进行处理和分析的工作,称为"变形观测"。

各种工程建筑物在其施工和使用过程中,都会产生一定的变形,当这种变形在一定限度内时,可认为属于正常现象,但超过了一定的范围,就会影响其正常使用,并危及建筑物及人身的安全。因此,需要对施工中的重要建筑物和已发现变形的建筑物进行变形观测,掌握其变形量、变形发展趋势和规律,以便一旦发现不利的变形,可以及时采取措施,以确保施工安全和建筑物的安全,同时也为以后更合理的设计提供资料。

由于建筑物破坏性变形危害巨大,变形观测的作用逐步为人们了解和重视,因此,在建筑立法方面也赋予其一定的地位。建设部制定并颁布了中华人民共和国行业标准《建筑变形测量规范》(JGJ8-2007),自 2008 年 3 月 1 日起实施。目前国内许多大中城市已经提出要求和做出决定:新建的高层、超高层,重要的建筑物必须进行变形观测,否则不予验收。同时要求把变形观测资料作为工程验收依据和技术档案之一呈报和归档。

(一)建筑物变形的原因

一般来说,建筑物变形主要是由两方面原因引起的。一是自然条件及其变化,即建筑物地基的工程地质、水文地质、土壤物理性质、大气温度等发生变化。二是建筑物本身,即建筑物本身的荷重,建筑物的结构、型式及动荷载(如风力、震动、日照等)的作用。

(二)工程建筑物变形的分类

工程建筑物变形可分为静态变形和动态变形。静态变形是指变形观测的结果只表示在某一期间内的变形值,即它只是时间的函数。动态变形是指在外力影响下而产生的变形,即它是以外力为函数来表示的动态系统对于时间的变化,其观测结果表示建筑在某个时刻的瞬时变形。

(三)变形观测的任务与内容

1. 变形观测的任务

变形观测最主要的任务就是对变形观测点进行周期性的观测,求得其在两个观测周期间的变化量;对变化量进行统计分析,评定观测量、变形量的质量;对工程建筑物进行变形分析与预报,分析变形成因等。

2. 变形观测的内容

变形观测的内容应根据建筑物的性质与地基情况来确定,既要重点突出,又要通盘考虑,以能正确反映出建筑物的变化情况,达到监视建筑物安全运营、了解其变形规律为目的。

(1)工业民用建筑。对于基础,主要是均匀沉陷和不均匀沉陷观测;对于建筑物本身,主要是倾斜和裂缝观测;对于特种设备,主要是水平位移和垂直位移观测。

(2)土木建筑物。以土坝为例,主要有水平位移、垂直位移、渗透(浸润线)以及裂缝等观测。

(3)钢筋混凝土建筑物。外部观测,如垂直位移、水平位移、伸缩缝等观测;内部观测,如混凝土应力、钢筋应力、温度等观测。

(四)建筑物变形观测的特点

1. 观测精度高

由于变形观测的结果直接关系到建筑物的安全,影响对变形原因和变形规律的正确分析,因此,观测必须具有较高的精度。变形观测的精度要求取决于该工程建筑物预计允许变形值的大小和进行观测的目的。一般来讲,如果变形观测是为了确保建筑物的安全,则测量精度应小于允许变形值的1/10;如果是为了研究变形的过程,则观测精度还应更高。

2. 重复观测量大

建筑物由于各种原因产生的变形都具有时间效应,计算变形量最基本的方法是计算建筑物上同一点在不同时间的坐标差和高程差。这就要求变形观测必须依一定的时间周期进行重复观测。重复观测的频率取决于观测的目的、预计的变形量大小和变形速率。通常要求观测的次数既能反映出变化的过程,又不遗漏变化的时刻。

3. 数据处理严密

建筑物的变形一般都较小,甚至与观测精度处在同一个数量级;同时,重复观测的数据量较大。要从大量数据中精确提取变形信息,必须采用严密的数据处理方法。数据处理的过程也是进行变形分析和预报的过程。

(五)建筑物变形观测的方法及主要项目

(1)按采用测量仪器、设备的不同,建筑物变形观测的方法分为以下几种。

①常规测量方法。常规测量方法包括精密水准测量、三角高程测量、三角(边)测量、导线测量、交会法等。测量仪器主要有经纬仪、水准仪、电磁波测距仪以及全站仪等。这类方法的测量精度高,应用灵活,适用于不同变形体和不同的工作环境。

②摄影测量方法。该法不需接触被监测的工程建筑物,摄影影像的信息量大,利用率高,外业工作量小,观测时间短,可获取快速变形过程,可同时确定工程建筑物上任意点的变形。数字摄影测量和实时摄影测量为该技术在变形观测中的应用开拓了更好的前景。

③特殊测量方法。特殊测量方法包括各种准直测量法(如激光准直仪)、挠度曲线测量法(测斜仪观测)、液体静力水准测量法和微距离精密测量法(如钢瓦线尺测距仪)等。这些方法可实现连续自动监测和遥测,相对精度高,但测量范围不大,只能提供局部变形信息。

④空间测量技术。空间测量技术包括基线干涉测量(VLBI)、卫星测高、全球定位系统(GPS)等。空间测量技术比较先进,可以提供大范围的变形信息,是研究地球板块运动和地壳形变等全球性变形的主要手段。全球定位系统(GPS)已成功应用于山体滑坡监测,高精度 GPS 实时动态监测系统实现了对大坝、大桥等全天候、高频率、高精度和自动化的变形监测。

(2)根据建筑物的性质、使用情况、观测时周围的环境以及对观测的要求,分为以下几种。

①垂直位移。多采用精密水准测量、液体静力水准测量的方法观测。

②水平位移。多采用基准线方法(视准线法、激光准直法、激光波带法)、前方交会方法、静态和动态 GPS 方法等测量。

③挠度。对于混凝土坝的挠度观测,多采用悬挂重锤线法(正锤线法和倒锤线法)。

④其他。如使用测缝计进行裂缝观测,运用近景摄影测量进行各种建筑物、建筑文物的观测等。

二、变形观测工作的实施步骤

(一)变形观测方案的设计

建筑变形测量工作开始前,应根据建筑地基基础设计的等级和要求、变形类型、测量目的、任务要求以及测区条件等进行施测方案设计,确定变形测量的内容、精度级别、基准点与变形点布设方案、观测周期、仪器设备及检定要求、观测与数据处理方法、提交成果内容等,编写技术设计书或施测方案。应对观测对象的设计图纸和现场情况进行充分的了解和研究。

(二)变形观测工作的实施

下面按建筑物变形观测的主要项目进行叙述,主要包括沉降观测、倾斜观测、裂缝观测和水平位移观测等内容。

1. 建筑物的沉降观测

建筑物的沉降是用水准测量方法,通过观测布设在建筑物上的沉降观测点与水准基点之间的高差变化值来确定的。

(1)水准点与观测点的布设。水准点包括工作水准点和永久性基本水准点 2 种,如图 15-38 所示。前者直接用作沉降观测的后视点,后者则用于检查工作水准基点的稳定性。永久性基本水准点应布设在沉降影响范围以外的稳定地点,且 3 个为一组;工作水准点应尽量布设在靠近建筑物而又受其沉降影响较小的地方,以距建筑物 20～100m 为宜,如图 15-39 所示。为了保证水准基点的稳定性,埋设深度要低于冰冻线以下 0.4m。为了互相检核,水准基点最少应布设 3 个。

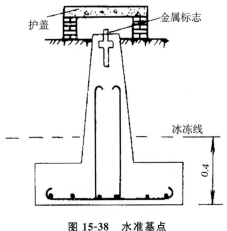

图 15-38 水准基点

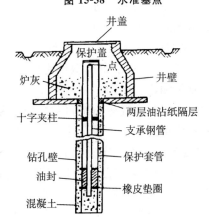

图 15-39 水准基点及其布设形式

水准基点是测定沉降观测点沉降量的依据。水准基点之间的高差应用 DS_1 级水准仪和精密水准测量方法进行测定。将水准基点组成闭合水准路线,或进行往返观测,其闭合差不得超过 $\pm 0.5\sqrt{n}$ (mm)(n 为测站数)。水准基点的高程自国家或城市水准点引测或者假定。

沉降观测点应布设在能全面反映建筑物沉降情况的部位,如建筑物四角,沉降缝两侧,建筑物载荷变化较大的地方,大型设备基础,柱子基础和地质条件变化等处。对于民用建筑,在墙角和纵横墙交界处,周边每隔 10～20m 处均应布点。当房屋宽度大于 15m 时,应在房屋内部纵轴线上和楼梯间布点。对于工业建筑,应在房角、承重墙、柱子和设备基础上布点。对于烟囱和水塔等,应在其四周均匀布设 3 个以上的观测点。沉降观测点的结构形式如图 15-40 所示。

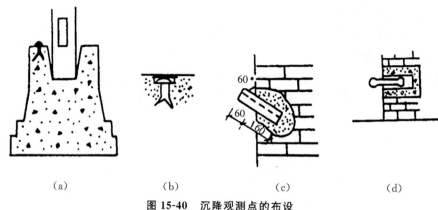

图 15-40 沉降观测点的布设

(2)观测方法和时间。

①观测方法。沉降观测多用水准测量的方法组成闭合或附合路线。永久性基本水准点之间及其与工作水准基点间的高差采用一等精密水准测量测定,路线闭合差调整后算出各水准点的高程。工作水准基点与观测点之间的高差,对于大型厂房、连续性生产设备基础等,应采用二等精密水准测量测定;对于中小型厂房和民用建筑物,可采用三等水准测量测定。如图 15-41 所示。

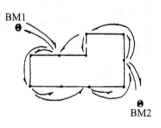

图 15-41 观测方法

②观测时间。观测的时间和次数应根据工程性质、施工进度、地基土质情况及基础载荷的变化情况而定。埋设的观测点稳定后做第一次观测;施工期间,高层建筑物每升高 1~2 层或每增加一次较大的荷载(如浇灌基础、回填土、安装柱子和屋架等)就要观测一次;长时间停工时和复工前以及暴雨过后等,均应观测一次。竣工后,应根据沉降量的大小来确定观测的时间间隔。通常第一年为 4 次,第二年为 2 次,第三年后为每年 1 次,直到沉降量稳定为止。其他建筑物的观测总次数不应少于 5 次。当出现大量沉降或严重的裂缝时,应立即进行逐日或几天一次的连续观测。

观测时从水准基点开始,逐点观测所设沉降观测点,前、后视最好使用一把水准尺。每个测站上读完各沉降点读数后,要再观测后视读数,两次后视读数之差不能大于 1mm。

对重要建筑物、设备基础、高层钢筋混凝土框架结构及地基土质不均匀的建筑物进行的沉降观测,水准路线的闭合差不能超过 $\pm 1.0\sqrt{n}$ (mm)(n 为测站数)。对一般建筑物进行的沉降观测,水准路线的闭合差不能超过 $\pm 2.0\sqrt{n}$ (mm)。

每次沉降观测都应采用相同的观测路线与观测方法,使用同一台水准仪和同一把水准尺,并尽可能在大体相同的外界条件下进行。沉降观测除了用水准测量外,还可采用液体静力水准测量和地面摄影测量等方法进行。同时,为了直观地表达各点的下沉情况及其与荷载的关系,还应绘制沉降和荷重曲线。

(3)观测的成果整理。

①整理原始记录。每次观测结束后,应检查记录的数据和计算结果是否正确,精度是否合格。当闭合差不超限时,调整闭合差,将其反号平均分配,推算各沉降观测点的高程。

②计算沉降量。将观测日期、荷重大小和各观测点的高程等填入沉降量观测记录表,计算各观测点本次沉降量(用各观测点本次观测所得的高程减上次观测点高程)和累计沉降量(每次沉降量相加),并记入沉降量统计(表15-4)。

③绘制沉降曲线。如图15-42所示,下面部分是时间与沉降量关系曲线。其画法是:以沉降量为纵轴,以时间为横轴,组成直角坐标系;然后以每次累计沉降量为纵坐标,以每次观测日期为横坐标,标出观测点的位置;最后用曲线把标出的各点连接起来即成。

图15-40中绘出了1、2点的沉降曲线。

表15-4 沉降量观测记录表

观测次数	观测时间	各观测点的沉降情况						施工进展情况	载荷情况 (t/m²)
		1			2			3…	
		高程 (m)	本次下沉 (mm)	累计下沉 (mm)	高程 (m)	本次下沉 (mm)	累计下沉 (mm)		
1	1985.1.10	50.454	0	0	50.473	0	0	一层平口	
2	1985.2.23	50.448	−6	−6	50.467	−6	−6	三层平口	40
3	1985.3.16	50.443	−5	−11	50.462	−5	−11	五层平口	60
4	1985.4.14	50.440	−3	−14	50.459	−3	−14	七层平口	70
5	1985.5.14	50.438	−2	−16	50.456	−3	−17	九层平口	80
6	1985.6.4	50.434	−4	−20	50.452	−4	−21	主体完	110
7	1985.8.30	50.429	−5	−25	50.447	−5	−26	竣工	
8	1985.11.6	50.425	−4	−29	50.445	−2	−28	使用	
9	1986.2.28	50.423	−2	−31	50.444	−1	−29		
10	1986.5.6	0.422	−1	−32	50.443	−1	−30		
11	1986.8.5	40.421	−1	−33	50.443	0	−30		
12	1986.12.25	40.421	0	−33	50.443	0	−30		

注:水准点的高程 BM1=49.538m;BM2=50.132m;BM3=49.776m。

如图15-42所示,上面部分是时间与载荷关系曲线。其画法是:以每次观测日期的荷重为纵坐标,以每次观测日期为横坐标,标出各观测点位,最后用曲线将相邻点连接起来即成。

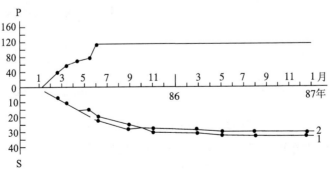

图15-42 沉降曲线

2. 建筑物的倾斜观测

(1) 一般建筑物的倾斜观测。测定建筑物倾斜度随时间而变化的工作称为"倾斜观测"。测定方法有 2 种：一种是直接测定法（悬吊垂球和经纬仪投点法）；另一种是通过测定建筑物基础相对沉降的方法来确定其倾斜度。现仅介绍用经纬仪直接测定法。

投点法如图 15-43 所示，按设计要求，A、B 应在同一铅垂线上。但由于建筑物发生了倾斜，A 偏离了铅垂线一段距离 A′B＝e。设建筑物的高度为 H，则其倾斜度 i 可按下式计算，即：

$$i = e/H \quad (15-3)$$

通常 H 是已知的，故只需测定 e 的大小，便可算出倾斜度的大小。为了测定 e，可在相互垂直的两个方向上且距建筑物不小于 $(1～1.5)H$ 的地方设站。先用经纬仪瞄准 A，再将视线投到 B 所在的水平面上，则两个方向视线的交点即为 A′。投测时应用正倒镜分中法。最后用钢尺直接量取 A′ 与 B 的距离获得值。

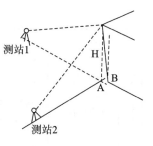

图 15-43 经纬仪投点法

(2) 烟囱的倾斜观测。测定烟囱（水塔）的倾斜度时，应首先求得其顶部中心相对底部中心的偏心距。如图 15-44 所示，在烟囱底部相互垂直的两个方向 x、y 向上横放水准尺，在尺的中垂线方向上且离烟囱的距离不小于烟囱高度 1.5 倍的地方安置经纬仪，用望远镜的视准轴瞄准烟囱的上、下口边缘后，再将视准轴投到水准尺上读数，则烟囱顶部中心 O 相对于底部中心的在 x、y 方向的偏心距 e_x、e_y 为：

$$e_x = \frac{1}{2}(x_1 + x_2) - \frac{1}{2}(x'_1 + x'_2)$$
$$e_y = \frac{1}{2}(y_1 + y_2) - \frac{1}{2}(y'_1 + y'_2) \quad (15-4)$$

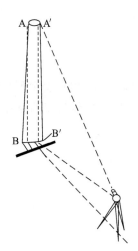 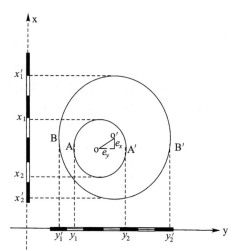

图 15-44 圆形构筑物的倾斜观测

烟囱的总偏心距和相对于 x 方向的偏心方位角分别为：

$$e = \sqrt{e_x^2 + e_y^2}$$
$$\alpha_{O'O} = \arctg \frac{e_y}{e_x} \quad (15-5)$$

烟囱的倾斜度仍用式(15-3)计算。除了用经纬仪测定烟囱倾斜度外，还可以用激光铅垂仪测定其顶部中心相对于底部中心的偏移值。近年来也有用地面摄影测量方法测定的。

3. 建筑物的裂缝观测

如图 15-45 所示，将两块大小不同的矩形白铁皮分别钉在裂缝的两侧，作为观测标志。固定时，使内外两块白铁皮的边缘相互平行，并将两块白铁皮自由端的端线相互投到另一铁皮上，用红油漆标以"▲"标志。如裂缝继续发展，则铁皮端线与三角形边线逐渐离开。定期量取两标志与相应自由端的距离并取其平均值，该平均值即为裂缝相对于建立观测标志前继续扩大的宽度。有时还要观测裂缝的走向和长度等。观测结果和观测日期都应记入观测簿。

4. 建筑物的水平位移观测

如图 15-46 所示，在垂直于建筑物轴线的方向上布设两条相互垂直的基线 AB 和 CD（在基线的端点埋设永久性标志）；在建筑物上对应于基线方向的位置钉上标牌，并用经纬仪以正倒镜分中法将 AB、CD 延长到标牌上，分别得 M、N 点，并钻以小孔标志。若过一段时间后建筑物发生了水平位移（图中虚线位置），则再将基线延长到标牌上，得到 M′和 N′点。分别量取 M′与 M、N′与 N 之间的水平距离，即可获得建筑物的纵、横向位移。根据纵、横向位移的大小，利用勾股定理便可求得建筑物的合位移。

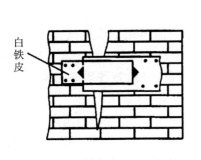

图 15-45　建筑物的裂缝观测

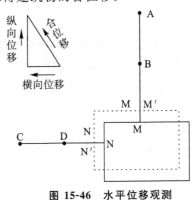

图 15-46　水平位移观测

三、变形观测的成果处理

观测资料整理分析包括两方面的内容。

1. 观测资料的整理和整编

具体工作内容包括以下几点。

(1)校核各项原始记录，检查变形观测值是否错误。

(2)对各种变形值按时间逐点填写观测值表。

(3)绘制各种变形线、建筑物分布图。

①观测点变形过程线。以时间为横坐标，以累积变形值(位移沉陷、倾斜、挠度等)为纵坐标，绘制成曲线。

②观测点变形过程线的绘制。如图 15-47 所示为某坝 5# 观测点的位移过程线，图中横坐标表示时间，纵坐标表示观测点累计位移值。

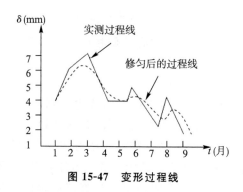

图 15-47　变形过程线

2. 观测资料的分析

主要分析建筑物变形过程、变形规律、变形幅度等。

(1) 作图分析。将观测资料绘制成各种曲线，常用的方法是将观测资料按时间顺序绘制成过程线。通过观测物理量的过程线，分析其变化规律，并将其与水位、温度等过程线对比，研究相互影响关系。也可以绘制不同观测物理量的相关曲线，研究其相互关系。这种方法简便、直观，适用于初步分析阶段。

(2) 统计分析。用数理统计方法分析计算各种观测物理量的变化规律和变化特征，分析观测物理量的周期性、相关性和发展趋势。这种方法能够进行定量分析，使分析成果更具实用性。

(3) 对比分析。将各种观测物理量的实测值与设计计算值或模型试验值进行比较，相互验证，寻找异常原因，探讨改进运行和设计、施工方法的途径。由于水工建筑物实际工作条件的复杂性，必须用其他分析方法处理实测资料，分离各种影响因素，才能对比分析。

(4) 建模分析。采用系统识别方法处理观测资料，建立数学模型，用以分离影响因素，研究观测物理量的变化规律，进行实测值预报和实现安全控制。常用数学模型如下。

① 统计模型。主要以逐步回归计算方法处理实测资料建立的模型。

② 确定性模型。主要以有限元计算和最小二乘法处理实测资料建立的模型。

③ 混合模型。一部分观测物理量（如温度）用统计模型，一部分观测物理量（如变形）用确定性模型。这种方法能够定量分析，是长期观测资料进行系统分析的主要方法。

四、竣工总平面图的测编

竣工总平面图是设计总平面图在施工后实际情况的全面反映。由于在施工过程中可能会因设计时没有考虑到的问题而使设计有所变更，所以设计总平面图不能完全代替竣工总平面图。编绘竣工总平面图的目的：首先是把变更设计的情况通过测量全面反映到竣工总平面图上；其次是将竣工总平面图应用于对各种设施的管理、维修、扩建、事故处理等工作，特别是对地下管道等隐蔽工程的检查和维修；同时还为企业的扩建提供了原有各项建筑物、构筑物、地上和地下各种管线及交通线路的坐标、高程等资料。

通常采用边竣工边编绘的方法来编绘竣工总平面图。竣工总平面图的编绘包括室外实测和室内资料编绘两方面的内容。

（一）竣工测量的内容

在每一个单项工程完成后，必须由施工单位进行竣工测量，提出工程的竣工测量成果，作为编绘竣工总平面图的依据。其内容包括以下方面。

(1) 工业厂房及一般建筑物。包括房角坐标、各种管线进出口的位置和高程，并附房屋编号、结构层数、面积和竣工时间等资料。

(2) 铁路与公路。包括起终点、转折点、交叉点的坐标，曲线元素，桥涵、路面、人行道等构筑物的位置和高程。

(3) 地下管网。包括窨井、转折点的坐标，井盖、井底、沟槽和管顶等的高程，并附注管道及窨井的编号、名称、管径、管材、间距、坡度和流向。

(4) 架空管网。包括转折点、结点、交叉点的坐标，支架间距，基础面高程等。

(5) 特种构筑物。包括沉淀池、烟囱、煤气罐及其附属建筑物的外形和四角坐标，圆形构筑物的中心坐标，基础面标高，烟囱高度和沉淀池深度等。

竣工测量完成后，应提交完整的资料，包括工程的名称、施工依据和施工成果，作为编绘竣工总平面图的依据。

（二）竣工总平面图的实测

测绘的内容与竣工总平面图应包含的图面内容相同。测绘的方法与地形图的测绘方法基本相同，但碎部点的测绘一般用经纬测角和钢尺或测距仪测距的极坐标法，碎部点的高程亦多用水准测量的方法施测。

（三）竣工总平面图的编绘

竣工总平面图上应包括建筑方格网点、水准点、建（构）筑物辅助设施、生活福利设施、架空及地下管线、铁路等建筑物或构筑物的坐标和高程，以及相关区域内空地等的地形。有关建筑物、构筑物的符号应与设计图例相同，有关地形图的图例应使用国家地形图图式符号。

建筑区地上和地下所有建筑物、构筑物绘在一张竣工总平面图上时，往往因线条过于密集而不醒目，为此，可采用分类编图。如综合竣工总平面图、交通运输总平面图和管线竣工总平面图等。比例尺一般采用1:1000。如不能清楚地表示某些特别密集的地区，也可在局部采用1:500的比例尺。

当施工的单位较多，工程多次转手，造成竣工测量资料不全，图面不完整或与现场情况不符时，需要实地进行施测，这样绘出的平面图称为"实测竣工总平面图"。

(1) 按原设计总平面图施工、经竣工后实测检查符合设计要求的，施工单位在原施工总平面图上加盖"竣工总平面图"标志后即可作为竣工总平面图。

(2) 施工中有少量变动（如设计变更或经检查施工产生了偏差）的，施工单位按实测的细部点坐标、高程和各种必要的元素，在施工总平面图上以实测数据代替原设计数据，修改原图上的设计对象以及变化了的地形，附上设计变更通知单和施工说明后即可作为竣工总平面图。

(3) 对于变动较多的，应由建筑单位组织编绘或委托勘测单位编绘。

在竣工总平面图上一般要用不同的颜色表示不同的工程对象。

第四节　工业建筑施工测量

一、厂房矩形控制网的设计与测设

工业建筑中以厂房为主体，分单层和多层。目前，我国较多采用预制钢筋混凝土柱装配式单层厂房。施工中的测量工作包括：厂房矩形控制网测设；厂房柱列轴线放样；杯形基础施工测量；厂房构件与设备的安装测量等。进行放样前，除做好与民用建筑相同的准备工作外，还应做以下2项工作。

（一）厂房矩形控制网的设计

1. 制定厂房矩形控制网放样方案及计算放样数据

厂区已有控制点的密度和精度往往不能满足厂房放样的需要，因此，对于每幢厂房，还应在厂区控制网的基础上建立适应厂房规模和外形轮廓，并且满足该厂房特需精度要求的独立矩形控制网，作为厂房施工测量的基本控制。厂房矩形控制网布设时，应使矩形网的轴线平行于厂房的外墙轴线（两种轴线的间距一般取4m或6m），并根据厂房外墙轴线交点的施工坐标和两种轴线的间距，给出矩控网角点的施工坐标。根据矩控网角点的施工坐标和地面建筑方格网，利用直角坐标法将矩控网的四个角点在地面上直接标定出来。对于大型或设备基础复杂

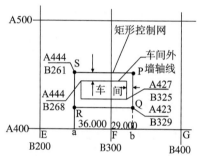

图 15-48　厂房矩形控制网放样略图

的厂房，可选其相互垂直的两条轴线作为主轴线，用测设建筑方格网主轴线的方法将其测设出来，然后根据这两条主轴线测设矩形控制网的四个角点。对于一般中小型工业厂房，如图15-48所示，在其基础的开挖线以外4m左右，测设一个与厂房轴线平行的矩形控制网R、S、P、Q，即可满足放样的需要。对于大型厂房或设备基础复杂的工业厂房，如图15-49所示，为了使厂房各部分精度一致，需要测设主轴线MN、PQ，然后根据主轴线测设矩形控制网Ⅰ、Ⅱ、Ⅲ、Ⅳ。对于小型的工业厂房，也可采用民用建筑定位的方法进行控制。厂房矩形控制网的放样方案是根据厂区总平面图、厂区控制网和现场地形情况等资料制定的。主要内容包括确定主轴线、矩形控制网、距离指标桩的点位、形式及其测设方法和精度要求等。

在确定主轴线点及矩形控制网的位置时，必须保证控制点能长期保存，因此要避开地上和地下管线，并与建筑物基础开挖边线保持1.5～4.0m的距离。距离指标桩的间距一般等于柱子间距的整数倍，但不超过所用钢尺的长度。

2. 绘制放样略图

绘制放样略图是根据设计总平面图和施工平面图，按一定比例绘制的放样略图。图上标有厂房矩形控制网两个对角S、Q的坐标及R、Q点相对于方格网点F的平面尺寸数据。

(二)厂房矩形控制网的测设

1. 单一厂房矩形控制网的测设

如图15-48所示,将经纬仪安置在F点,分别照准E点和G点,自F点沿视线分别量36.000m和29.000m,定a、b两点。然后将经纬仪分别安置在a、b两点,瞄准E点,用盘左、盘右分中的方法向右测设90°,并沿此方向量23.000m分别得R、Q点,再继续量21.000m得S、P点。最后检测∠S与∠P是否等于90°,RQ与SP是否等于设计长度。建筑物控制网的主要技术要求应符合表15-1的规定。此外,还应按放样图测设距离指标桩,以便据此进行厂房细部放样工作。

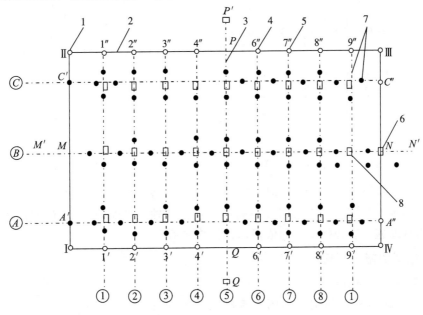

图15-49 大型厂房的测设

2. 根据主轴线测设矩形控制图

(1)主轴线的测设。此法是根据放样方案和放样略图先测设主轴线MN与PQ(图15-49),在此基础上建立矩形控制网。主轴线通常是根据厂房设计图选定的两条互相垂直的主要柱列轴线或设备基础轴线,其端点应布置在厂房基础施工开挖范围之外。

测设时,首先根据主轴线端点的设计坐标及厂区测量控制点坐标计算放样数据,然后按建筑方格网主轴线放样方法测设主轴点O和长轴端点M、N,使M、O、N三点严格在一条直线上;再以长轴为基础测设短轴OP和OQ,并按水平角测设方法进行改正,使长、短轴线严格正交。主轴线应采用精密量距方法,其容许误差应符合规范的规定。

(2)矩形控制网的测设。在M、N、P、p点上分别安置经纬仪,如图15-49所示,都以O点为后视点,分别测设直角,交会出Ⅰ、Ⅱ、Ⅲ、Ⅳ各角点,然后再精密丈量ⅠM、MⅡ、ⅡP、…各段距离。如果交会与量距所得点位不一致,则可适当进行调整,最后埋设混凝土桩。在测设矩形控制网的同时测设距离指标桩3′、3″、7′和7″点。施工测量中的标志因其作用、施工期限和土质情况不同而异。主轴线、矩形控制网、距离指标桩以及大型厂房的主要设备和主要桩基的中心线上都要埋设混凝土桩;建筑物各细部位置的标志可以采用木桩。

二、厂房柱列轴线测设与柱基施工测量

(一)柱列轴线的测设

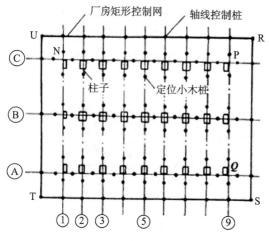

图 15-50 柱列轴线的测设

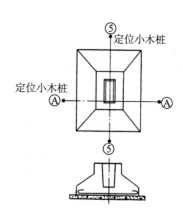

图 15-51 柱基测设

根据厂房平面图上给出的柱间距和跨距,检查厂房矩形控制网的精度,若其符合要求,沿厂房矩形控制网的四边用钢尺精确排出各柱列轴线控制点的位置,并以木桩小钉标志,作为柱基施工和构件安装的依据,如图 15-50 所示。

(二)柱基的施工测量

1. 柱基的定位与放线

柱基测设就是根据基础平面图和基础大样图的有关尺寸,把基坑开挖的边线用白灰标示出来,以便挖坑。将两台经纬仪分别安置在相互垂直的两条轴线上,用方向交会法进行柱基定位(即定位轴线的交点)。每个柱基的位置均用四个定位小木桩和小钉标志。定位小木桩应设在开挖边线外比基坑深度大1.5倍的地方。柱基定位后,用特制的角尺放出基坑开挖边线,并撒以白灰线。如图 15-51 所示是杯型基坑大样图。按照基础大样图的尺寸,用特制的角尺在定位轴线③和⑤上放出基坑开挖线,用白灰线标明开挖范围。并在坑边缘外侧一定距离处钉设定位小木桩,钉上小钉,作为修坑及立模板的依据。在进行柱基测设时,应注意定位轴线不一定都是基础中心线,有时一个厂房的柱基类型不一,尺寸各异,放样时应特别注意。

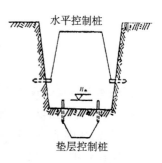

图 15-52 基坑高程设定

2. 水平与垫层控制桩的测设

当基坑将要挖到底时,应在坑的四壁上测设上层面距坑底 0.3~0.5m 的水平控制桩,作为清底的依据。清底后,尚需在坑底测设垫层控制桩,使桩顶的标高恰好等于垫层顶面的设计标高,作为打垫层的标高依据,如图 15-52 所示。

3. 立模定位

基础垫层打好后,在基础定位小木桩间拉线绳,用垂球把柱列轴线投设到垫层上,弹以墨线,用红漆画出标记,作为柱基立模板和布置基础钢筋网的依据。立模板时,将模板底部的定位线标志与垫层上相应的墨线对齐,并用吊垂球线的方法检查模板是否垂直。模板定位后,用水准仪将柱基顶面的设计标高抄在模板的内壁上。支模时,还应使杯底的实际标高比其设计值低5cm,以便吊装柱子时易于找平。

三、厂房预制构件安装测量

装配式单层厂房的主要构件有柱、吊车梁、屋架等(图 15-53)。这些构件大多数是用钢筋混凝土预制后运到施工场地进行装配的,因此,在构件安装时,必须使用测量仪器进行严格的检测。特别是柱子安装,它的位置和标高正确与否,将直接影响到梁、屋架等构件能否正确安装。

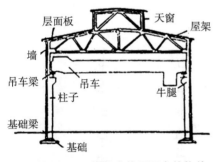

图 15-53 装配式单层厂房的构件

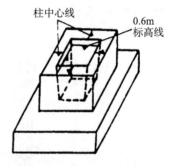

图 15-54 投测柱列轴线

(一)柱子吊装测量

1. 基本要求

柱子吊装测量应满足以下要求:

(1)柱子中心线应与相应的柱列轴线一致,其允许偏差为±5mm。

(2)牛腿顶面及柱顶面的实际标高应与设计标高一致,其允许误差为±(5~8)mm(柱高大于 5m 时为±8mm)。

(3)柱身垂直允许误差:当柱高不大于 5m 时,为±5mm;当柱高为 5~10m 时,为±10mm;当柱高超过 10m 时,则为柱高的 1:1000,但不得大于 20mm。

2. 吊装前的准备工作

(1)投测柱列轴线。在杯形基础拆模以后,由柱列轴线控制桩用经纬仪把柱列轴线投测在杯口顶面上(图 15-54),并弹上墨线,用红油漆画上"▲"标志,作为吊装柱子时确定轴线方向的依据。当柱列轴线不通过柱子中心线时,应该在杯形基础顶面上弹出柱中心线。同时,在杯口内壁上抄出-0.600m 的标高线。

(2)柱身弹线。吊装前将每根柱子按轴线位置进行编号,在柱身上三个侧面弹出柱中心线,并分上、中、下三点画出"▲"标志。此外,还应根据牛腿面的设计标高,用钢尺由牛腿面向下量出±0.000 和-0.600m 的标高位置,弹以墨线,以供校正时照准。

(3)柱长检查与杯底找平。如图 15-55 所示,为了保证吊装后的柱子牛腿面符合设计

高程 H_2，必须使杯底高程 H_1 加上柱脚到牛腿面的长 l 等于 H_2。常用的检查方法是，沿柱子中心线根据 H_2 用钢尺量出 -0.6m 标高线，以及此线到柱底四角的实际长度 $h_1 \sim h_4$，并与杯口内 -0.6m 标高线到杯底与柱底相对应的四角的实际长 $h_1' \sim h_4'$ 进行比较，从而确定杯底四角的找平厚度。由于浇注杯底时，通常使其低于设计标高 $3 \sim 5$cm，故可用水泥砂浆根据确定的找平厚度进行找平，最后再用水准仪进行检测。

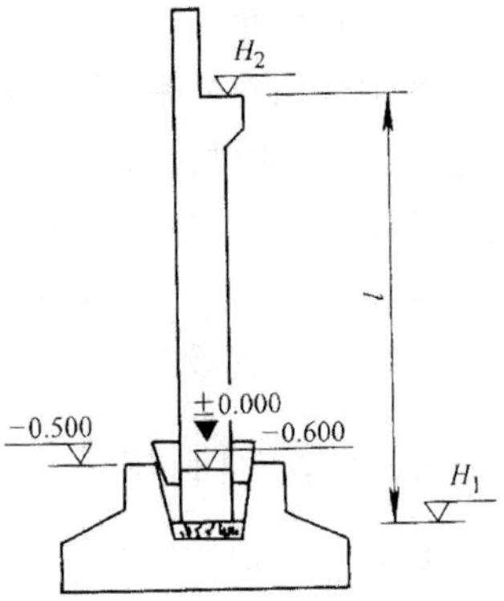

3. 柱子垂直度的检查与校正

(1) 检查。柱子对号吊入杯口后，应使柱身中心线对齐弹在基础面上的柱中心线，在杯口四周加木楔或钢楔初步固定。然后，用水准仪检测柱上 ± 0.000 标高线，其误差不超过 ± 3mm 时，便可进行柱子垂直度的校正，如图 15-56 所示。

图 15-55　柱长检查与杯底找平

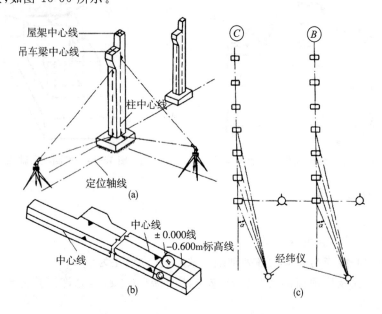

图 15-56　柱子吊装时垂直度的校正

(2) 校正。校正单根柱子时，可在相互垂直的两个柱中心线上且距柱子的距离不小于 1.5 倍柱高的地方分别安置经纬仪，先瞄准柱身中心线上的下"▼"标志，再仰起望远镜观测中、上"▲"标志，若三点在同一视准面内，则柱子垂直，否则应指挥施工人员进行校正。垂直校正后，用杯口四周的楔块将柱子固定牢，并将上视点用正倒镜取中法投到柱下，量出上、下视点的垂直偏差。标高在 5m 以下时，允许偏差在 5mm 以内，检查合格后，即可在杯口处浇灌混凝土，将柱子最后固定。

当校正成排的柱子时，为了提高工作效率，可安置一次仪器，校正多根柱子。但由于仪器不在轴线上，故不能瞄准不在同截面内的柱中心线。校正柱子时，应注意以下事项：

①仪器必须严格检校。

②校直过程中，尚需检查柱身中心线是否相对于杯口处的柱中心线标志产生了过量

的水平位移。

③瞄准不在同一截面内的中心线时,仪器必须安在轴线上。

④柱子校正宜在阴天或早晚进行,以免柱子的阴、阳面产生温差,使柱子弯曲而影响校直的质量。

(二)吊车梁的安装测量

吊车梁吊装测量的主要任务是使安装在柱子牛腿上的吊车梁的平面位置、垂直度和梁面标高满足设计要求。

安装前,先在吊车梁的顶面上和其两端弹出吊车梁中心线,并把吊车轨的中心线投到牛腿面上。如图 15-57 所示,投测时,可利用厂房中心线 A1、A1,根据设计轨距在地面上标出吊车轨中心线 $A'A'$ 和 $B'B'$,然后分别在 $A'A'$ 和 $B'B'$ 上安置经纬仪,用正倒镜取中法将吊车轨中心线投到牛腿面上,并弹以墨线。安装时,将梁端的中心线与牛腿面上的中心线对正;用垂球线检查吊车梁的垂直度;从柱上修正后的±0线向上量距,在柱上抄出梁面的设计标高线;在梁下加铁垫板,调整梁的垂直度和梁面标高,使之符合设计要求。

图 15-57 吊车梁中心线

安装完毕后,应在吊车梁面上重新放出吊轨中心线。如图 15-58 所示,在地面上标定出和吊轨中心线间距为 1m 的平行轴线 $A''A''$ 和 $B''B''$,分别在 $A''A''$ 和 $B''B''$ 上安置经纬仪,在梁面上垂直于轴线的方向放一根木尺,使尺上 1m 处的刻度位于望远镜的视准面(它是一个垂准面)内,在尺的零端画线,则此线即为吊轨中心线。经检验各画线点在一条直线上时,即可重新弹出吊车轨中心线。

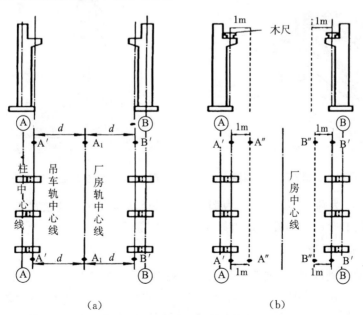

图 15-58 在牛腿面上弹出吊车梁中心线

(三)吊车轨道安装测量

吊轨安装测量主要是进行吊轨安装后的检查测量。吊轨间的跨距用精密量距法检测,与设计跨距相比,误差不应超过±2mm。

(四)屋架的吊装测量

吊装前,先用经纬仪或其他方法在柱顶上投出屋架定位轴线(图 15-58(a)),在屋架两端弹出屋架中心线,并弹出屋架两端头的中心线,以便进行定位。吊装时,使屋架上的中心线与柱顶上的定位轴线对正,便完成了屋架的平面定位工作,允许误差为±5mm。

屋架的垂直度可用垂球或经纬仪检查。用经纬仪检查时,可在屋架上安装 3 把卡尺,如图 15-59 所示,一把卡尺安装在屋架上弦中点附近,另外 2 把分别安装在屋架的两端。自屋架几何中心沿卡尺向外量出一定距离,一般为 500mm,并作标志。然后在地面上距屋架中线同样距离处安置经纬仪,观测 3 把卡尺上的标志是否在同一竖直面内,若屋架竖向偏差较大,则用工具校正,最后将屋架固定。垂直度允许偏差:薄腹梁为 5mm,桁架为屋架高的 1/250。

四、烟囱(或水塔)的施工测量

(一)定位与放线

如图 15-60 所示,定位时,先利用给定的定位条件测设出烟囱中心桩 O,再于 O 处安置经纬仪,任选一个方向 OA 作为起始方向,在实地标出 AOB 和 COD 两条相互垂直的轴线,并埋设定位桩和轴线控制桩。轴控桩距 O 的距离一般取烟囱高度的 1.0~1.5 倍,定位桩应在靠近烟囱但不影响桩位稳定的地方。

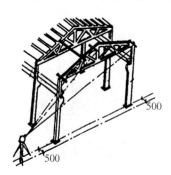

图 15-59 屋架的吊装测量

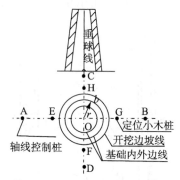

图 15-60 烟囱的定位与放线

放线时,以 O 为圆心,以 $r+b$(r 为烟囱的底半径,b 为基坑的放坡宽度)为半径,在地面上画圆,撒以白灰线,作为开挖的边界线。

(二)基础施工测量

当基坑将要挖到底时,在坑壁上测设水平控制桩,以控制挖深;坑底夯实后,在定位木桩间用细线拉出定位轴线,并用垂球把烟囱中心投到坑底,钉以木桩,作为浇垫层的中心控制;浇筑基础混凝土时,应在烟囱中心埋设钢筋桩,在投于桩顶的中心点处钻一小孔或刻划"十"字标志,作为施工中控制筒身中心线的依据。混凝土凝固后,尚需进行复查,如有偏差,应及时纠正。

(三)筒身施工测量

如图 15-61 所示,在筒身施工中,应随时将烟囱中心线引测到施工作业面上。一般每砌一步架高或每升模板一次就应引测一次。引测工作可用在工作面上架设直径控制杆的方法进行。筒身每升高 10m,还需用经纬仪引测一次中心。

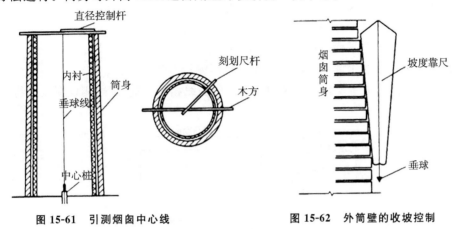

图 15-61 引测烟囱中心线　　图 15-62 外筒壁的收坡控制

1. 筒壁的收坡控制

如图 15-62 所示,筒壁的收坡除用尺杆画圆控制外,还应随时用坡度靠尺进行检查。坡度靠尺的斜边是按烟囱的筒壁斜度制作的。使用时,把斜边靠在筒体外壁上,若垂球线恰好通过下端的缺口,则说明筒壁的收坡符合设计要求。

2. 筒体的标高控制

筒体的标高是根据抄在底部筒壁上的＋50cm 标高线(或任一整分米数)用钢尺向上量取高度进行控制的。

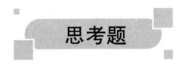

1. 简述施工测量的目的、内容和特点。
2. 建筑场地平面控制网的形式有哪几种？它们分别适用于哪些场合？
3. 什么是测量坐标？什么是施工坐标？为何两者不一致？如何进行换算？
4. 建筑基线和建筑方格网应如何设计和测设？
5. 民用建筑施工测量包括哪些主要测量工作？如何完成？
6. 轴线控制桩和龙门板的作用是什么？如何设置？
7. 试述基槽施工中控制开挖深度的方法。
8. 比较民用建筑施工测量与工业建筑施工测量在内容、要求和方法等方面的异同点。
9. 施工控制网与测量控制网有什么区别？工业厂房施工为什么要建立独立厂房矩形控制网？
10. 多层建筑物施工中,如何由下层楼板向上层传递高程？试述基础皮数杆和墙身皮数杆的立法。

11. 施工高程控制网应如何布设？
12. 变形观测的任务、目的及内容是什么？
13. 试述建（构）筑物沉降观测的方法、观测时间及应注意的问题。
14. 试述建（构）筑物倾斜观测、裂缝观测的方法。
15. 在烟囱筒身施工中，怎样控制烟囱的垂直度及标高？
16. 试述编绘竣工总平面图的目的、依据和方法。
17. 为什么要进行竣工测量？竣工测量与地形测量有何区别？
18. 图 15-63 给出了新设计的建筑物与道路中心线相对位置，试述测设新建筑物的方法和步骤。

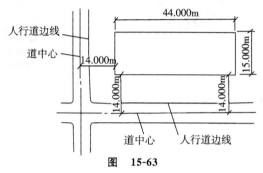

图 15-63

参考文献

[1] 中华人民共和国行业标准. 工程测量规范(GB/50026-2007)[S]. 北京:中国标准出版社,2007.

[2] (1:500 1:1000 1:2000)地形图图式(GB/T7929-2006)[S]. 北京:中国标准出版社,2006.

[3] 中华人民共和国行业标准. 全球定位系统(GPS)测量规范(GB/T 18314-2009)[S]. 北京:人民交通出版社,2007.

[4] 中华人民共和国行业标准. 公路勘测规范(JTG C10-2007)[S]. 北京:人民交通出版社,2007.

[5] 中华人民共和国行业标准. 公路勘测细则(JTG/T C10-2007)[S]. 北京:人民交通出版社,2007.

[6] 武汉测绘科技大学《测量学》编写组. 测量学(第三版)[M]. 北京:测绘出版社,1991.

[7] 陈永奇. 工程测量学[M]. 北京:测绘出版社,1995.

[8] 李仕东. 工程测量[M]. 北京:人民交通出版社,2009.

[9] 徐绍铨等. GPS测量原理及应用[M]. 武汉:武汉测绘科技大学出版社,1998.

[10] 李廷训. 建筑工程测量[M]. 北京:机械工业出版社,2004.

[11] 黄成光. 公路隧道施工[M]. 北京:人民交通出版社,2004.

[12] 田文. 工程测量技术[M]. 北京:人民交通出版社,2011.

[13] 周冠伦. 航道工程手册[M]. 北京:人民交通出版社,2004.

[14] 长江航道局. 内河航道测量[M]. 北京:人民交通出版社,1983.

[15] 陈燕然. 港口及航道工程测量[M]. 北京:人民交通出版社,2001.

[16]《建筑施工手册》编写组. 建筑施工手册(第二版)[M]. 北京:中国建筑工业出版社,1988.

[17] 国家测绘局人事司. 工程测量[M]. 哈尔滨:哈尔滨地图出版社,2007.

[18] 胡世德. 高层建筑施工[M]. 北京:中国建筑工业出版社,1991.

[19] 南京航务工程专科学校测量教研室. 港口及航道工程测量[M]. 北京:人民交通出版社,1986.

[20] 王笑峰. 水利工程测量[M]. 北京:高等教育出版社,2002.